光・無線伝送技術の
基礎と応用

博士（工学） 前田 幹夫
工学博士 生岩 量久 共著
博士（情報工学） 鳥羽 良和

コロナ社

まえがき

　近年における伝送データの爆発的な増加に対応するため，時分割光多重技術や波長・周波数多重技術，光多値伝送などの開発・実用化が進められている。本書はまず，このような光伝送システムの構成要素である光ファイバや発光デバイス，光変調器，光増幅器などの動作・構成・動向をわかりやすく解説する。つぎに，これら基礎技術の応用例として，急速に導入が進んでいる光・無線伝送技術，すなわちRoF（radio on fiber）技術について具体例を紹介する。周波数多重光伝送技術は異なる変調方式のRF信号を多重伝送できることから，無線との親和性が良く，CATV（cable television）などで用いられてきたが，近年，この技術をさらに発展させたRoF技術が注目され，さまざまな分野で使用されている。

　無線および光技術は単独で使用しても高い効果を持っているが，融合させることで，さらに社会に大きな利便性をもたらすものと期待されている。光・無線伝送技術は，通信分野ではまず衛星通信のリモートアンテナへ応用され，ついで携帯電話の電波不感地区，すなわち地下街や建物内，トンネルなど外からの電波が届きにくい場所に導入された。放送分野ではFTTH（fiber to the home）などの周波数多重伝送システム，地上ディジタル放送のギャップフィラー，送受信点が分離されたテレビ中継局の雷害対策，あるいは送信電波の回り込み抑制対策として効果的に利用されている。さらに，マイクロ波帯・ミリ波帯への応用も進んでおり，これらについても紹介する。最後に，マルチサービス路車間通信システムなど通信システムへの応用や，光OFDM（orthogonal frequency division multiplexing）を含めた超高速光ネットワークの最新動向，放送・通信分野における共通技術である光電界センサについても触れる。

　なお，本書の執筆にあたっては，NHK放送技術研究所の小山田公之氏と中

戸川剛氏の文献を利用させていただいたほか，広島市立大学情報科学部の藤坂尚人氏，神尾武司氏を初め，多くの方々からご協力をいただいた。この場を借りて厚く御礼申し上げる。終わりに，コロナ社の関係各位の方々のご尽力に対して謝意を表する次第である。

2013年9月

著者しるす

目 次

1. 光伝送技術の基礎

1.1 電磁波としての光 ·· 1
1.2 光ファイバと同軸ケーブル ·· 4
1.3 光伝送におけるSN比とCN比 ·· 7
1.4 電波と光の性質 ·· 17
引用・参考文献 ·· 19

2. 光ファイバの原理と特徴

2.1 光の反射と屈折 ·· 20
2.2 位相速度と群速度 ·· 26
2.3 光ファイバの原理と構造 ·· 33
2.4 光ファイバの損失 ·· 40
2.5 光ファイバの分散 ·· 42
2.6 光ファイバの接続 ·· 49
   2.6.1 接続損失 ·· 49
   2.6.2 接続方法 ·· 50
2.7 光ファイバの最新動向 ·· 55
   2.7.1 微細構造光ファイバ ·· 55
   2.7.2 ファイバヒューズ ·· 60
   2.7.3 マルチコアファイバ ·· 60
引用・参考文献 ·· 61

3. 光伝送用デバイス

- 3.1 発光デバイス ……………………………………………………… 63
  - 3.1.1 発光デバイスの基礎 …………………………………… 63
  - 3.1.2 半導体レーザダイオード ……………………………… 69
- 3.2 受光デバイス ……………………………………………………… 76
  - 3.2.1 pn接合フォトダイオード ……………………………… 76
  - 3.2.2 PIN-PD ……………………………………………………… 79
  - 3.2.3 APD ………………………………………………………… 82
- 3.3 光回路部品 ………………………………………………………… 89
  - 3.3.1 光分岐・結合回路 ………………………………………… 89
  - 3.3.2 光分波・合波回路 ………………………………………… 90
  - 3.3.3 光スイッチ ………………………………………………… 93
  - 3.3.4 光相反回路 ………………………………………………… 94
- 3.4 光増幅器 …………………………………………………………… 97
  - 3.4.1 希土類添加光ファイバ増幅器 …………………………… 99
  - 3.4.2 ファイバラマン増幅器 …………………………………… 102
  - 3.4.3 半導体光増幅器 …………………………………………… 104
- 引用・参考文献 ………………………………………………………… 105

4. 光変復調方式

- 4.1 光変調とコヒーレント光伝送の概要 ………………………… 107
- 4.2 直接光変調と直接検波方式 ……………………………………… 108
  - 4.2.1 IM-DD方式の原理と性質 ………………………………… 108
  - 4.2.2 IM-DD方式で用いられる光源モジュール …………… 113
  - 4.2.3 IM-DD方式で用いられる受光回路 …………………… 115
- 4.3 外部光変調方式 …………………………………………………… 119
  - 4.3.1 光変調器の種類 …………………………………………… 119
  - 4.3.2 マッハツェンダ型光変調器 ……………………………… 121
  - 4.3.3 電界吸収型変調器 ………………………………………… 128

4.4	コヒーレント光伝送方式	131
	4.4.1 コヒーレント光伝送の動作原理	131
	4.4.2 インコヒーレント検波方式	137
	4.4.3 コヒーレント検波方式	140
引用・参考文献		142

5. 地上ディジタル放送ネットワークへの応用

5.1	送受分離テレビ中継局用無給電光伝送システム	144
	5.1.1 開発の必要性	145
	5.1.2 システムの基本構成	146
	5.1.3 地上ディジタルテレビ中継局用システムの開発	151
	5.1.4 地上ディジタル放送用システムの構成	154
	5.1.5 高感度化・広帯域化に向けての検討	157
	5.1.6 入力の広ダイナミックレンジ化と光源の半導体レーザ化	163
	5.1.7 実用システムの性能	167
5.2	テレビ中継局用LN光変調器の耐雷性評価	169
	5.2.1 デバイス構造およびシステム構成	170
	5.2.2 変調動作点変動要因の調査	171
	5.2.3 解析結果および対策	172
	5.2.4 サージ試験による雷耐量の確認	173
5.3	地上ディジタルテレビ放送波の長距離光ファイバ伝送	175
	5.3.1 検討の経緯	176
	5.3.2 設計・検討のためのシステムモデル	177
	5.3.3 システム設計	179
	5.3.4 実際の光ファイバ網を使用したフィールド実験	187
5.4	ファイバラマン増幅器を用いた長距離無中継光伝送	191
5.5	地上ディジタルテレビ放送用ギャップフィラー	194
	5.5.1 ギャップフィラーの位置付け	194
	5.5.2 ギャップフィラーの構成	195
引用・参考文献		197

6. マイクロ波・ミリ波への応用

6.1 3.4 GHz 帯音声番組光伝送システム ………………………………… 199
　6.1.1 目標仕様 ……………………………………………………… 201
　6.1.2 光変調器の設計 ……………………………………………… 201
　6.1.3 評価結果 ……………………………………………………… 207
6.2 6〜7 GHz 帯地上ディジタルテレビ放送番組光伝送システム ……… 208
　6.2.1 システムの系統と目標仕様 ………………………………… 209
　6.2.2 6〜7 GHz 帯光変調器の設計 ……………………………… 210
　6.2.3 モジュール化の検討 ………………………………………… 212
　6.2.4 6〜7 GHz 帯光変調器の試作と性能評価 ………………… 213
　6.2.5 理論検討および考察 ………………………………………… 215
6.3 10 GHz 帯光変調器実現に向けての検討と試作 …………………… 216
　6.3.1 電磁界シミュレータによる 10 GHz 帯光変調器実現に向けての検討 …… 217
　6.3.2 10 GHz 帯 LN 光変調器の試作結果 ……………………… 226
6.4 放送素材信号伝送システム …………………………………………… 227
　6.4.1 TSL 用光伝送システム ……………………………………… 228
　6.4.2 ロードレース中継への適用 ………………………………… 230
6.5 ミリ波を利用した放送波の再送信システム ………………………… 232
　6.5.1 開発の背景とシステムの概要 ……………………………… 232
　6.5.2 自己ヘテロダイン方式によるミリ波再送信システム …… 234
　6.5.3 搬送波を低減した光 SSB 変調器 …………………………… 235
　6.5.4 高感度ミリ波受信機 ………………………………………… 238
　6.5.5 ミリ波 RoF システムの総合伝送実験 …………………… 240
引用・参考文献 ……………………………………………………………… 242

7. 通信・その他のシステムへの応用

7.1 携帯電話用システム …………………………………………………… 244
　7.1.1 電波の不感地帯対策用システムの概要 …………………… 245
　7.1.2 技術の特徴 …………………………………………………… 246

7.2 マルチサービス路車間通信 ……………………………… 247
　7.2.1 基本システム ……………………………………… 247
　7.2.2 伝送特性 …………………………………………… 249
7.3 ミリ波帯への応用 ………………………………………… 249
　7.3.1 ミリ波用高速光変調器 …………………………… 250
　7.3.2 ミリ波・テラヘルツ波の発生 …………………… 250
　7.3.3 フォトダイオードの高速化 ……………………… 255
7.4 超高速光ネットワーク …………………………………… 257
　7.4.1 コヒーレント光通信技術の必要性 ……………… 257
　7.4.2 超高速ディジタルコヒーレント光通信システム … 259
　7.4.3 コヒーレント光通信用デバイス ………………… 264
　7.4.4 光 OFDM 変調方式 ……………………………… 267
7.5 光電界センサ ……………………………………………… 271
　7.5.1 等方性小型光電界センサの装置構成 …………… 272
　7.5.2 センサヘッドの小型化（高分解能化）および等方性の検討 … 274

引用・参考文献 ……………………………………………… 285

索　　引 ……………………………………………………… 288

1

光伝送技術の基礎

　本章では，光伝送技術の基礎として，まず，光と電波の特徴について述べる。つぎにベースバンド方式光伝送方式におけるSN比（信号対雑音比）およびサブキャリヤ光伝送方式におけるCN比（搬送波対雑音比）について述べる。

1.1　電磁波としての光

　光は，電波と同様に電磁波である。電気通信に用いられる電磁波の分類とその応用例を**図 1.1**に示す。電波法では，3 kHz から 3 THz（テラヘルツ）までの周波数を電波として定義している[1]†。これを超える周波数帯が光の領域であり，さらに 3×10^{16} Hz 以上は放射線として分類されるのが一般的である。そのおもな用途としては，ラジオ放送，携帯電話，地上や衛星の放送，無線LANなどの電波を使ったサービスやリモコンなどの赤外線通信，カメラ，光ファイバ（optical fiber）を使ったインターネットサービスなど光を使ったサービス，あるいはレントゲン撮影用X線など放射線を使った医療サービスなどで，これらは日常生活に深く溶け込んでいる。
　このように広範囲の周波数が開拓されてきた背景には，多数の同種のサービスの信号を周波数や時間，位相などに多重して，高い周波数の搬送波を変調することにより大容量化を効率的に達成するという考え方があると思われる。そ

---

† 肩付き数字は，章末の引用・参考文献の番号を表す。

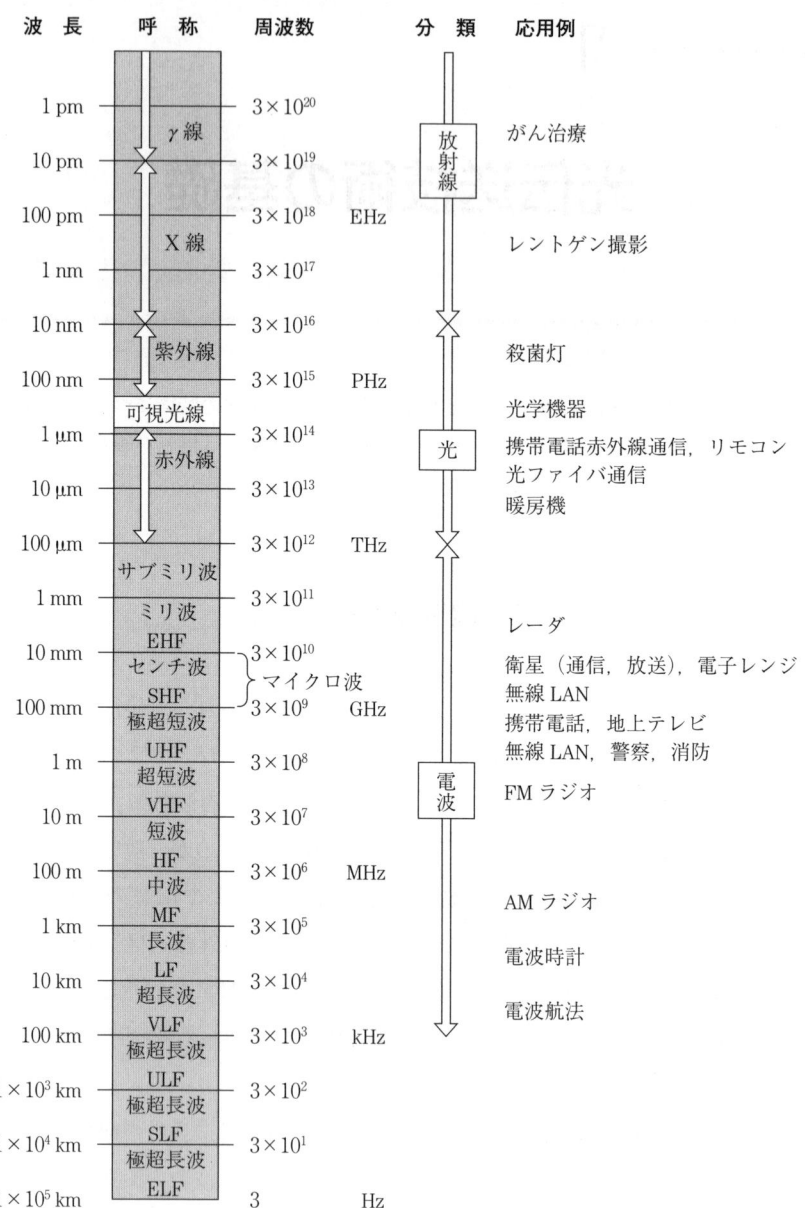

図 1.1 電磁波の分類とその応用例

の搬送波の周波数は，多重する信号のベースバンド帯域幅に応じて適切に選ばれているところが興味深い。例えば，ベースバンド帯域が kHz の音声信号を多波伝送するために，ラジオ放送の搬送波はおおむね MHz 帯で選ばれている。

また，ベースバンド帯域が MHz の映像信号を多チャネル伝送するために，地上や衛星テレビ放送の搬送波はおおむね GHz 帯というように，多重する信号帯域の 100～1000 倍程度の周波数が選ばれている。テレビやインターネットサービス用のチャネルを多数伝送することのできる CATV（cable television）に適した搬送波の周波数としては THz 帯が期待されるが，これまで無線通信で使われてきた周波数帯と比べると未成熟で，目下，周波数開拓の研究が精力的に進められている周波数帯である[2]。

この CATV のサービスがもう一つ先に相当する光の搬送波で実現されていることは素晴らしいことである。その普及の鍵となったのが光ファイバである。このような光周波数を通信に使用する関心が高まったのはレーザが発明されてからである。その周波数は約 100 THz であるので，現在盛んに用いられている GHz 帯と比べても 1 万倍広い帯域であるため，超大容量伝送を提供できるものとして期待され，空間光伝送の多数の実験が行われた[3]。当時の空間光伝送はデバイスが未成熟なことに加えて，伝送路には霧や雨，空気の揺らぎなど実用化していくうえで解決すべき課題が多く，限界があった。しかし，空間光伝送は電波免許を取得することなく大容量の伝送システムを作ることができるなどの魅力があり，現在では非圧縮ハイビジョンを 1 km 双方向伝送できる実用システムが開発されている[4]。大容量化のもう一つのアプローチである光ファイバも当初は大きな伝送損失があったが，現在ではマイクロ波帯（SHF帯の通称）で提供されるサービスをきわめて低損失で伝送できるまでに至っており，光ファイバの発明と特性改良には目を見張るものがある。

この低損失性を利用してマイクロ波やミリ波のような高い周波数の信号を光ファイバ内に閉じ込めて遠くに伝送したのちに電波として発射する RoF（radio on fiber）技術が注目されている。光ファイバの低損失性と電波の機動性のよいとこ取りをした技術に関する多くの応用例を 5 章以降で紹介する。

光ファイバはこのように広帯域な信号を伝送することができるが，光の強度を変化させる方法が一般的であり，電波システムのように波として扱うコヒーレント光伝送（coherent optical transmission）[5]は盛んに研究が進められている段階である。現在のところ，信号光を局部発振光により十分な効率でダウンコンバートできる周波数帯は受光器が使える直流近傍に限られているが，将来，例えばTHz帯に中間周波数を設定するような光領域で動作する周波数変換器などができれば，さらに高い設計度を持った大容量伝送システムが実現できるものと期待される。

1.2 光ファイバと同軸ケーブル

前節で述べたように，光伝送システムが周波数帯を一つ飛び越して普及，発展できた技術的なポイントとしては，つぎの二つを挙げることができる。

① 伝送媒体である光ファイバが広帯域，低損失で，線形ひずみが少なく，同軸ケーブルや導波管などと比べて軽く，曲げられるなど取扱いが容易であったこと。

② 連続光を常温で発振する小型の半導体レーザダイオードが開発されたこと。

光ファイバ伝送の歴史[6]を**表 1.1** に示す。光ファイバの基本技術は1970年にコーニング社から 20 dB/km という当時としてはきわめて低損失の光ファイバが報告[7]されて以来，10年間で損失特性が劇的に改善され，1980年には現在主流の波長 1.55 μm 帯で 0.2 dB/km の損失の光ファイバが NTT により開発されている[8]。この時点で光ファイバの基本技術は十分に実用段階の域に達し，光ファイバを利用したさまざまな光伝送システムの開発が進められた。その開発段階には多数のブレークスルーがあるが，1970年代から見ると，ベル研究所での半導体レーザの室温連続発振[9]，シングルモード光ファイバ（single mode optical fiber）および光ファイバ増幅器（optical fiber amplifier）[10]の貢献度は顕著であると考えられる。このほかにも，大容量化を牽引したものに

1.2 光ファイバと同軸ケーブル

表1.1 光ファイバ伝送の歴史

年	光ファイバ基本技術	光伝送システム	ブレークスルー
1970	20 dB/km 低損失ファイバ(コーニング社)		半導体レーザの室温連続発振(ベル研究所)
1977	1.3 μm で 0.47 dB/km (NTT, 藤倉)		シングルモードファイバ
1980	1.55 μm で 0.2 dB/km (NTT)		
1981		公衆通信ネットワーク導入 (100 Mbit/s)	
1985		日本縦貫光ルート完成 (1.3 μm, SMF)	
1987		DFB レーザの商用システムへの導入	
1989			光ファイバ増幅器
1995		EDFA 光中継システム実用化 (10 Gbit/s)	
1996		数十 Gbit/s 波長多重システム	
2001		B フレッツサービス開始	
2002	1.55 μm で 0.148 4 dB/km (住友)	テレビ共同受信システムの光化開始	
2003		FTTH によるインターネットサービス	
2004		GE-PON 3 波 WDM 映像配信システム	
		RoF 利用地上ディジタル放送送受信分離局	ディジタルコヒーレント
2010		RoF 利用地上ディジタル放送ギャップフィラー	

DFB (distributed feedback) レーザダイオード[11]と光波長多重デバイス[12]を挙げることができよう。特に，波長多重は同軸ケーブルにはない多重方法であり，狭い波長間隔で多重した DFB レーザの光信号を一括して増幅することができる光ファイバ増幅器の発明[13]は，光伝送システムの普及に大きく貢献したといえる。また，高速 LAN の一つであるギガビットイーサネットに用いられている面発光レーザ[14]も光の市場の拡大に大きく貢献したといえる。

光ファイバの特徴としては，低損失，広帯域，無誘導，軽量などのすぐれた特徴がある。その特徴の一つである損失について，ほかの有線伝送メディアで

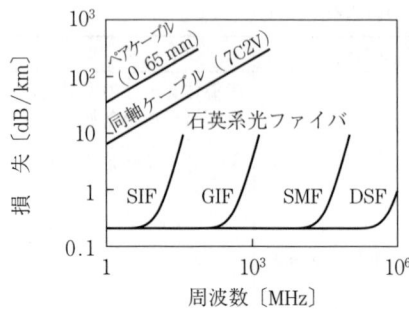

SIF：step index fiber
GIF：graded index fiber
SMF：single mode fiber
DSF：dispersion shifted fiber

図1.2 損失の周波数特性

あるペアケーブル，同軸ケーブルと比較して図1.2に示す。ペアケーブルや同軸ケーブルの損失は周波数の平方根に比例して増加する。CATV施設において450 MHzの伝送帯域に配列したチャネルを同軸ケーブルで1 km伝送しようとすると損失が100 dB程度となる。広いエリアをカバーするには，この損失を補うための多数の中継増幅器が必要となる。一方，一般的に用いられる石英系光ファイバの損失は，光損失が最も小さい光波長1.55 μm帯を用いると1 kmで0.2 dB程度と桁違いに小さく，しかも損失の周波数特性は1 THzを超えるほど平たんできわめて広帯域であることがわかる。このように，光ファイバはペアケーブルや同軸ケーブルと異なり，変調帯域に対して損失は変動しない。ただし，伝送できる帯域幅はファイバの材料や構造，使用する光波長により分散[†]の制限を大きく受ける。図の縦軸は損失で，分散による帯域制限とは異なるものであるが，光ファイバの選択によって実際に伝送できる帯域が大きく変化するイメージを理解してほしいためこのように記載した。この分散による制限については2章で述べる。

光伝送システムの基本構成を図1.3に示す。光送信装置では，複数の電気信号を多重化回路で一つの信号とし，これを発光デバイスに加えて光信号に変換して光ファイバに送出する。光受信装置では光ファイバで伝送された光信号を受光デバイスで電気信号に戻し，多重分離回路に導くことで送信した複数の電気信号が得られる。光ファイバで伝送する間に光信号は減衰するので，満足な品質が得られるように，必要に応じて中継装置を置く。中継装置の構成には光

---

† **分散**　光の波長などのわずかな違いなどにより到着時間が異なるため受信信号が劣化する現象で，波長分散やモード分散がよく知られている。

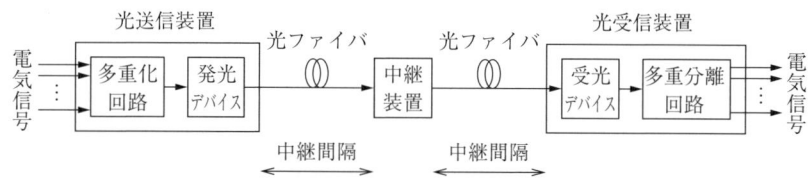

図 1.3 光伝送システムの基本構成

受信器，波形整形回路，光送信器を使っていったん電気信号に戻す方法と，光増幅器を使って，光ファイバの損失を光のまま補償する方法がある。いずれの方法においても光ファイバの損失や分散は中継装置の間隔を左右することになるので重要である。

1.3 光伝送における SN 比と CN 比[15]

ディジタル光伝送の性能を表す尺度の一つにビット誤り率（bit error rate, BER）がある。一般的に用いられる2値のディジタル伝送システムでは，受信側でマーク（符号1）とスペース（符号0）の判定を行うが，送信側で送った情報を誤って判定してしまう確率が BER である。

いま，送信側でマークのときには強い光を，スペースのときには弱い光を送るという伝送形式を考えることとする。このように伝送信号の情報を光の強度にそのまま変換して伝送する方式をベースバンド方式という。図 1.4 のように，ベースバンド方式で伝送された信号が識別器に加えられたとしよう。

マーク信号に平均電圧 S_1，雑音の標準偏差 σ_1，スペース信号に平均電圧

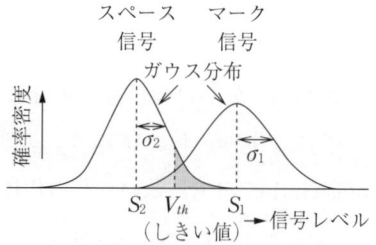

図 1.4 信号レベルの配置

S_2，標準偏差 σ_2 が対応しており，加えられた信号はしきい値電圧 V_{th} で判定されるとする。マーク信号とスペース信号の生起確率をそれぞれ $p(1)$，$p(0)$

とすると BER は

$$\mathrm{BER} = p(1)\frac{1}{\sqrt{2\pi}\,\sigma_1}\int_{-\infty}^{V_{th}} \exp\left\{-\frac{(V-S_1)^2}{2\sigma_1^2}\right\} dV$$
$$+ p(0)\frac{1}{\sqrt{2\pi}\,\sigma_2}\int_{V_{th}}^{\infty} \exp\left\{-\frac{(V-S_2)^2}{2\sigma_2^2}\right\} dV \tag{1.1}$$

と表すことができる。ここで，$(S_1-V)/\sigma_1=y$，$(V-S_2)/\sigma_2=z$ と置き，生起確率は等しく $p(1)=p(0)=1/2$ とすると，式 (1.1) は

$$\mathrm{BER} = \frac{1}{2\sqrt{2\pi}}\left\{\int_{\frac{S_1-V_{th}}{\sigma_1}}^{\infty} \exp\left(-\frac{y^2}{2}\right) dy + \int_{\frac{V_{th}-S_2}{\sigma_2}}^{\infty} \exp\left(-\frac{z^2}{2}\right) dz\right\} \tag{1.2}$$

と書き直すことができる。BER が最小になるのは判定レベル V_{th} がつぎの条件を満足するときで，それを Q とする。

$$\frac{S_1-V_{th}}{\sigma_1} = \frac{V_{th}-S_2}{\sigma_2} = Q \tag{1.3}$$

BER は Q を使って V_{th} を消去して次式のように変形できる。

$$\mathrm{BER} = \frac{1}{\sqrt{2\pi}}\int_Q^{\infty} \exp\left(-\frac{y^2}{2}\right) dy = \frac{1}{2}\mathrm{erfc}\left(\frac{Q}{\sqrt{2}}\right), \quad Q = \frac{S_1-S_2}{\sigma_1+\sigma_2} \tag{1.4}$$

ただし，erfc(x) は誤差補関数（complementary error function）で以下のように定義される。

$$\mathrm{erfc}(x) = \frac{2}{\sqrt{\pi}}\int_x^{\infty} \exp(-t^2) dt \tag{1.5}$$

式 (1.4) から Q は信号と雑音の電圧比を表していることがわかる。そこで，つぎに，マークおよびスペース時の雑音の平均値を考え，SN 比（signal-to-noise ratio，SNR）という電力比について考えてみることとする。

$$\mathrm{SN}\,\text{比} = \left\{\frac{S_1-S_2}{(\sigma_1+\sigma_2)/2}\right\}^2 = 4Q^2 \tag{1.6}$$

この SN 比を使って BER はさらに次式のように書き直すことができる。

$$\mathrm{BER} = \frac{1}{2}\mathrm{erfc}\left(\frac{\sqrt{\mathrm{SN}\,\text{比}}}{2\sqrt{2}}\right) \tag{1.7}$$

BER $= 10^{-9}$ を確保するには Q は 6 以上である必要があり，そのときの SN 比 $= 144$ は 21.6 dB に相当する。

つぎに，光伝送後の信号の SN 比を求めてみよう。

光伝送の雑音としては，受信機で発生する熱雑音（thermal noise，σ_{th}^2）およびショット雑音（shot noise，σ_{sh}^2）のほかに送信機から持ち込まれる雑音を考慮する必要があるが，ディジタル信号の伝送システムでは，後述するアナログ信号の伝送システムよりも小さい受光パワーで使うことが一般的である。そこで，ここでは熱雑音とショット雑音のみを考えることとする。

熱雑音 σ_{th}^2 は，ボルツマン定数を k，絶対温度を T，負荷抵抗を R_L，帯域幅を B として次式のように表すことができる。

$$\sigma_{th}^2 = \frac{4kTB}{R_L} \tag{1.8}$$

ショット雑音 σ_{sh}^2 は光伝送に特有な雑音で，電子電荷を e，受光パワーを P_D，光から電気への変換の感度（受光感度）を η とすると，次式のように表すことができる。

$$\sigma_{sh}^2 = 2e\eta P_D B \tag{1.9}$$

説明を簡単にするために，スペース時には光はこないものとしてマーク時のショット雑音のみを考えることにする。また，NRZ（non-return-to zero）方式の R_b〔bit/s または bps，ビットレート〕のディジタル信号を受信するとすれば，$B = R_b/2$ と書けるから

$$\left. \begin{array}{l} \sigma_1^2 = \sigma_{sh}^2 + \sigma_{th}^2 = \left(2e\eta P_D + \dfrac{4kT}{R_L} \right) \dfrac{R_b}{2} \\[2mm] \sigma_2^2 = \sigma_{th}^2 = \left(\dfrac{4kT}{R_L} \right) \dfrac{R_b}{2} \end{array} \right\} \tag{1.10}$$

となる。$S_1 = \eta P_D$，$S_2 = 0$ であるので，式 (1.6) から

$$\text{SN 比} = \frac{(\eta P_D)^2}{\left(\sqrt{2e\eta P_D + \dfrac{4kT}{R_L}} + \sqrt{\dfrac{4kT}{R_L}} \right)^2 \dfrac{R_b}{8}} \tag{1.11}$$

受光パワー P_D が大きな領域ではショット雑音が支配的となる。熱雑音を無視したSN比をショット雑音限界 S/N_{shot} と書くこととすると，式 (1.11) より次式のように P_D に比例することがわかる。

$$S/N_{shot} = \frac{4\eta P_D}{eR_b} \tag{1.12}$$

このことから S/N_{shot} を保ったまま R_b を2倍にするには，P_D を2倍にすればよいことがわかる。受光感度 η は〔A/W〕の単位を持ち，量子効率 (quantum efficiency)† を η_T，プランク定数を h，光周波数を ν とすると次式で与えられる量である。

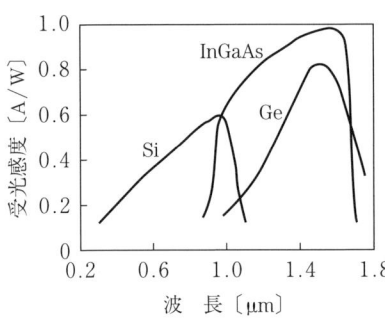

図 1.5 受光素子の感度特性の例

$$\eta = \frac{e\eta_T}{h\nu} \tag{1.13}$$

受光器に用いられる代表的な材料について感度特性の例を図 1.5 に示す。

1.55 μm 帯では InGaAs（インジウムガリウムヒ素）の受光器を用いた場合に，次式のように $\eta_T = 0.8$ としてほぼ1の感度が得られる。

$$\eta = \frac{1.69 \times 10^{-19} \times 0.8 \times 1.55 \times 10^{-6}}{6.63 \times 10^{-34} \times 3 \times 10^8} \cong 1 \tag{1.14}$$

一方，P_D が小さい領域では熱雑音が支配的となる。ショット雑音を無視したSN比を熱雑音限界 $S/N_{thermal}$ と書くこととすると，式 (1.11) より次式のように P_D の2乗に比例することがわかる。

$$S/N_{thermal} = \frac{(\eta P_D)^2 R_L}{2kTR_b} \tag{1.15}$$

このことから $S/N_{thermal}$ を保ったまま，R_b を2倍にするには P_D を $\sqrt{2}$ 倍にすればよいことがわかる。

---

† **量子効率** 入射する光子数に対して発生するキャリアの数である。

光伝送の一例として R_b = 10 Gbit/s のディジタル信号を P_D = $-$18 dBm で受光することを考えてみよう。式 (1.11) に R_L = 50 Ω, T = 300 K, k = 1.38 × 10^{-23} を代入すると SN 比 $\cong$ 144 となる。これは式 (1.7) で述べたように BER = 10^{-9} を与える値である。このような受光パワーが小さい領域では，熱雑音がショット雑音を 2 桁上回っていることもわかる。ここで，P_D はピーク電力であるので，0 と 1 の生起確率が等しければ，平均光パワーは 3 dB 小さな $-$21 dBm となることに注意してほしい。

つぎに，電波のように周波数多重された変調信号を光信号に変換して伝送する場合について考えてみよう。この伝送方式はサブキャリヤ方式と呼ばれ，多重した変調信号を光源のバイアス電流に重畳して光信号に変換するので，伝送する信号はディジタル搬送波であっても光から見るとアナログ変調である。一方で，ベースバンド方式は，光から見るとディジタル変調である†。サブキャリヤ方式では，伝送したそれぞれの変調信号の品質を評価するために，SN 比ではなく CN 比（carrier-to-noise ratio, CNR）を用いる。サブキャリヤ方式の光送信装置における電気光変換の回路例と原理を図 1.6 に，光受信装置における光電気変換の回路例と原理を図 1.7 に示す。

送信装置では順方向に LD（半導体レーザダイオード，laser diode）を流れる直流電流に信号を重畳する。説明を簡単にするため，正弦波を 1 波だけ伝送することを考えると，正弦波により強度変調された光信号が得られる。この光信号の変調成分 ΔP_M と直流成分 P_{dc} の比 M を光変調度（optical modulation index, OMI）といい，次式のように百分率で表す。

$$M = \frac{\Delta P_M}{P_{dc}} \times 100 \quad [\%] \tag{1.16}$$

図 1.6 の電流対光パワーの図からわかるように，入力電気信号と光パワーが比例するので，光変調度は振幅の比であることに注意してほしい。

受信装置では逆バイアス電圧を加えられた PD（フォトダイオード，photo diode）が光を受信すると，図 1.7 の電圧-電流特性の図からわかるように，受

---

† アナログベースバンド信号でも変調できるが，ディジタル信号がほとんどである。

12 1. 光伝送技術の基礎

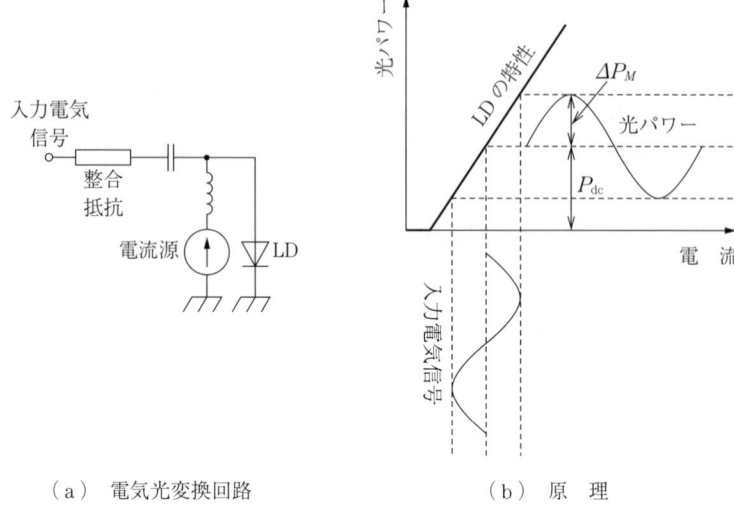

（a）電気光変換回路　　　　　　（b）原　理

図 1.6　サブキャリヤ方式の電気光変換の回路例と原理

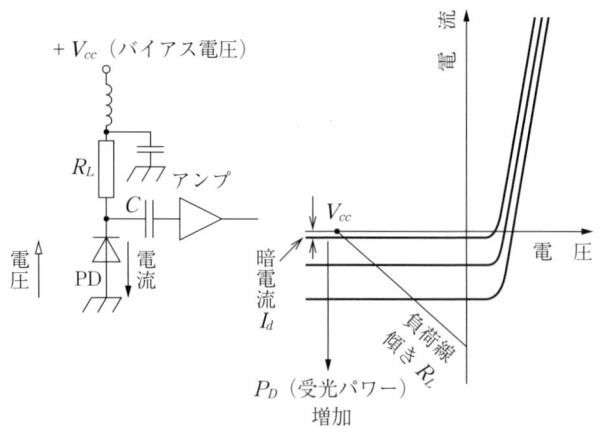

（a）光電気変換回路　　　　　　（b）原　理

図 1.7　サブキャリヤ方式の光電気変換の回路例と原理

光パワー P_D に比例した電流が抵抗 R_L を流れる。この電流のうち，信号成分 $I_s = M\eta P_D$ はコンデンサ C で取り出される。

　信号電力 P_c は，I_s が瞬時振幅の最大値であることに注意して次式のように表される。

$$P_c = \frac{R_L}{2}(M\eta P_D)^2 \tag{1.17}$$

ところで，CATV システムで扱う変調信号のなかには高い CN 比を必要とするものがあることから，サブキャリヤ方式では，ベースバンド方式では無視した送信側から持ちこまれる雑音および暗電流も考慮する．暗電流 I_d とは図 1.7 に示すように，光を受信しなくても受光器[†1]に流れる電流のことである．

伝送する変調信号の RF 伝送帯域幅を B とすると CN 比は次式で表される．

$$\text{CN 比} = \frac{(M\eta P_D)^2}{2\left\{\text{RIN}(\eta P_D)^2 + 2e(I_d + \eta P_D) + \dfrac{4kT}{R_L}\right\}B} \tag{1.18}$$

ここで，RIN（相対強度雑音，relative intensity noise）は，レーザの平均光パワー[†2]に対する 1 Hz 当りの平均光雑音電力の比である．

CN 比は電力の比であり，式 (1.18) の分母は三つの雑音電力の和である．CN 比が受光パワー P_D によりどのように決まるのかを図 1.8 で説明する．

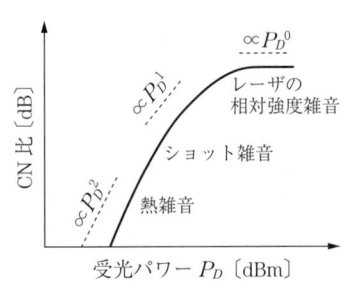

図 1.8 CN 比と受光パワーの関係

P_D が大きな領域では分母の第 1 項目の送信装置から持ち込まれる雑音が支配的となるため，CN 比は受光パワーによらない．つぎに，受光パワーがしだいに小さくなると，第 2 項目のショット雑音が支配的となる．この領域では第 1 項目，第 3 項目を無視すると CN 比は受光パワーに比例することがわかる．さらに，受光パワーが小さくなると第 3 項目の熱雑音が支配的となるので，ほかの項目を無視すると CN 比は P_D の 2 乗に比例することがわかる．

ベースバンド伝送における SN 比もサブキャリヤ伝送における CN 比も電力

[†1] 光から電気への変換器で，後述のようにフォトダイオード（PD）とアバランシェフォトダイオード（APD）がある．本書では，特にことわらないかぎり，一般的に用いられるフォトダイオードを指す．

[†2] サブキャリヤ光伝送をおもに扱う本書では，以下で特に断らない限り平均光パワーとして扱う．

の比であり，受光パワーに対する関係は同じである。例えば受光パワーが小さな領域ではどちらも熱雑音が支配的となるので，受光パワーを1dB減らすとSN比あるいはCN比は2dB減少する。

つぎに，光変調度と変調信号のチャネル数について考えてみよう。サブキャリヤ方式では伝送するチャネル数を増やすと光源に加えられる信号の振幅は増加する。この合成信号の振幅が光源を駆動する直流電流を上回ると消光状態となる時間が増えて，大きな強度の相互変調ひずみが発生し，相互変調ひずみが伝送帯域内に落ち込むこととなって伝送信号に妨害を与える。一方，光変調度が小さいと光送受信装置間で大きな光パワーマージンを確保できなくなるため，光変調度はチャネル数に応じて適切に設定する必要がある。

いま，振幅の等しい多数のチャネル（チャネル数：n_c）の正弦波をランダムな位相で合成させてLDに加えることを考える。各チャネルの振幅を1チャネル伝送時の$1/\sqrt{n_c}$に減らした場合の合成振幅の頻度を図1.9に横軸を振幅として示す。この図から，n_cが小さいときには，合成した信号の振幅の頻度の

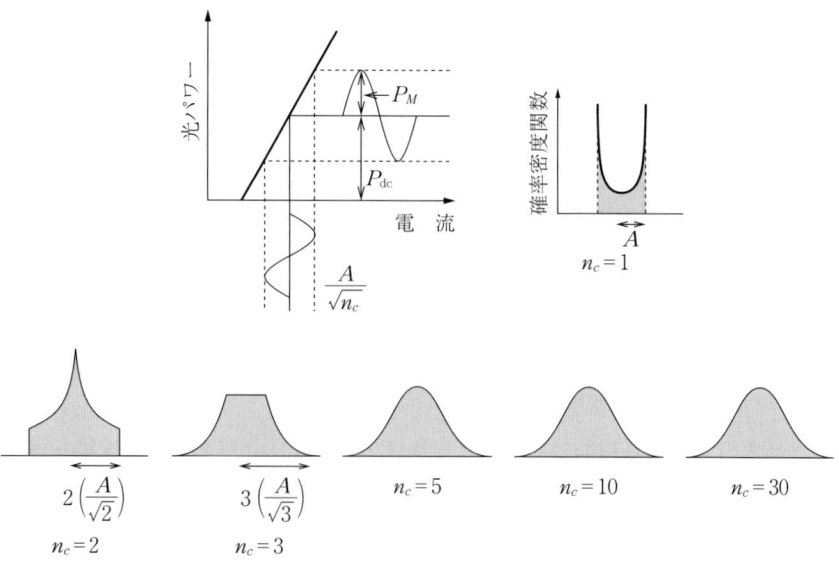

図1.9　合成信号振幅の確率密度関数

1.3 光伝送におけるSN比とCN比

形は n_c とともに大きく変化するが，n_c が5以上では，ほぼ一定とみなせるようになることがわかる．したがって，n_c を増やす場合には $M\sqrt{n_c}$ が一定となるように M を減らせばよい．$M\sqrt{n_c}$ は多チャネル伝送をする場合の合成信号の実効的な光変調度と考えられることから実効光変調度（effective optical modulation index）と呼ばれており，重要な設計パラメータの一つである[16]．CATVや辺地共同受信施設におけるテレビ信号の光伝送システムでは実効光変調度をおおむね30％程度に設定している．

以上のことから伝送する情報量を倍にしたときのCN比とSN比について考えてみることとしよう．

サブキャリヤ伝送では情報量を倍にすることはチャネル数 n_c を2倍にすることと同じである．このとき光源でひずみを増加させないようにするには，上で述べたように M を $1/\sqrt{2}$ に減らす必要がある．B は変調信号の帯域幅で n_c とは無関係であるのでCN比は3 dB劣化する．

一方，ベースバンド伝送では情報量を倍にすることは帯域幅 B を2倍にすることと同じなので，SN比も3 dB劣化することとなる．このようにベースバンド伝送とサブキャリヤ伝送は受光パワーや情報量に関して類似の性質を持っていることがわかる．

サブキャリヤ光伝送では光変調度の設定が重要であるが，実際の光伝送システムにおいて光変調度を測定するにはどうすればよいのであろうか？　一般に，光送信装置のLDモジュールや光受信装置のPDモジュールは静電気からの保護やシールドなどの対策のため，駆動電流や重畳する変調信号波の振幅を測定することが困難な場合が多い．また，光変調度を表示する機能のある光送信装置は数少ない．そこで，光受信装置とは異なる受光器を使って各チャネルの光変調度を簡易に測定する一つの方法を**図1.10**に示す．

受光器は光受信装置と同じものを使う必要はなく，伝送する周波数帯で平坦な周波数特性を持っていれば十分である．高い周波数帯で伝送したチャネルの電力が，受光器からスペクトルアナライザ間のケーブルで減衰して誤差とならないようにインピーダンス整合（impedance matching）に配慮する必要があ

16   1. 光伝送技術の基礎

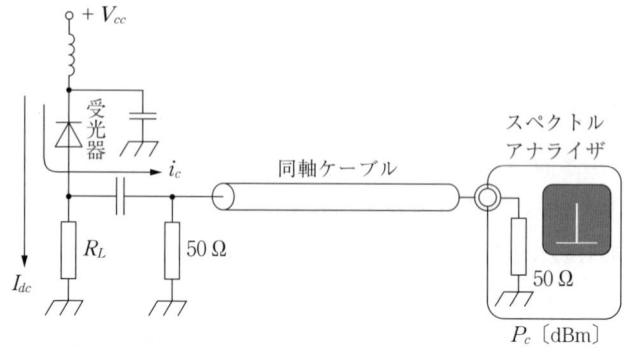

図1.10 光変調度の測定回路の例

る。すなわち，同軸ケーブルの受光器側はスペクトルアナライザの内部インピーダンスを等しく50Ωとする。受光器を流れる信号の電流はスペクトルアナライザを流れる電流の倍である。簡単のために伝送信号を正弦波とする。スペクトルアナライザで，あるチャネルの正弦波の電力がP_c〔dBm〕と測定されたのであれば，スペクトルアナライザを流れる電流の実効値i_{eff}〔A〕はP_cの単位を〔W〕に変換して次式となる。

$$i_{eff} = \sqrt{\frac{10(P_c/10-3)}{50}} \quad 〔A〕 \tag{1.19}$$

受光器を流れるこのチャネルのピーク電流i_cは次式のように書ける。

$$i_c = 2\sqrt{2}\, i_{eff} \quad 〔A〕 \tag{1.20}$$

直流電流I_{dc}〔A〕はR_Lにかかる直流電圧を測定することで容易に求めることができるので，光変調度は$M = i_c/I_{dc}$と求めることができる。

ここで，光信号と電気信号の分配のマージンについて図1.11で説明する。光送信装置で電気信号を光信号に変換するときには電流と光パワーが比例する。また，光受信装置で光信号を電気信号に戻すときには光パワーと電流が比例する。したがって，光で2分配をすると光パワーが半分になるので，受光後の電気の電力は1/4となる。一方，電気信号の2分配の電力は1/2で済むため，光システムのほうが電気システムよりも分配マージンが少ない[17]。このこ

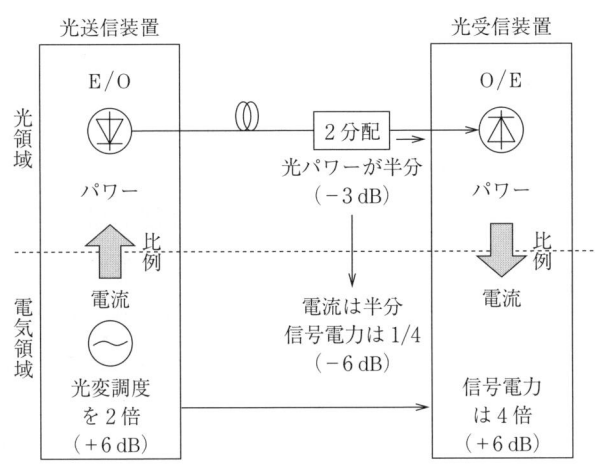

図 1.11 光信号と電気信号の対応関係

とは，加入者に光信号を分配するような伝送システムの設計をする際には注意する必要がある．また，光変調度は振幅のパラメータであるので，光変調度を2倍にするとCN比は6dB増加することも設計する際に役に立つと思われる．

周波数特性についても同じようなことがいえる．例えば，光である周波数でパワーが直流に対して半分であった（−3dB）ならば，電気信号の電力では1/4（−6dB）に相当する．

1.4 電波と光の性質

光も電磁波なので電波と似たような反射，屈折，回折，干渉などの性質を持つ．散乱は電波では少ないが，フラッタ障害などは散乱の一種とみなせる．ただし，周波数が大きく異なるため伝搬上の性質にかなり異なるところがある．

第一に，周波数が高くなると直進性が強まることである．ラジオの電波はビルの谷間などに容易に回り込むが，周波数が高くなるにつれて直進性が高まるので，地上ディジタル放送は見通し伝搬が基本である．ミリ波になると光に近づくために，さらに直進性が強まる．このように周波数とともに直進性が高ま

るが，電波も光も媒質に不均一性があると進路は曲げられる。例えば，地球を取り巻く大気の層は上層になるほど希薄になっており，大気は屈折率が連続的に異なった層が重なってできていると考えられる。このため，屈折の法則により夜になると遠方のラジオが聴こえたりする。

また，光も大気で進路が曲げられる。恒星の光は**図1.12**に示すように連続的に屈折して曲線を描いて地上に到達するため実際よりも高い位置に観測される。これを大気差といい，水平に近づくにつれて大きくなる[18]。この図は誇張して描いているが，太陽が沈むときは約30′（分）である。太陽の視直径は約30′（分）であるので，太陽が水平

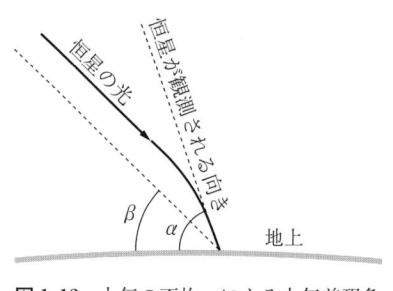

図1.12 大気の不均一による大気差現象

線に接したときには太陽はすでに沈んでいると考えてよい。このほかに蜃気楼や逃げ水などの気象現象も光線が不均一な媒質中で屈折を受けるために起こると説明されている。屈折率を段階的に変化させたのがグレーデッドインデックス光ファイバ（graded index optical fiber）である。

第二に，損失が大きく異なることである。一般に，電波は周波数が高いほど減衰量が大きい。また，水に対して大きく減衰する性質があり，大雨が降ると衛星の電波は地上の電波と比べて伝送特性が劣化する。光の場合はいくつかの窓と呼ばれる比較的減衰の少ない波長帯があり，可視光帯もそのうちの一つである。また，さまざまな吸収や散乱が起こるのも光の特徴である。

第三に，反射物が異なることである。電波も光も反射をするが，電波は金属のようなもので反射することが多い。山に行くと金属の平板で作られた電波反射板を見かけるし，衛星放送のパラボラアンテナには反射鏡が使われている。一方で光の反射は周期的な凹凸の表面や誘電体であることが多く，鏡面での反射は一部の部品を除いてあまり利用されていない。この誘電体の中に光が入り込んでいくというところが電波にはないとても興味深いところであり，光ファイバはこの現象をうまく利用している。

引用・参考文献

1) 総務省電波利用ホームページ：周波数帯ごとの主な用途と電波の特徴.
2) 斗内政吉 監修：テラヘルツ技術，オーム社（2006）
3) R.Kompfner：Optical communications, Science, **150**, 3693, pp.149 〜 155（1965）
4) 今野晴夫，大室隆司：1.25 Gbps 光無線データ通信装置の技術，トランジスタ技術，**40**, 3, pp.213 〜 223, CQ 出版社（2003）
5) 大越孝敬，菊池和朗：コヒーレント光通信工学，オーム社（1989）
6) 末松安晴：新版光デバイス，コロナ社（2011）
7) F. P. Kapron, D. B. Keck and R. D. Maurer：Radiation loses in glass optical waveguides, Appl. Phys. Lett., **17**, pp.423 〜 425（1970）
8) T. Mita, Y. Terunuma, T. Hosaka and T. Miyashita：An ultimately low-loss single-mode fibre at 1.55 μm, IEE Electron. Lett., **1**, pp.106 〜 108（1979）
9) I. Hayashi, M. B. Panish, P. W. Foy and S. Sumski：Junction lasers which operate continuously at room temperature, Appl. Phys. Lett., **17**, pp.109 〜 111（1970）
10) Mears, Robert J., Reekie, Laurence, I. M. Jauncey and David N. Payne：High-gain rare-earth-doped fiber amplifier at 1.54 μm, Opt. Fiber Commun. Conf.（OFC）, Special Fibers（1987）
11) Y. Suematsu and M. Yamada：Transverse mode control in semiconductor laser, IEEE Semiconductor Laser Conf（1972）
12) H. Takahashi, S. Suzuki, K. Kato and I. Nishi：Arrayed-waveguide grating for wavelength division multi/demultiplexer with nanometre resolution, IEE Electron. Lett., **26**, pp.87 〜 88（1990）
13) 中川清司，相田一夫，中沢正隆，萩本和男：光増幅器とその応用，オーム社（1992）
14) 伊賀健一，小山二三夫：面発光レーザ，オーム社（1990）
15) 羽鳥光俊，青山友紀 監修，小林郁太郎編著：光通信工学（1），pp.65 〜 69, コロナ社（1998）
16) M. Maeda and M. Yamamoto：FM-FDM optical CATV transmission experiment and system design for MUSE HDTV signals, IEEE J. Selected Areas in Commun.（JSAC）, **8**, Iss.7, pp.1257 〜 1267（1990）
17) 佐藤 登 監修，電子情報通信学会編・発行：IT 時代を支える光ファイバ技術，p.5（2001）
18) 會田軍太郎，横田英嗣，山崎正之：光学機器入門，pp.13 〜 14, 東海大学出版会（1994）

2

光ファイバの原理と特徴

本章では，まず光が光導波路の中をどのように伝わるのかについて述べる。続いて，光ファイバの構造に話を進め，損失や分散による伝送特性の制限や接続技術について述べる。さらに，最近の光ファイバの動向について紹介する。

2.1 光の反射と屈折

光ファイバを理解するのに最も重要なことの一つが反射（reflection）と屈折（refraction）である。誘電体中に電磁波が入射すると波長が短くなる。ε を誘電率，μ を透磁率とすれば，光や電波の速度は $1/\sqrt{\varepsilon\mu}$ で表され，自由空間では約 3×10^8 m/s となる。これを c と書くこととする。ε は ε_0 を真空の誘電率，ε_r を比誘電率とすれば $\varepsilon=\varepsilon_r\varepsilon_0$，$\mu$ は μ_0 を真空の透磁率，μ_r を比透磁率とすれば $\mu=\mu_r\mu_0$ と表される。誘電体中では $\mu_r=1$ とみなせるので速度は自由空間の $1/\sqrt{\varepsilon_r}$ となる。周波数は変わらないので誘電体中では波長が短くなる。例えば，自由空間での 1 GHz の周波数の信号の波長は 30 cm であるが，同軸ケーブルの中ではポリエチレンの ε_r は 2.3 なので，波長は 66% の約 20 cm になる。

$\sqrt{\varepsilon_r}$ を屈折率（refractive index）といい n で表す。n の代表的な値を示すと，空気が 1.00，水が 1.33，ガラスが 1.50 である。いま，図 2.1 に示すように光が小さい屈折率 n_1 の媒質 1 から大きい屈折率 n_2 の媒質 2 に進む場合を考える。

光が境界面（interface）を通過する幅を AB として，時間 t の間に進む距離

2.1 光の反射と屈折

を考える。$AB\sin\phi_1 = ct/n_1$, $AB\sin\phi_2 = ct/n_2$ であるので，AB を消去すると次式のスネルの法則（Snell's law）が導かれる。

$$n_1 \sin \phi_1 = n_2 \sin \phi_2 \qquad (2.1)$$

この図のように屈折率が小さい媒質を進んできた光が屈折率の大きい媒質に当たって反射する場合を外部反射

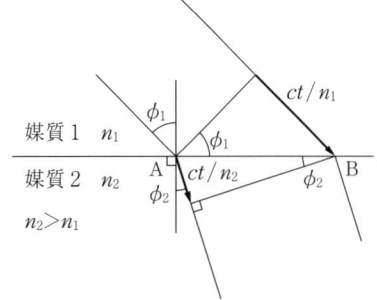

図 2.1 物質境界面での光の屈折

(external reflection)，これとは反対にガラスのように屈折率が大きい媒質を進んできた光が空気のように屈折率の小さい媒質に当たって反射する場合を内部反射（internal reflection）という。内部反射が起こっている場合には透過光は境界面に近づくように屈折する。入射角 ϕ_1 をさらに大きくしていくと入射光が全反射（total reflection）するようになる。このときの入射角は臨界角（critical angle）ϕ_c と呼ばれ，次式のように表される。

$$\sin\phi_c = \frac{n_2}{n_1} \qquad (2.2)$$

光が斜めに入射するとき，入射する平面に平行な成分と垂直な成分では振舞いが異なることが知られている。そこで，光の反射係数と透過係数を電波と同じように成分に分けて考えることとする。

いま，媒質 1 を進む平面波が入射角 ϕ_1 で媒質 2 に斜め入射することを考えよう。電界成分を実線の矢印，磁界成分を点線の矢印で示すと，光は電界から磁界にねじを回す方向に進む。媒質の境界面に垂直な平面を入射面（plane of incidence）といい，入射面に垂直な方向にしか電界成分が存在しない場合を TE（transverse electric）偏光あるいは S（senkrecht，電界が入射面に垂直の意味）波という。**図 2.2**（a）は S 波が屈折率の大きい媒質に進む場合（$n_2 > n_1$）を示している。この場合は密度の大きな物体に当たって固定端での反射をすると考えられるので反射光の位相が反転する。これとは反対に，入射面に垂直な方向にしか磁界成分が存在しない場合を TM（transverse magnetic）偏光

22   2. 光ファイバの原理と特徴

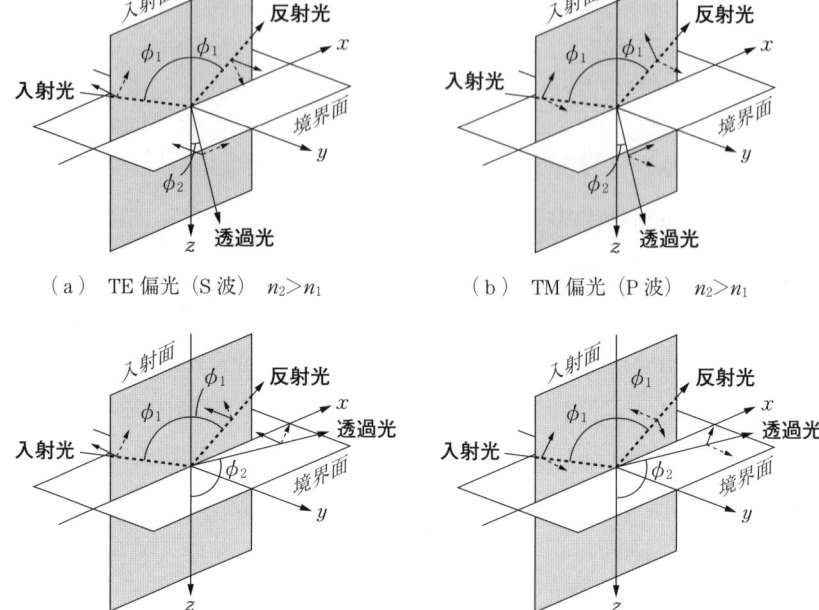

（a） TE 偏光（S 波） $n_2 > n_1$ 　　　　（b） TM 偏光（P 波） $n_2 > n_1$

（c） TE 偏光（S 波） $n_2 < n_1$ 　　　　（d） TM 偏光（P 波） $n_2 < n_1$

図 2.2　境界面における光線

あるいは P（parallel，電界が入射面に水平の意味）波という。図（b）は P 波が屈折率の大きい媒質に進む場合を示している。図（c）には S 波が屈折率の小さい媒質に進む場合（$n_2 < n_1$）を示している。この場合は密度の小さい物体に当たって自由端での反射をすると考えられるので反射光の位相は変わらない。

同様に，図（d）には P 波が屈折率の小さい媒質に進む場合を示している。透過波は n_1 と n_2 の大小関係によらず位相は変化しない。

マクスウェル（Maxwell）の方程式の解に電界と磁界に関する連続の条件を入れると次式の結果が得られる[1]。

$$(A_P - R_P) \cos \phi_1 = T_P \cos \phi_2 \tag{2.3}$$

$$n_1(A_P + R_P) = n_2 T_P \tag{2.4}$$

2.1 光の反射と屈折

$$n_1(A_S - R_S)\cos\phi_1 = n_2 T_S \cos\phi_2 \tag{2.5}$$

$$A_S + R_S = T_S \tag{2.6}$$

ここで，A, R, T はそれぞれ入射光，反射光，透過光の電界振幅を示し，添字のPとSでP成分とS成分を区別する。さらに，振幅反射係数 r を R/A，振幅透過係数 t を T/A と定義し，P成分とS成分を同様に添字で区別すると，P波およびS波について次式のフレネルの公式（Fresnel equations）が得られる。

$$r_P \equiv \frac{R_P}{A_P} = \frac{n_2\cos\phi_1 - n_1\cos\phi_2}{n_2\cos\phi_1 + n_1\cos\phi_2}, \quad t_P \equiv \frac{T_P}{A_P} = \frac{2n_1\cos\phi_1}{n_2\cos\phi_1 + n_1\cos\phi_2} \tag{2.7}$$

$$r_S \equiv \frac{R_S}{A_S} = \frac{n_1\cos\phi_1 - n_2\cos\phi_2}{n_1\cos\phi_1 + n_2\cos\phi_2}, \quad t_S \equiv \frac{T_S}{A_S} = \frac{2n_1\cos\phi_1}{n_1\cos\phi_1 + n_2\cos\phi_2} \tag{2.8}$$

ただし，t と r の関係は次式のようにP波とS波で異なることに注意してほしい。

$$\frac{n_2}{n_1} t_P - r_P = 1 \tag{2.9}$$

$$t_S - r_S = 1 \tag{2.10}$$

垂直入射のときは $\cos\phi_1 = \cos\phi_2 = 1$ なので $r_P = -r_S$, $t_P = t_S$ で次式となる。

$$r_P = \frac{-n_1 + n_2}{n_1 + n_2}, \quad t_P = \frac{2n_1}{n_1 + n_2} \tag{2.11}$$

$$r_S = \frac{n_1 - n_2}{n_1 + n_2}, \quad t_S = \frac{2n_1}{n_1 + n_2} \tag{2.12}$$

ところで，電波の空間インピーダンス Z_0，および誘電体伝送線路の特性インピーダンス Z_1, Z_2 は次式で与えられる。

$$Z_0 = \sqrt{\frac{\mu_0}{\varepsilon_0}} = 120\pi, \quad Z_1 = \sqrt{\frac{\mu_0}{\varepsilon_0 \varepsilon_{r1}}} = \frac{Z_0}{n_1}, \quad Z_2 = \sqrt{\frac{\mu_0}{\varepsilon_0 \varepsilon_{r2}}} = \frac{Z_0}{n_2} \tag{2.13}$$

電波が線路1から線路2へ入射した場合の電圧反射係数 ρ_V と透過係数 t_V は次式のように定義されており，それぞれ r_S および t_S に一致することがわかる。

$$\rho_V = \frac{Z_2 - Z_1}{Z_1 + Z_2} = \frac{n_1 - n_2}{n_1 + n_2} \tag{2.14}$$

$$t_V = 1 + \rho_V = \frac{2Z_2}{Z_1 + Z_2} = \frac{2n_1}{n_1 + n_2} \tag{2.15}$$

また，電流反射係数 $\rho_I = -\rho_V$ で定義され，これも r_P と一致することがわかる。

$$\rho_I = \frac{-Z_2 + Z_1}{Z_1 + Z_2} = \frac{n_2 - n_1}{n_1 + n_2} \tag{2.16}$$

したがって，S波およびP波の反射係数と透過係数は線路の電圧反射係数および電流反射係数と一致していることがわかる。

反射係数と透過係数の例として，$n_1 = 1.0$ の空気から $n_2 = 1.5$ のガラスに光が入射した場合を図 2.3（a）に，その逆に $n_1 = 1.5$ のガラスから $n_2 = 1.0$ の空気に入射した場合を図（b）に示す。図（a）において $r_P = 0$ となる角度があることがわかる。この角度はブルースター角（Brewster angle）と呼ばれており，56.3° となる。つまり，ガラス表面にこの角度でP波を入射させれば反射しないことを意味しており，実際にガラス越しに写真を撮る際に偏光フィルタを利用するのはこの原理を利用している。図（b）では臨界角は 41.8° に，ブルースター角は 33.7° になる[2]。

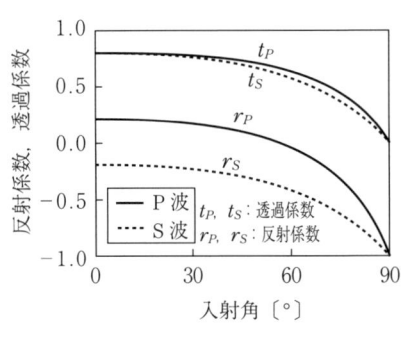
（a） $n_1 = 1.0$ から $n_2 = 1.5$ に入射した場合

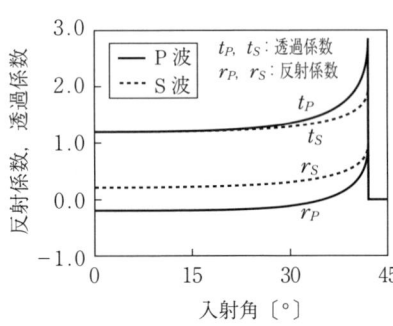
（b） $n_1 = 1.5$ から $n_2 = 1.0$ に入射した場合

図 2.3　反射係数と透過係数

S波の反射係数について調べると，r_S は図（a）ではどの角度でも負の値すなわち位相が反転し，図（b）では臨界角以下のどの角度でも正の値すなわち位相が反転しないことがわかる。

光強度 I は，媒質の特性インピーダンスを Z_m として，$I=|E|^2/2Z_m$ で求めることができるので，入射光，反射光，透過光の z 方向の強度 I_a, I_r, I_t は次式のように表すことができる。

$$I_{aP} = \frac{n_1}{2Z_0}|A_P|^2\cos\phi_1, \quad I_{aS} = \frac{n_1}{2Z_0}|A_S|^2\cos\phi_1 \tag{2.17}$$

$$I_{rP} = \frac{n_1}{2Z_0}|R_P|^2\cos\phi_1, \quad I_{rS} = \frac{n_1}{2Z_0}|R_S|^2\cos\phi_1 \tag{2.18}$$

$$I_{tP} = \frac{n_2}{2Z_0}|T_P|^2\cos\phi_2, \quad I_{tS} = \frac{n_2}{2Z_0}|T_S|^2\cos\phi_2 \tag{2.19}$$

光強度の反射率 R，透過率 T を以下のように定義すると，$R+T=1$ となることから光エネルギーが保存されていることが確認できる。

$$R_P \equiv \frac{I_{rP}}{I_{aP}} = |r_P|^2, \quad T_P \equiv \frac{I_{tP}}{I_{aP}} = \frac{n_2\cos\phi_2}{n_1\cos\phi_1}|t_P|^2 \tag{2.20}$$

$$R_S \equiv \frac{I_{rS}}{I_{aS}} = |r_S|^2, \quad T_S \equiv \frac{I_{tS}}{I_{aS}} = \frac{n_2\cos\phi_2}{n_1\cos\phi_1}|t_S|^2 \tag{2.21}$$

前と同様に，ガラスと空気の境界となる場合を例にして反射率と透過率を図2.4に示す。図（a）はブルースター角の説明としてよく見かける図である。

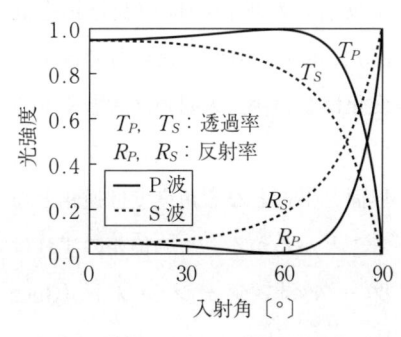

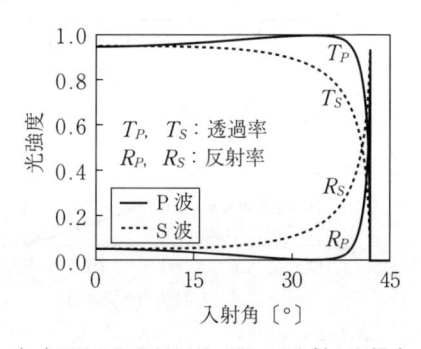

（a）$n_1=1.0$ から $n_2=1.5$ に入射した場合　　（b）$n_1=1.5$ から $n_2=1.0$ に入射した場合

図2.4　反射光と透過光強度

ガラスから空気への垂直入射の場合，反射率は次式のように0.04（4%）となる。

$$R_P = R_S = [r_S]^2 = \left(\frac{1.5-1}{1+1.5}\right)^2 = \frac{1}{25} = 0.04 \tag{2.22}$$

これは，光ファイバの端面から空気への反射率として知られている値である．

全反射の場合には，式 (2.7) と式 (2.8) の $\cos\phi_2$ は実数の範囲では存在しないので，虚数 j を使って次式のように書くこととする．

$$r_P = \frac{n_2^2\cos\phi_1 - jn_1\sqrt{n_1^2\sin^2\phi_1 - n_2^2}}{n_2^2\cos\phi_1 + jn_1\sqrt{n_1^2\sin^2\phi_1 - n_2^2}} \tag{2.23}$$

$$r_S = \frac{n_1\cos\phi_1 - j\sqrt{n_1^2\sin^2\phi_1 - n_2^2}}{n_1\cos\phi_1 + j\sqrt{n_1^2\sin^2\phi_1 - n_2^2}} \tag{2.24}$$

さらに，$r = |r|\exp(j\Phi)$ として位相変化量 Φ を調べることとする．

$$\tan\frac{\Phi_P}{2} = -\frac{n_1\sqrt{n_1^2\sin^2\phi_1 - n_2^2}}{n_2^2\cos\phi_1} \tag{2.25}$$

$$\tan\frac{\Phi_S}{2} = -\frac{\sqrt{n_1^2\sin^2\phi_1 - n_2^2}}{n_1\cos\phi_1} \tag{2.26}$$

位相変化の一例として $n_1 = 1.5$ のガラスを進む光が $n_2 = 1$ の空気との境界で全反射した場合の位相変化量を図 2.5 に示す．図から臨界角では位相変化はないが，入射角が大きくなるにつれて位相遅れが大きくなり，境界面と平行となる角度では逆相となることがわかる．この位相のずれはグースヘンシェンシフト（Goos Hanschen shift）という現象である．

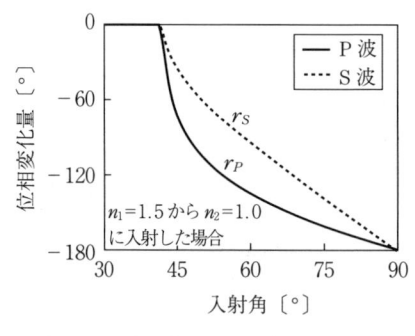

図 2.5　全反射における位相変化量

2.2　位相速度と群速度

この節では光導波路における位相速度（phase velocity）と群速度（group

2.2 位相速度と群速度

velocity）について述べ，導波管を伝搬するマイクロ波との比較を行う。

光周波数を ν とすると，光角周波数 $\omega = 2\pi\nu$ を用いた平面波の位相は z を光の進行方向，β を伝搬定数（propagation constant）として $\omega t - \beta z$ と表すことができる。等位相面とはこの位相が一定という意味なので $\omega t - \beta z = \text{const.}$ と書くことができる。

位相速度とは文字どおり位相の進む速度のことで，位相（phase）の頭文字をとって V_p と書くこととすると，$V_p = z/t$ である。等位相面の位相速度は $\omega t - \beta z = \text{const.}$ の両辺を t で微分して求めることができる。すなわち $\omega - \beta V_p = 0$ から次式の関係式を得ることができる。

$$V_p = \frac{\omega}{\beta} \tag{2.27}$$

平面波が屈折率 n の媒質中を z 方向に単純に進んでいれば $V_p = c/n$ である。c は真空中での光の速度で，媒質中での光の速度は c/n である。

上で得られた関係式 $\omega - \beta V_p = 0$ の両辺を ω で微分すると，式 (2.28) となり，変形すると式 (2.29) が得られる。

$$\frac{d\beta}{d\omega} V_p + \beta \frac{dV_p}{d\omega} = 1 \tag{2.28}$$

$$\frac{d\beta}{d\omega} = \frac{1 - \beta \dfrac{dV_p}{d\omega}}{V_p} \equiv \frac{1}{V_g} \tag{2.29}$$

ここで定義する群速度とは光パワーが運ばれる速度のことで，group の頭文字をとって V_g と書くことにする。位相速度が周波数依存性を持たない場合には，$dV_p/d\omega = 0$ であるので，式 (2.29) から次式のように位相速度と群速度は等しくなる。

$$V_p = V_g = \frac{c}{n} \tag{2.30}$$

ところが，光が導波路を反射しながら進むような場合は様子が変わってくる。光ファイバのような誘電体の導波路を考える前に，**図2.6** に示すような上下を鏡で挟まれた長さ $2d$ の中空の導波路を光が進む場合を考えてみよう[3]。

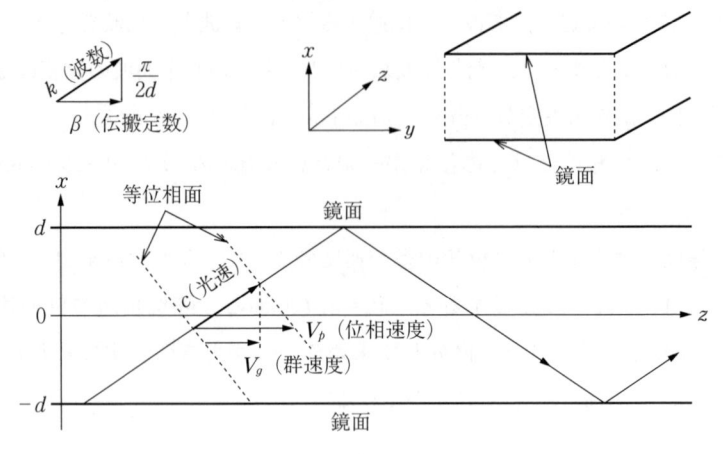

図 2.6 鏡面導波路中の光線

マイクロ波が導波管を伝搬する場合には，壁面が完全導体であるので電界は壁面で零という境界条件を満足する。光がこの鏡の導波路を進む場合も，壁面で電界が零という完全反射の境界条件を満足する必要がある。

マクスウェルの方程式から得られる平面波の一般解 u は，ラプラシアン演算子 ∇^2 を用いて次式のように書くことができる。

$$\nabla^2 u + k^2 u = 0 \tag{2.31}$$

ここに，k は波数（wave number）と呼ばれる量で，等位相面の進行方向の伝搬定数である。

式 (2.31) を満足する電界を示す式に鏡における完全反射の境界条件を考慮すると次式を得る。

$$E(z,t) = E_0 \cos\left(\frac{\pi x}{2d}\right) \exp\{j(\omega t - \beta z)\} \tag{2.32}$$

この導波路は天井（$x=d$）と床（$x=-d$）が鏡なので電界は両端で零，中央（$x=0$）で最大となっている。

図の左上に示すように，z 方向に実際に進む波の速度は反射がない場合よりも遅くなり，$2d$ で位相が π だけ異なることから次式の直角三角形の長さの関係式が成り立つ。

2.2 位相速度と群速度

$$k^2 = \beta^2 + \left(\frac{\pi}{2d}\right)^2 \tag{2.33}$$

式 (2.33) から $k = \pi/2d$ すなわち，$\omega_c = \pi c/2d$ 以下の光角周波数は $\beta^2 \leq 0$ となり伝搬しない。波長で言い換えると，遮断波長 $\lambda_c = 4d$ よりも長い波長の光は伝送されない。

そして，図からわかるように，V_p は等位相面が進むみかけの速度なので光速 c よりも速くなり，次式で示される。

$$V_p = \frac{c}{\sqrt{1-\left(\dfrac{\lambda}{\lambda_c}\right)^2}} \tag{2.34}$$

また，V_g はエネルギーが実際に運ばれる速度なので遅くなり

$$V_g = c\sqrt{1-\left(\dfrac{\lambda}{\lambda_c}\right)^2} \tag{2.35}$$

で示される。また，$V_g V_p = c^2$ が成り立つ。

このように光も電磁波なので，壁面で完全反射する導波路に通せば遮断周波数が存在する。

ω と β の関係を**図 2.7** に示す。原点を通り，傾きが c の直線（実線）は自由空間の伝搬を意味していて，光が伝搬するためにはこの直線よりも上である必要がある。点 A で動作しているとしたとき，位相速度 V_p は式 (2.27) に示すように，点 A と原点を結んだ破線の傾きを示していて，その値は c よりも大きい。一方，群速度 V_g は式 (2.29) に示すように点 A における接線の傾きを示していて，その値は c よりも小さい。また，$\omega \leq \omega_c$ の光角周波数は伝搬できず，$\omega = \omega_c$ となる点 B では $V_g = 0$，$V_p = \infty$ となる。これらの性質は導波管を伝搬するマイクロ波と同じである。

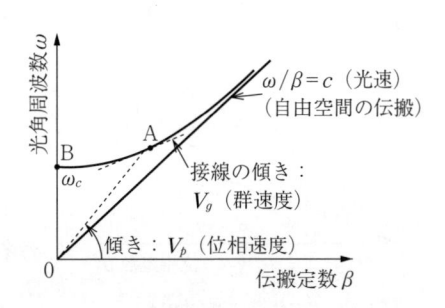

図 2.7 鏡面導波路における位相速度と群速度

つぎに，**図 2.8** のような x 方向に屈折率 n_2 の層で上下に挟まれた屈折率 n_1

2. 光ファイバの原理と特徴

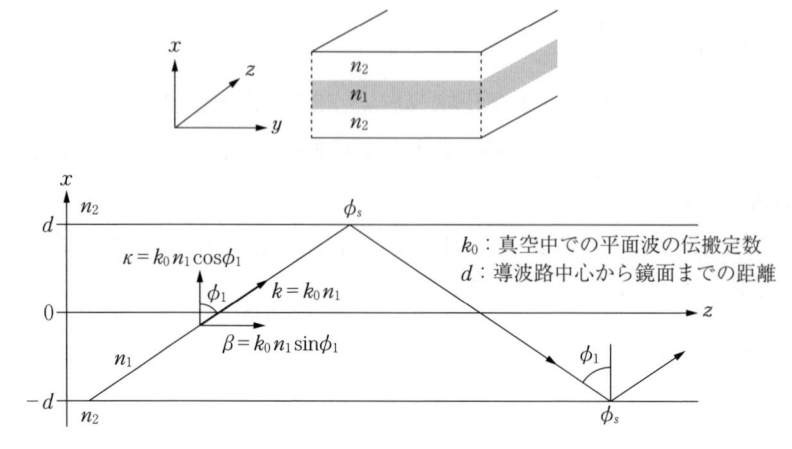

図 2.8 誘電体導波路中の光線

の厚さ $2d$ の層の中を z 方向に反射しながら進む光を考えよう（$n_1 > n_2$）。上下の壁面への入射角を ϕ_1 として，波数 $k = k_0 n_1$ の光の振舞いを，z 方向に進む位相伝搬定数 β と，x 方向に進む位相伝搬定数 κ に分けて考えることとする。ここで，$k_0 = 2\pi/\lambda$ は波長 λ の真空中での平面波の伝搬定数である。

鏡の光導波路と同様に，ω と β との関係を図 2.9 に示す。光は誘電体の中では速度が屈折率分の 1 と遅くなる。また，$n_1 > n_2$ であるので，光は例として図に示したような傾きが c/n_2 と c/n_1 に挟まれた領域で伝搬する。

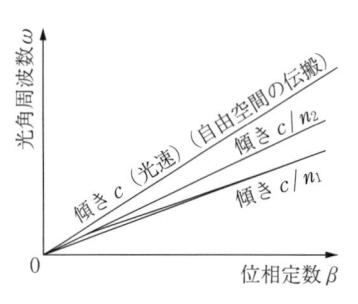

図 2.9 誘電体導波路における ω と β の関係

さて，このような光導波路を光は全反射の条件さえ満足すればどのようにでも伝搬するのであろうか？ 答えは「飛び飛びの角度でしか反射できない」であり，それぞれの振舞いをモード（mode）と呼んで区別している。波が伝搬できるためには壁面で反射した波が，あとから到着する波と同相となって強めあう必要がある。図 2.8 に示すように x 方向への伝搬定数 κ は $k_0 n_1 \cos\phi_1$ なので，この条件は整数 m をモード番号として次式のように示すことができる。

$$2 \times 2dk_0 n_1 \cos\phi_m + 2\Phi_S = 2\pi m \tag{2.36}$$

ここで，ϕ_m は m 番目のモードの光の入射角 ϕ_1，Φ_S は式 (2.26) で説明したグースヘンシェンシフトである[†]。あとからくる波の位相と同相で重なって強めあうためには，$2d$ の長さを往復し，2 回のグースヘンシェンシフト（位相ずれ）を受けることが必要であることに注意してほしい。この条件を満足する，離散的な入射角の光だけが伝搬を許されることになる[4]。

式 (2.36) は式 (2.37) で定義する屈折率差 Δ を用いて式 (2.38) のように書き直すことができる。

$$\Delta \equiv \frac{n_1^2 - n_2^2}{2n_1^2} \tag{2.37}$$

$$dk_0 n_1 \cos\phi_m = \frac{\pi m}{2} + \tan^{-1}\sqrt{\frac{2\Delta}{\cos^2\phi_m} - 1} \tag{2.38}$$

さらに，規格化周波数 (normalized frequency) V，および規格化伝搬定数 (normalized propagation constant) b を次式のように定義する。

$$V \equiv k_0 d \sqrt{n_1^2 - n_2^2} = n_1 k_0 d \sqrt{2\Delta} \tag{2.39}$$

$$b \equiv \frac{\beta^2 - \beta_2^2}{\beta_1^2 - \beta_2^2} = \frac{(n_1 \sin\phi_m)^2 - n_2^2}{n_1^2 - n_2^2}, \quad \beta_1 = n_1 k_0, \quad \beta_2 = n_2 k_0 \tag{2.40}$$

式 (2.38) は以下の式を用いて式 (2.41) のように書き直すことができる。

$$\sqrt{1-b} = \frac{n_1 \cos\phi_m}{\sqrt{n_1^2 - n_2^2}}, \quad \sqrt{\frac{b}{1-b}} = \sqrt{\frac{(n_1 \sin\phi_m)^2 - n_2^2}{n_1^2 \cos^2\phi_m}} = \sqrt{\frac{2\Delta}{\cos^2\phi_m} - 1}$$

$$V\sqrt{1-b} = \frac{\pi m}{2} + \tan^{-1}\sqrt{\frac{b}{1-b}} \tag{2.41}$$

この式を分散方程式 (dispersion equation) という。V と b との関係を**図 2.10** に示す。

V は k_0 すなわち周波数に比例する量であるとともに，d や屈折率差 Δ といっ

[†] 誘電体の境界面で全反射する光は少し外に浸み出した点で反射したかのような位相遅れを伴う。この位相変化量は式 (2.26) に示すように入射角の関数のため，モードにより異なる値をとる。

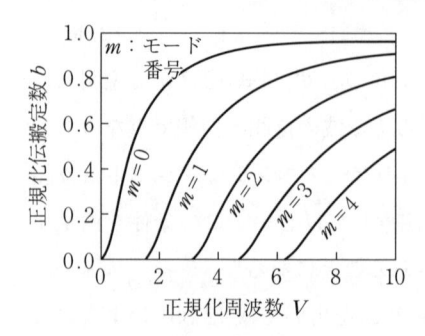

図2.10 誘電体導波路における V と b との関係

た構造上のパラメータを含んでいる。一方，b は導波路の閉じ込めの程度を示している。式 (2.40) において β は β_2 から β_1 までの値をとる。β_1 ($b=1$) となったときは光が n_1 領域に強く閉じ込められる。反対に β_2 ($b=0$) となったときは臨界角に達して光は全反射の条件を満足することができなくなり，光が n_2 領域に浸み出していってしまう。

この図の意味するところはつぎのとおりである。

① 最低次モード（$m=0$）はどのような低い周波数も伝送できる。マイクロ波導波管や鏡導波路のような遮断周波数は存在しない。

② $m=1$ のモードが伝搬できず，最低次モードだけが伝搬できるシングルモードの条件を満足する V が存在する。

シングルモードとなる範囲は式 (2.41) の分散方程式において $m=1$，$b=0$ とすることで次式のように求めることができる。

$$0 < V < \frac{\pi}{2} \tag{2.42}$$

③ それぞれのモードにおいて，導波路幅 d が大きいほど，屈折率差 $\varDelta$ が大きいほど導波路への閉じ込めが強くなる。

これまでのS波について述べてきたが，P波についても同様にして次式の分散方程を導出することがきる。

$$V\sqrt{1-b} = \frac{\pi m}{2} + \tan^{-1}\left\{\left(\frac{n_1}{n_2}\right)^2 \sqrt{\frac{b}{1-b}}\right\} \tag{2.43}$$

式 (2.41) と式 (2.43) を比較すると，$(n_1/n_2)^2$ のところだけが異なっていることがわかる。これは光の偏波面によって速度が異なることを意味しており，複屈折性（birefringence）という。複屈折性のある物質は光学的に異方性を持

つといい，光学結晶や液晶高分子などはこの性質を強く持っている。ガラスは通常の状態では複屈折性を示さない等方性を持った物質であるが，外部から応力をかけたりすると一時的に異方性を示すことが知られている。

これまで述べたモードを考慮し，図 2.9 を書き直して**図 2.11** を得る。β を縦軸にし，ω を c で基準化した波数 k を横軸とした分散図（dispersion curve）として示すことが一般的であるので，図 2.9 の縦軸と横軸を入れ替えたことに注意してほしい。なお，この図はモードの閉じ込め状態などをわかりやすく示すために，導波可能な領域を誇張している。

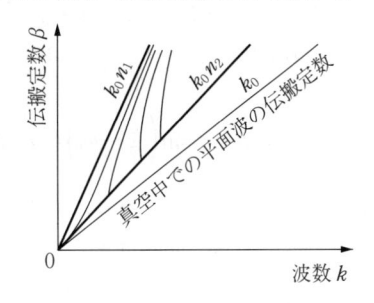

図 2.11 分　散　図

ところで，遮断周波数が導波管にはあって光導波路にはない理由はなぜであろうか？　それは誘電体での全反射が導波管壁面の金属のような全反射ではなく，クラッド（cladding，光の通路を包み込んでいる部分）に浸み出しながら行われるためである。そして，その浸み出しの程度はモードによって異なり，クラッドに対する入射角が小さい高次のモードほど浸み出しが大きくなる。つまり高次モードほど，実際よりも大きな仮想的なコア（core，光が通る部分）直径で反射すると解釈することができる[5]。

なお，2.3 節で説明するシングルモード光ファイバで遮断波長（cut-off wavelength）という用語が出てくる。これは，第 2 番目のモードが伝搬できない式 (2.42) のような条件を光ファイバについて求めたものである。一方で，マイクロ波導波管の遮断波長とは，式 (2.33) で示したように，これより長い波長は通らないという意味で，光ファイバの遮断波長とは意味が異なるので注意してほしい。

2.3　光ファイバの原理と構造

光ファイバの構造は，**図 2.12** に示すように，屈折率の大きなコアをそれよ

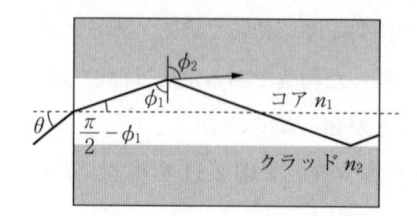

図2.12 光ファイバへの入射

りも屈折率の小さなクラッドで包み込んだものである．空気中から光ファイバのコア端面に光を入射角 θ で入射させるとき，角度の条件は次式のとおりとなる．

$$\sin\theta = n_1 \sin\left(\frac{\pi}{2} - \phi_1\right) = n_1 \sqrt{1 - \left(\frac{n_2}{n_1}\right)^2 \sin^2\phi_2} \qquad (2.44)$$

入射角が大きすぎると，光の一部は境界面を透過してしまうため，光が反射しながら進むことができるためには入射角に上限がある．空気から光ファイバの端面への最大許容角度 θ_{max} は臨界角の条件である $\phi_2 = \pi/2$ を代入し，次式のように求められる[†]．

$$\sin\theta_{max} = n_1 \sqrt{1 - \left(\frac{n_2}{n_1}\right)^2} = n_1 \sqrt{2\Delta} \qquad (2.45)$$

$\sin\theta_{max}$ を開口数（numerical aperture，NA）と呼ぶ．この定義は図に示したステップインデクス型光ファイバのみならず，前述の光導波路やほかの構造の光ファイバにも適用可能である．NAは光ファイバの光を集める能力ということができる．光源から出る光を光ファイバの中に入れるには，広がろうとする光を結合レンズを使ってNA以下に絞り込む必要がある．

光ファイバは，**図2.13**に示すように，モードによってシングルモードファイバ（single-mode fiber，SMF）とマルチモードファイバ（multi-mode fiber，MMF）に分類することができる．SMFは伝搬モードが最低次数のただ一つしか存在しない光ファイバで，MMFは多くの伝搬モードが存在する光ファイバである．MMFファイバは後述するように，モード分散（modal dispersion）により伝送特性がSMFと比べて大きく制限される．しかし，マルチモードという名前がほかの技術分野でさまざまなサービスに対応可能な方式といった良い

[†] 最大許容受光角は端面上のコアとクラッドの境界点に入射する光に対するものであるが，説明を簡単にするために子午線の光線とした．

2.3 光ファイバの原理と構造

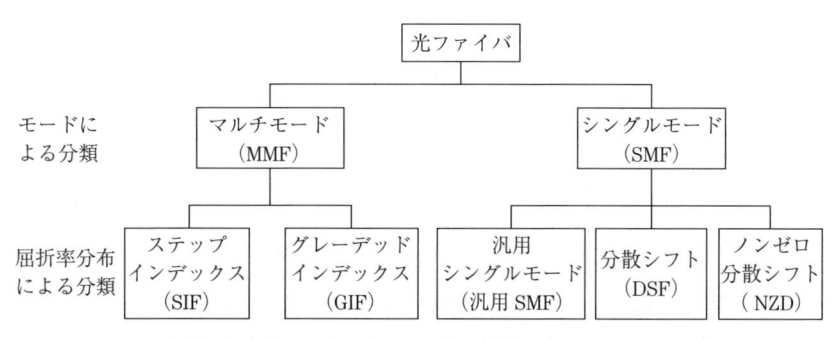

図2.13 光ファイバのモードと屈折率分布による分類

イメージで使われていることが多いため，マルチモード光ファイバがシングルモード光ファイバよりも高性能な光ファイバであるかのような誤解を生じやすいので注意してほしい。

光ファイバがシングルモードで動作するかマルチモードで動作するかの判定式の導出はかなり長いので割愛するが，判定の考え方は前節で学んだ誘電体光導路と似ている。すなわち規格化周波数 V と規格化伝搬定数 b の関係から，シングルモード動作となる条件を求める。いま，コア半径が a の光ファイバを考え，誘電体導波路において考えた導波路幅の半分 d を a に置き換えた規格化周波数 V を式 (2.39) にならって以下のように書くことにする。

$$V \equiv k_0 a \sqrt{n_1^2 - n_2^2} = n_1 k_0 a \sqrt{2\Delta} \tag{2.46}$$

この V と式 (2.40) の規格化伝搬定数 b との関係を**図 2.14** に示す[6]。この図を誘電体導波路の関係を示す図2.10と比べてみると，同様な傾向があることがわかる。光ファイバの場合でもシングルモードとして動作させるための条件は2番目のモードが発生しないように図2.14 の左から2番目の LP_{11} モード (linearly polarized mode) の $b=0$ における V 値である 2.405 から求

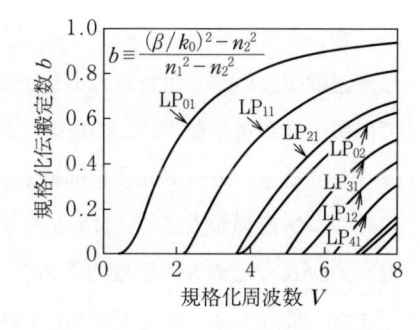

図2.14 光ファイバの V と b の関係

例えば，$n_1 = 1.45$，$\Delta = 0.003$，$a = 4.3\,\mu m$ として設計した光ファイバの遮断波長 λ_c は式 (2.46) から次式のように求めることができる．

$$\lambda_c = \frac{2\pi \times 1.45 \times 4.3 \times \sqrt{2 \times 0.003}}{2.405} = 1.262\,\mu m \qquad (2.47)$$

この光ファイバを使うと長波長帯で用いられる波長 $1.3\,\mu m$ や $1.55\,\mu m$ ではシングルモード光ファイバとして動作するが，短波長帯で用いられる波長 $0.85\,\mu m$ ではマルチモードファイバとして動作することとなる．したがって，SMF として販売されていても使用波長によっては MMF となることに注意が必要である．

図 2.13 に戻って光ファイバを屈折率の分布でさらに分類すると，MMF はステップインデックス型ファイバ（step index fiber，SIF）と，グレーデッドインデックス型ファイバ（graded index fiber，GIF）に分けることができる．インデックスとは屈折率（refractive index）を指している．

図 2.15 にファイバの構造と屈折率分布を示す．図（a）の SIF は，コアの屈折率がクラッドよりも階段状に大きな構造である．中央部分を進む低次モードの光と境界で何度も反射しながら進む高次モードの光との伝搬時間差が大きい．これはモード分散（modal dispersion）という現象で，伝送帯域幅が大きく制限されるため，近距離でしか使うことができない．

図（b）の GIF は，コアとクラッドの間の屈折率分布をほぼ放物線状に緩やかに変化させている．このような工夫をすることによって，高次モードの光は伝送距離が長いが，屈折率の小さな部分を速く通ることができるようになるので伝搬速度が速くなる．この結果，高次モードと低次モードの光伝搬時間をほぼ等しくでき，モード分散を抑制することができる．また，図（c）の SMF と比べてコア直径が大きく，NA も大きいことから光ファイバに光を入れやすいため，LAN などの短中距離の伝送システムで広く使われている．

また，最近では，波長 850 nm の VCSEL（垂直共振器面発光レーザ，vertical cavity surface emitting laser）モジュールの低廉性を生かして Gbit/s（Gbps

2.3 光ファイバの原理と構造

(a) SIF

(b) GIF

(c) SMF

＊モードフィールド径
（浸み出しの分布から求めた実効的な直径）

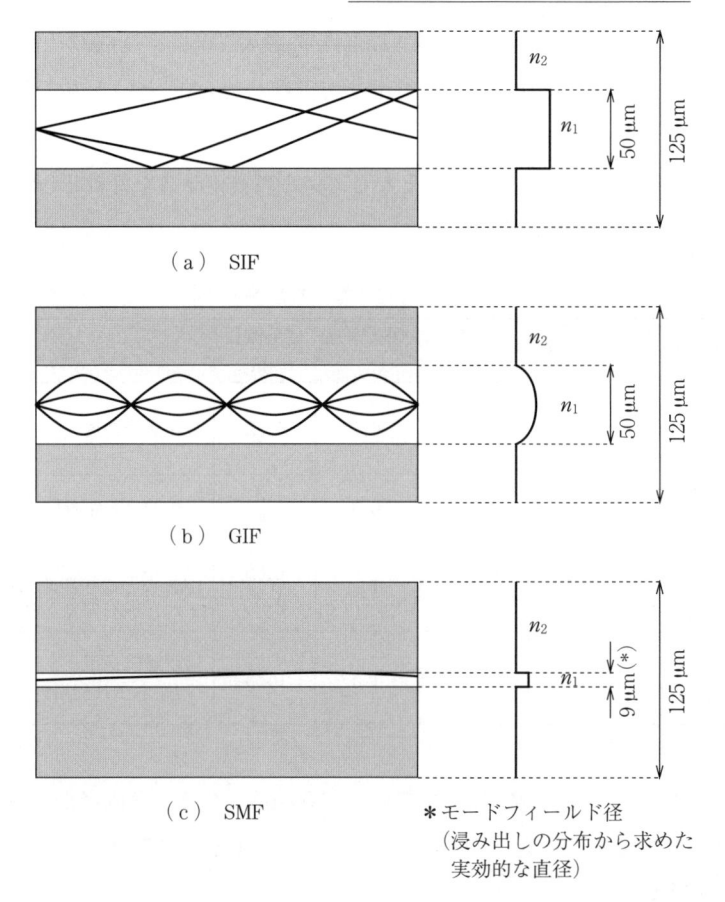

図 2.15 光ファイバの構造と屈折率分布

級の信号を従来と同じ形状の MMF で伝送する方式の開発が進められている。MMF はコア直径が広い分，接続時の軸ずれ許容度が緩いので多心一括伝送をすることで帯域幅の不足をカバーすることがねらいである。その伝送距離および伝送速度の適用範囲を**図 2.16** に示す。現在 10

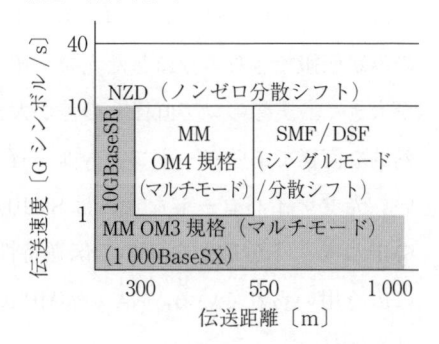

図 2.16 短距離高速伝送システムにおける伝送速度の適用範囲

Gbit/s の最大 300 m 伝送あるいは 1 Gbit/s の最大 1 000 m の OM3 という方式が一般的であるが，伝送距離を 550 m まで延ばした OM4 という方式も研究が進められている。

通信用の光ファイバとして主流となっている石英ガラスを材料とした光ファイバの比較を**表 2.1** に示す。

表 2.1 石英ガラス光ファイバの比較

種　類	名　称	コア直径〔μm〕	屈折率差〔%〕	使用波長〔μm〕	用　途
分散シフト型シングルモードファイバ	DSF	8.0*	0.7	1.55	長距離伝送用
シングルモードファイバ	SMF	9.2*	0.3	1.3 1.55	一般的な長距離伝送用
グレーデッドインデックスファイバ	GIF	50 または 62.5	1	0.85 1.3	LAN などの短距離伝送用
ステップインデックスファイバ	SIF	50 〜 100	1.5	0.85	短距離伝送用（現在あまり利用されない）

*モードフィールド径

国内で使われている MMF はコア直径が 50 μm，クラッド直径が 125 μm のものが一般的である。光ファイバコードなどには GI50/125 のように標記されることが多い。

図 2.15（c）の SMF は，コア直径を MMF よりも小さくして，最低次モードのみが伝搬できるようにした光ファイバである。そのため光の浸み出しの程度が大きく，実際のコア直径との差が大きいので，浸み出しの分布から求めた実効的な直径であるモードフィールド径（mode field diameter）で示すことが多い。光ファイバコードなどには SM10/125 のように標記されることが多い。SMF はモード分散がないので伝送特性がすぐれており，一般的な長距離伝送に広く用いられている。NA が MMF よりも小さく，軸ずれや角度ずれの許容度も厳しい。

分散シフト型シングルモード光ファイバ（dispersion shifted fiber, DSF）は波長 1.55 μm 帯でさらに広帯域な伝送ができるように改良を加えた SMF で，長距離伝送に用いられる。このファイバについては 2.5 節の分散のところで述べる。

つぎに，光ファイバを材料に着目すると，石英系，多成分系およびプラスチック系に分類できる。石英系は SiO_2 をベースにして，各種添加物を加えたもので，透明性が高いので低損失で広帯域伝送が可能であるため中長距離伝送に適している。多成分系はソーダ石灰，ガラスなどをベースにしてアルカリ金属を加えたもので，コア直径が大きく，光源の光を入射させることが容易である。しかし，損失が大きく，現在ではあまり製造されていない。プラスチック系は**表 2.2** に示すように，コアが石英ガラス，クラッドがプラスチックで構成されるプラスチッククラッドファイバ（plastic clad optical fiber, PCF）と，コア，クラッドともにプラスチックで構成されるプラスチックファイバ（plastic optical fiber, POF）がある。プラスチック光ファイバはアクリル樹脂を用いたもので損失は大きいが，コア直径がきわめて大きいので接続や加工が容易であるという特徴がある。プラスチッククラッド光ファイバのコア直径は 200 〜 250 μm，プラスチック光ファイバは 500 μm 以上とさらに大きいので振動による接続損失の劣化に対する要求の厳しい車内の配線などに適している。

表 2.2 石英ガラスとプラスチック光ファイバの比較

種　別	GOF（ガラス光ファイバ）		POF（プラスチック光ファイバ）	
名　称	SMF	MMF	H-PCF*	POF
コア材質	石英ガラス	石英ガラス	石英ガラス	プラスチック
クラッド材質	石英ガラス	石英ガラス	プラスチック	プラスチック
最大伝送距離	100 km	2 km	1 km	50 m
使用波長	1 300 〜 1 600 nm	800 〜 1 300 nm	700 〜 850 nm	700 〜 850 nm
伝送損失	0.25 dB/km	3.5 dB/km	7 dB/km	15 〜 35 dB/km
用　途	広域通信 FTTH	構内配線 LAN	屋内配線	車内配線

* H-PCF：ハード（高硬度）プラスチッククラッド光ファイバ

2.4 光ファイバの損失

石英系光ファイバの損失の波長特性の例を図2.17に示す。光ファイバの損失は波長1.55 μmで最低となり、およそ0.2 dB/kmである。これより短い波長ではガラスの屈折率の揺らぎに起因したレイリー散乱（Rayleigh scattering）による損失が支配的になる。この屈折率の揺らぎは光ファイバを製造する段階で残留してしまうもので、その散乱強度は波長の4乗に反比例するという特徴がある。

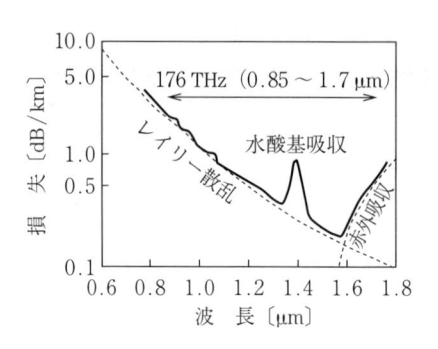

図2.17 石英系光ファイバの損失の波長特性

波長1.55 μmよりも長い波長では赤外吸収（infrared absorption）が支配的になる。これは伝搬光のエネルギーの一部が分子の振動エネルギーに変換されるために起こる損失である。このほかに、既設の光ファイバのなかには1.4 μm近傍で、水酸基による比較的大きな吸収損失を示すものも存在する。

光通信では可視光よりも損失の少ない赤外光が用いられる。初期の頃は短波長帯と呼ばれる0.85 μm近傍の光源や受光器の開発が盛んであったが、現在では損失の少ない1.3 μm（およそ0.5 dB/km）や1.55 μmなどの長波長帯がおもに用いられている。1.55 μm帯は1.3 μm帯よりもあとに開発された経緯があり、1.3 μm帯が主流であった頃に製造、敷設された光ファイバのなかには1.55 μm帯での損失にばらつきが見られる。

0.85 μm帯は、損失がおよそ2～3 dB/kmと長波長帯よりも大きいが、マルチモード光ファイバとの整合性が良いため、LANなどの短距離を中心に開発が進められている。

光ファイバの伝送損失（P_{loss}と書く）は、伝送の間に光パワーがP_1〔W〕からP_2〔W〕になったときに、次式のように対数を使ってデシベル〔dB〕で表

されることが多い。

$$P_{\text{loss}} = -10 \log_{10} \frac{P_2}{P_1} \ \text{〔dB〕} \tag{2.48}$$

光ファイバの損失は1km当りの伝送損失で表すので，例えば1.3 μm で 0.5 dB/km の光ファイバを用いて6 km の伝送をすると，光伝送損失 P_{loss} は 3 dB となる。これは送信した光パワーが半分になったことを意味する。

光ファイバの損失要因を**図 2.18** に示す。光ファイバ伝送における損失には光ファイバ固有の損失と外的要因による損失に分類することができる。光固有の損失はさらに吸収損失（absorption loss）と散乱損失（scattering loss）に分けられ[7]，前に述べた赤外吸収やレイリー散乱以外にも紫外吸収やラマン散乱，ブルリアン散乱など石英ガラスが本質的に持っている損失が存在する。

外的要因は形状要因とも呼ばれており，光ファイバを伝送システムに組み込

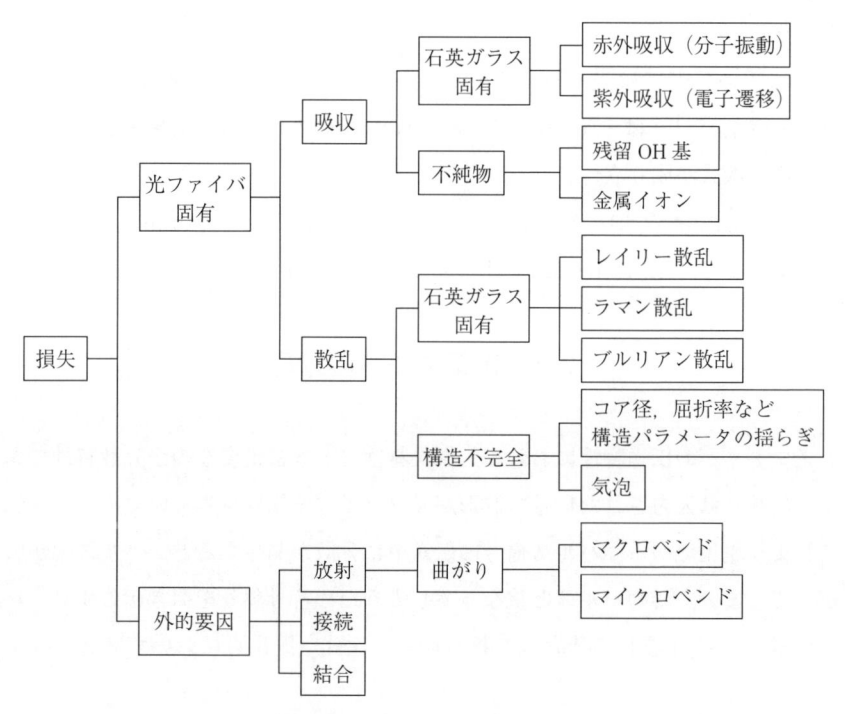

図 2.18 光ファイバの損失要因

むことによって発生するもので，放射，接続，結合の三つに分類できる。

放射損失は，おもに敷設，配線時に外部から加えられた力によって生じるもので，光ファイバに一様な曲がりを加えた場合に起こるマクロベンド損失と，光ファイバに側圧などの不均一な応力を加えた場合に起こるマイクロベンド損失がある。マイクロベンド損失は凸凹のある床面に配線した光ファイバの上に物を置いたりしたときに微小な曲げ応力が加えられて発生する。接続損失は光ファイバ間の接続で，結合損失は光源と光ファイバ間，および光ファイバと受信器間の結合で生じる損失である。

以上の損失の値を知ることにより光ファイバで伝送できる最大距離を計算することができる。例えば，光源の光送信パワーが2 mW，受信器の最小光受信パワーが1 μW で，光源および受信器の結合損失がそれぞれ2 dB，1 dB，伝送損失が0.2 dB/km の光ファイバを使った場合に伝送可能な最大距離を求めてみよう。

光伝送の分野では光パワー1 mW を 0 dBm と表すので，送信パワーは+3 dBm，受信パワーは-30 dBm である。求める光ファイバの距離を l_{max} 〔km〕とすると次式が成り立つ。

$$+3 \text{ dBm} - 2 \text{ dB} - 0.2 \text{ dB/km} \times l_{max} \text{〔km〕} - 1 \text{ dB} = -30 \text{ dBm} \quad (2.49)$$

したがって，l_{max} は 150 km と求めることができる。

2.5 光ファイバの分散

光ファイバの伝送特性において，損失特性とともに重要なのが分散特性である。分散とは入力された信号の波形が光ファイバを伝搬されていくうちに崩れてしまう現象である。パルス信号の伝送中に分散が発生すると，パルス幅が広がってしまい，隣のパルスと重なってしまうため符号誤りを引き起こす。

つぎに，V_p が波長の依存性を持つ場合，次式（既出）において考えてみよう。

2.5 光ファイバの分散

$$\frac{d\beta}{d\omega} = \frac{1 - \beta \dfrac{dV_p}{d\omega}}{V_p} \equiv \frac{1}{V_g} \tag{再掲 2.29}$$

$V_p = c/n$ であるので,次式の関係が成り立つ.

$\dfrac{dV_p}{d\omega} < 0$ の場合(正常分散)　　$V_g < V_p$ で ω が増えると n が増える

$\dfrac{dV_p}{d\omega} = 0$ の場合(無分散)　　$V_g = V_p$

$\dfrac{dV_p}{d\omega} > 0$ の場合(異常分散)　　$V_g > V_p$ で ω が増えると n が減る

$\beta = \omega n/c$ であるので,$d\beta/d\omega$ は以下のようにも書くことができる.右辺のかっこ内は群屈折率と呼ばれる量で,N と置くこととする.

$$\frac{d\beta}{d\omega} = \frac{1}{c}\left(n + \omega \frac{dn}{d\omega}\right) = \frac{N}{c} \tag{2.50}$$

これをさらに ω で微分した量は分散(dispersion)と呼ばれ,群屈折率の一次微分である.

$$\frac{d^2\beta}{d\omega^2} = \frac{d}{d\omega}\frac{1}{v_g} = \frac{1}{c}\frac{dN}{d\omega} \tag{2.51}$$

光は角周波数よりも波長で書くほうが便利なので,$d\lambda/d\omega = -\lambda^2/2\pi c$ に注意して式 (2.50) を λ で書き直すと

$$\frac{d\beta}{d\omega} = \frac{1}{c}\left(n + \omega \frac{dn}{d\lambda}\frac{d\lambda}{d\omega}\right) = \frac{1}{c}\left(n - \lambda \frac{dn}{d\lambda}\right) \tag{2.52}$$

$$\frac{d}{d\lambda}\frac{d\beta}{d\omega} = \frac{1}{c}\left(\frac{dn}{d\lambda} - \frac{dn}{d\lambda} - \lambda\frac{d^2 n}{d\lambda^2}\right) = -\frac{\lambda}{c}\frac{d^2 n}{d\lambda^2} \equiv D \tag{2.53}$$

D は,光ファイバの分散と呼ばれる量で単位は〔ps/(nm·km)〕である.

石英ガラスの波長特性を図 2.19 に示す.この図から屈折率は波長に対して単調減少で,波長が 1.3 μm 当りを境に,短い領域では下に凸,長い領域では上に凸となっていることがわかる.したがって,分散は式 (2.53) から,短波長側では負,長波長側では正の値となる.この分散は材料の屈折率 n が周波数特性を持つことにより生じることから,材料分散(material dispersion)と

2. 光ファイバの原理と特徴

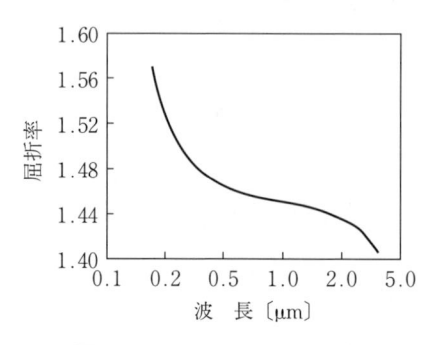

図 2.19 石英ガラスの波長特性

呼ばれる。

材料分散のほかにも，光ファイバの構造により周波数特性を持つ分散があり，導波路分散（waveguide dispersion）と呼ばれる。この分散は波長が長いほどクラッド部分への浸み出しが大きくなり，伝送経路が長くなるために起こるものである。

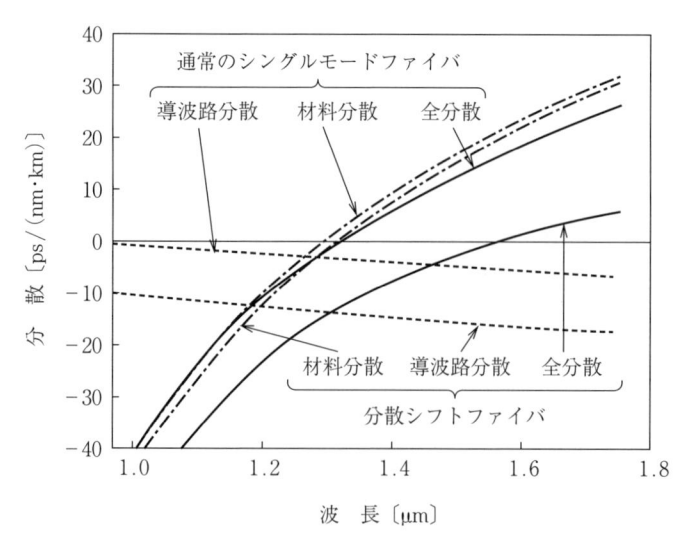

シングルモード光ファイバの分散特性を**図 2.20**に示す[8]。材料分散と導波路分散を合わせたものを波長分散（chromatic dispersion，全分散とも呼ばれる）という。通常のシングルモード光ファイバは波長 1.3 μm において波長分散が零となるように，負の値の材料分散を正の値の導波路分散でキャンセルするように設計されている。光増幅器が発明されて，低損失な 1.55 μm 帯の利用の需要が高まり，1.55 μm で波長分散が零となるシングルモード光ファイバが開発された。普通のシングルモード光ファイバは 1.55 μm で 17 ps/(nm・km) の

図 2.20 シングルモード光ファイバの分散特性[8]

材料分散を持つので，屈折率差を大きくして大きな負の値の導波路分散を作ってこの材料分散をキャンセルしている．この光ファイバは零分散となる波長を 1.3 μm から 1.55 μm に移動させたことから分散シフト光ファイバ（DSF, dispersion shifted fiber）と呼ばれている．これと区別するために，通常の SMF を 1.3 μm 零分散光ファイバと呼ぶこともある．すでに敷設されている 1.3 μm 零分散光ファイバを使って信号を 1.55 μm で伝送したいときには，分散補償光ファイバ（dispersion compensation fiber, DCF）を使うのが有効な方法である．これは大きな負の分散を持たせた光ファイバで，普通の SMF に縦続接続することで，損失と引き換えに波長分散をキャンセルすることができる．負の導波路分散を作るための一つの方法として，コアの外側の屈折率をクラッドより小さくした W 型の屈折率分布（W-shaped waveguide）が用いられていて，標準的な分散値は $-80\,\mathrm{ps/(nm\cdot km)}$ 程度である．

　DCF のほかにも種々の波長分散の補償方法が考案されている[9),10)]．

　波長分散の検討をする際には，波長多重伝送に対する考慮も重要である．波長分散をあまり小さくして，波長多重伝送をしようとすると 4 光波混合（four wave mixing, FWM）[11),12)] などの非線形ひずみが発生して伝送特性が劣化するという問題がある．このような多チャネルの波長多重伝送には分散値を 2～10 ps/(nm·km) 程度が適していることから，図 2.21 のように一般的に用いられる S 帯（short band），C 帯（conventional band），L 帯（long band）の広

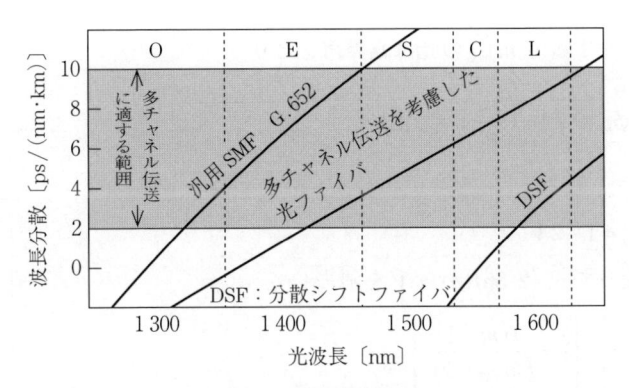

図 2.21　波長分散特性

い範囲の波長帯において分散値がこの範囲に収まるように，なだらかな傾斜を持たせた光ファイバが開発されている．

信号の伝送特性は光ファイバの種類により異なる分散の影響を受ける．MMFではモードごとに信号速度が異なるためにモード分散が発生する．モード分散は波長分散と比べて十分に大きなため，MMFではモード分散が支配的となる．SMFではモード分散は発生しないので波長分散が問題となる．

変調速度（シンボル/s）がR_Sのディジタル信号のベースバンド光伝送において，分散によるパルス広がりをδtとしたとき，BER特性の劣化を受光パワー1dBの増加に抑えるためには次式の関係を満足する必要がある[13]．

$$R_S \delta t \leq 0.22 \tag{2.54}$$

つぎに，種々の光ファイバにおける分散によるパルス広がりを求めてみる．

ステップインデックス型では，式(2.36)において，位相変化量Φ_Sを図2.5で大きな入射角を考えて$-180°$と近似すると

$$\cos\phi_m = \frac{\pi(m+1)}{2k_0 n_1 d} = \left(\frac{\pi}{2}\right)\frac{\sqrt{2\Delta}(m+1)}{V} \tag{2.55}$$

ここで，k_0は波長λの真空中での平面波の伝搬定数，dは図2.8に示した導波路の中央から鏡面までの距離である．m番目のモードの進む速度は

$$v_{gm} = \left(\frac{c}{n_1}\right)\sin\phi_m = \frac{c}{n_1}\sqrt{1-\left(\frac{\pi}{2}\right)^2 \frac{2\Delta(m+1)^2}{V^2}} \cong \frac{c}{n_1}\left\{1-\left(\frac{\pi}{2}\right)^2 \frac{\Delta(m+1)^2}{V^2}\right\} \tag{2.56}$$

最大のモード番号$m_{\max}$の光は臨界角をとり

$$\cos\phi_m = \sqrt{1-\left(\frac{n_2}{n_1}\right)^2} = \sqrt{2\Delta}$$

であるので

$$m_{\max}+1 = 2V/\pi \tag{2.57}$$

これを使って式(2.56)からVを消去して

$$v_{gm} = \frac{c}{n_1}\left\{1-\frac{\Delta(m+1)^2}{(m_{\max}+1)^2}\right\} \tag{2.58}$$

$m_{\max}$ の群速度を $v_{gm\,\max}$, $m=0$ の群速度を v_{g0} とすると

$$v_{gm\,\max} = \frac{c}{n_1}(1-\Delta), \quad v_{g0} = \frac{c}{n_1}\left(1-\frac{\Delta}{(m_{\max}+1)^2}\right) \cong \frac{c}{n_1}$$

と書けることから，最大と最小の到達時間差 τ_{SI} は光ファイバ長を l として

$$\tau_{SI} = l\left\{\frac{n_1}{c(1-\Delta)} - \frac{n_1}{c}\right\} = \frac{n_1 l}{c}\left(\frac{1}{1-\Delta} - 1\right) \cong \frac{n_1 l \Delta}{c} \tag{2.59}$$

のように走行時間の Δ 倍となる。一例として，$n_1=1.45$, $\Delta=0.015$, $l=1\,\mathrm{km}$ とすると，$\tau_{SI}=72.5\,\mathrm{ns}$ となる。したがって，伝送可能な速度は式 (2.54) で，$\delta t = 72.5\,\mathrm{ns}$ とすれば $R_S = 3\,\mathrm{M}$ シンボル/s に制限されることがわかる。

GIF の到達時間差 τ_{MM} は

$$\tau_{MM} = \frac{n_1 l \Delta^2}{8c} = \frac{\Delta}{8}\tau_{SI} \tag{2.60}$$

で与えられ[14]，136 ps と SIF に対して 500 分の 1 以下に改善することができ，$R_S = 1.6\,\mathrm{G}$ シンボル/s となる。

MMF は伝送可能な速度が距離と反比例するので，帯域幅と距離の積で性能を表している。例えば 400 MHz·km の光ファイバの場合 2 km の伝送をすると，伝送帯域幅は 200 MHz となる。ここでいう帯域幅とは，伝送する信号の周波数特性において高周波の振幅が半分となる周波数で定義したもので，6 dB 帯域幅と呼ばれている。

なお，MMF では，あるモードで送信された信号は長い距離を伝送すると，受信機に到着する前にファイバの曲げなどによって別のモードに乗り移ったり，戻ったりするモード変換という現象が発生する。このため，最低次モードと最高次モードの時間差で計算したパルス広がりほどには実際には劣化はしない。モードの乗り移りが起こる距離を結合長といい，この長さを超える部分については，R_S は距離の平方根に反比例するようになって距離による制限が緩和される。しかし，モード変換は雑音の増加と等価と考えられ，モード雑音 (modal noise) と呼ばれることもある。このモード雑音により伝送特性が劣化するため，MMF の伝送可能な距離はせいぜい 10 km と考えられる。

SMF 伝送の場合にはモード雑音がないので，波長分散が帯域を制限する要因となる．光ファイバの分散特性は光スペクトル幅 1 nm につき 1 km 伝送したときに，どの程度の遅延差が発生するかで評価する．

光スペクトルが何で決まっているのかで 2 通りに分けて，伝送可能なシンボルレートを考えてみる．

まず，DFB レーザのように光源のスペクトル線幅が伝送する信号のベースバンド帯域幅と比べて十分に小さい場合は，シンボルレート R_S と光スペクトルの広がりは比例する．シンボルレート R_S のディジタル信号を NRZ 形式で伝送する場合の伝送帯域幅は $R_S/2$ であるので，光のスペクトル広がり $\Delta\lambda$ は

$$\Delta\lambda = \frac{R_S \lambda^2}{2c} \tag{2.61}$$

と表すことができる．l を伝送距離とすれば，パルス広がりは $\delta t = \Delta\lambda D l$ であるので，式 (2.54) を用いて可能なシンボルレート R_S は次式のように求めることができる．

$$R_S \leq \sqrt{\frac{0.44c}{\lambda^2 Dl}} = \frac{234}{\sqrt{l}} \tag{2.62}$$

例えば，1.3 μm 帯零分散 SMF を波長 1.55 μm で使う場合に分散 D が 17 ps/(nm·km) とすると，この光ファイバで 100 km 伝送した場合，R_S は 5.7 G シンボル/s となる．2.5 節で述べた分散傾斜の緩やかな光ファイバを用い，D を 2 ps/(nm·km) とすると，R_S は 16.6 G シンボル/s となる．伝送距離は**図 2.22** に示すように，シンボルレート R_S の 2 乗に反比例する．

一方，光源自体のスペクトルのほうが伝送する信号の帯域幅よりも十分に大きいときには次式で示される．

$$R_S \leq \frac{0.22}{\Delta\lambda Dl} \tag{2.63}$$

例えば，光スペクトル線幅 $\Delta\lambda = 5$ nm の光源を使い $D = 2$ ps/(nm·km)

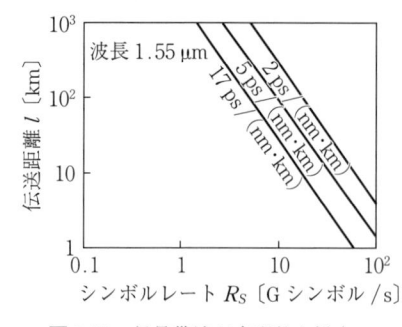

図 2.22 信号帯域が支配的な場合の伝送距離

の光ファイバで $l=100$ km の伝送をした場合には，R_S は 0.22 G シンボル/s に制限されることとなる．伝送距離は**図 2.23** に示すように，シンボルレート R_S に反比例する．

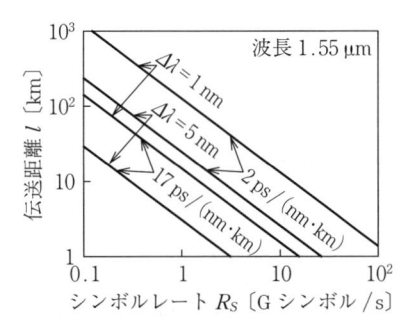

図 2.23 光源線幅が支配的な場合の伝送距離

2.6 光ファイバの接続

2.6.1 接 続 損 失

線路を接続する場合，電線ならば電気的につながっていれば問題ないが，光ファイバはきわめて細い通路で電力を運ぶ線路なので，つなぐには高い精度が必要である．当然，つなごうとする光ファイバの切断面の影響が大きく現れることも留意しなければならない．光ファイバを接続する際の損失は，**図 2.24** に示すように，端面状態と構造パラメータによるものに分類することができる．端面状態のうち，空間的なずれとしては軸ずれ，角度ずれ，端面の間隔が

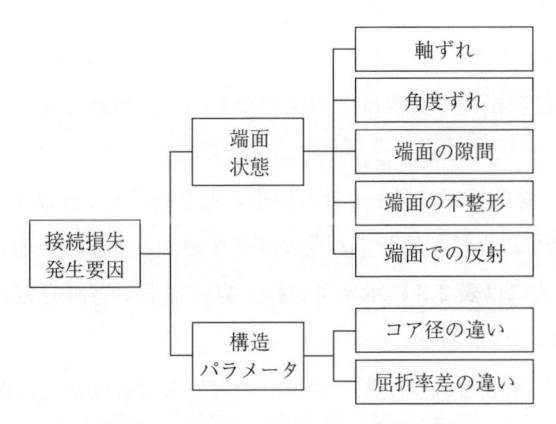

図 2.24 光ファイバ接続時の損失要因

あり，SMFとMMFについて損失の計算式が整理されている[15]。

　端面の隙間は軸ずれ，角度ずれに比べると許容度が大きいので空間的なずれについては，軸ずれと角度ずれを考慮すれば多くの場合に十分である。SMFはコア直径やNA（numerical aperture）がMMFよりも小さいので軸ずれ，角度ずれを小さくしなければならない。0.1 dBの接続損失を与える軸ずれと角度ずれは，SMFで0.8 μm，0.3°，MMFでは3 μm，0.7°とSMFでは厳しい[16]。一方，端面の隙間はSMFが35 μmでMMFの20 μmよりも長い。これはSMFを伝搬する光のほうが鋭い角度で全反射をしているので端面から光が広がりにくいためである。

　なお，MMFの接続損失は，接続点の光源からの位置に大きく依存するので注意が必要である。長距離伝送後では光源の近傍と比べて0.1 dBの接続損失を与える軸ずれ，角度ずれの許容値が5倍に緩和されることが報告されている[17]。

　接続点当りの損失は用途によって異なる。大まかにいって長距離伝送では0.2 dB以下，LANや工場内配線などでは0.3～0.5 dB，低廉性が要求されるプラスチックファイバでは1～3 dB程度が目安と考えられる。

2.6.2　接　続　方　法

　接続方法には，永久接続の融着，メカニカルスプライス，着脱可能なコネクタの三つがある。設備や接続スキルは，融着＞メカニカルスプライス＞コネクタであるが，接続損失や費用はこの逆になるので，用途で使い分けられている。

　融着接続は，電極棒間に発生させた放電の熱を利用して接続する光ファイバの先端を2 000℃以上に加熱し，石英ガラスを融かして接続する方法である。融着接続の方式には表2.3に示すように，駆動V溝コア調心方式と固定V溝外径調心方式の二つがある。

　駆動V溝コア調心方式は，光ファイバのコアを2方向から顕微鏡で観察してコアの位置合わせを行い，光ファイバの突き合わせをした狭い場所に限定し

2.6 光ファイバの接続　51

表 2.3　融着接続の調心方式

方式	駆動V溝コア調心方式	固定V溝外径調心方式
調心イメージ	（調心／光ファイバ心線／駆動V溝／マイクロメータ）	（光ファイバ心線／固定V溝）
接続手順	①V溝に光ファイバをセット ②コアの軸ずれがない位置に調心 ③予加熱融着（先が丸くなる） ④融着接続	①V溝に光ファイバをセット ②予加熱融着（先が丸くなる） ③表面張力効果により外表面一致 ④融着接続
適応	単心専用	テープ心線用，単心用
特徴	低損失	偏心がないことが前提

古河電工光ネットワーク工事機器総合カタログ 2012 A, p.27 に筆者加筆

た放電を行って接続する．この方式は単心専用であるが，低損失な接続をすることができる．

　固定V溝外径調心方式は，高精度なV溝機構に複数の光ファイバを整列させ，光ファイバの外径を合わせて接続するもので，おもに多心一括接続に用いられる．光ファイバの先端の位置が多少ずれていても融けて軟化すると表面張力により光ファイバ外表面が一致する現象を利用している．コアが光ファイバの中心にあることが前提なので，偏心量が大きいと損失が大きくなるが，最近製造される光ファイバはコアを高い精度で中心に保つことができるので，低損失な接続が可能となった．融着接続器の例を**図 2.25** に示す．この装置は手のひらに載るほど小型で，操作性の向上が図られている．

　メカニカルスプライスは，**図 2.26** のようにV溝に光ファイバを両側から挿

52   2. 光ファイバの原理と特徴

資料提供：フジクラ光通信製品総合カタログ 2012

図 2.25 超小型光ファイバ融着接続機

入し，押え込んで接続する簡易な接続方法である。ファイバを通しやすいようにくさびで隙間を作っておき，最後にくさびを除去する。光ファイバが突き当たる部分にはあらかじめ，光ファイバと同じ屈折率を持った整合剤が用意されていて，隙間による反射を低減させることができる。

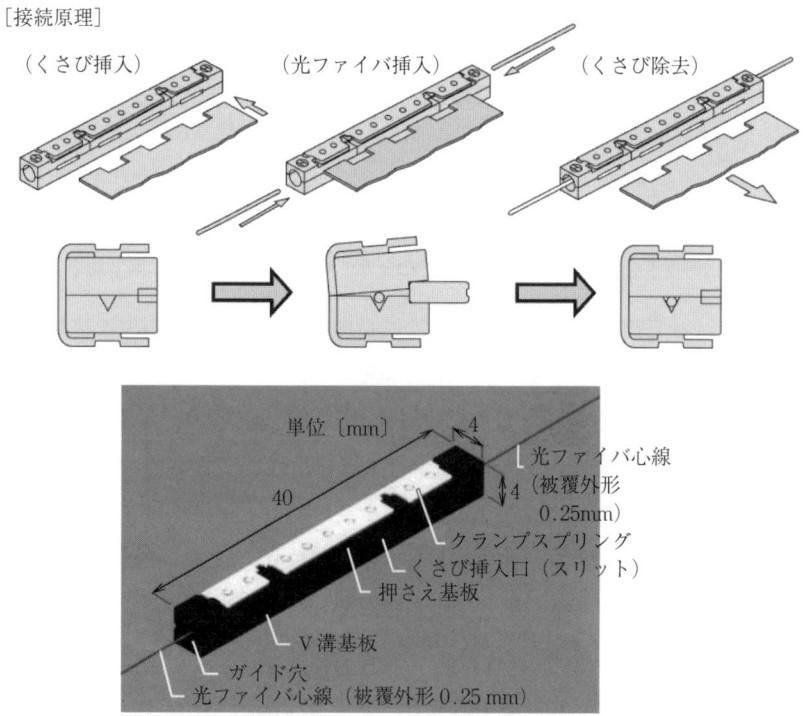

［接続原理］

（くさび挿入）　　　　（光ファイバ挿入）　　　　（くさび除去）

単位〔mm〕

- 光ファイバ心線（被覆外形 0.25mm）
- クランプスプリング
- くさび挿入口（スリット）
- 押さえ基板
- V溝基板
- ガイド穴
- 光ファイバ心線（被覆外形 0.25 mm）

資料提供：日立電線グループ光ファイバ製品総合カタログ，p.45

図 2.26 メカニカルスプライス

2.6 光ファイバの接続

　光ファイバを着脱できる接続方法としてコネクタ接続がある。国内で一般的に使われている光コネクタを表2.4に示す。コネクタ接続は融着やメカニカルスプライスよりも接続損失が大きいので，機器の入出力や局舎内の接続盤において用いられることが多い。国内ではFC，SCコネクタが一般的で，このほかにMUコネクタやSCの持ち手部分を細くしたSC2コネクタも狭い場所に多くのコネクタを配置する場合などに使用されている。

表 2.4　国内で一般的に使われている光コネクタ

型名 (通称)	形　状	準拠規格	研磨のブーツ色分類		
			PC	SPC	APC
FC		F01 (JIS C 5970)	黒	白，藤	緑
SC		F04 (JIS C 5973)	青	白，藤	緑
MU		F14 (JIS C 5983)	藤	藤	—

　ところで，接続する光ファイバの端面間に空気があると，屈折率差によりフレネル反射が生じる。式 (2.22) で述べたように約 4% ($-14\,\text{dB}$) が反射する。光源として広く用いられるレーザダイオードはわずかな強度の戻り光でも発振

2. 光ファイバの原理と特徴

特性が乱される。このような反射光を嫌う伝送システムではレーザ（LD）モジュール内に光アイソレータを挿入してレーザダイオードに光が戻らないようにする必要がある。また，接続点が二つあると，大きな強度の多重反射光を受信するため特性が劣化する。この劣化はディジタル光伝送システムでは問題にはならないが，CATV のように相互変調ひずみ妨害に弱いアナログテレビ信号を伝送するシステムでは考慮する必要があり，反射減衰量の大きな光接続方式が選ばれることが多い。

反射減衰量はファイバ端面の研磨方式により大きく異なる。研磨の形状および接続特性を図 2.27 に示す。フラット研磨は一見良さそうに見えるが，広い面で接するためにわずかなゴミがあると大きな損失になるという問題があり，PC や SC コネクタでは用いられない。反射をなくすためにはコア部分の隙間をなくす PC（physical contact）研磨と，端面を斜めに加工して反射光をなくす APC（angled PC）研磨の二つの方法がある。PC 研磨は MMF で一般的に用いられており，反射減衰量は約 22 dB である。SMF では，PC 研磨にさらに加工をした SPC（super PC）研磨と，APC 研磨が一般的で，反射減衰量はそれぞれ 40 dB 以上，60 dB 以上である。APC 研磨のコネクタは構造上，PC 研磨，SPC 研磨コネクタと接続することはできず，誤って接続すると大きな損失と

項　目		SMF (10/125)	GIF (50/125)
接続損失		0.5 dB 以下	0.3 dB 以下
反射減衰量	PC 研磨	25 dB 以下	22 dB 以下
	SPC 研磨	40 dB 以上	
	APC 研磨	60 dB 以上	
着脱変動		±0.2 dB 以下 /500 回	
温度変動		±0.2 dB 以下（−25℃〜+70℃）	

三菱電線工業光製品カタログ：光コネクタ&ファイバコード

図 2.27　光コネクタの研磨形状と接続特性

なるばかりでなく，端面を傷つける恐れがあるため，ブーツ色を緑色としてほかの色と区別されている。

2.7 光ファイバの最新動向

2.7.1 微細構造光ファイバ

　光ファイバは，モード，屈折率分布，材料，構造によって分類できることをすでに述べたが，これらすべての光ファイバの導波原理は全反射によるものである。すなわち，高い屈折率のコアを低い屈折率のクラッドで囲った線路に光が閉じ込められて全反射をしながら進んでいく。コアとクラッドの屈折率差を実現するために，添加剤を加えて屈折率を制御する方法が広く用いられている。

　このほかに，クラッドに相当する部分に多数の空孔（hole）を配置し，微細な周期構造を持たせることで屈折率差を実現する光ファイバが提案されている。この光ファイバは微細構造光ファイバ（micro structured optical fiber，MOF）といい，従来のコアとクラッドによる SMF にはない以下のような性能を実現できることから注目を集めている。

① シングルモードとして動作する波長域を広げることができる。
② 波長分散特性を大きく変化させることができる。
③ 厳しい角度に曲げても損失が増えないようにすることができる。
④ 材料に起因して発生する非線形性を低減できる。
⑤ 偏波保持特性を変化させることができる。

　MOF は表 2.5 に示す例のように，光の閉じ込め方法により二つに分類することができる。その一つはクラッド部分に設けた空孔により屈折率を実効的に下げ，従来の光ファイバのようにコアとクラッドの屈折率差によって光を閉じ込めて全反射により導波する方法で，空孔アシスト光ファイバ（hole assisted fiber，HAF）とフォトニック結晶ファイバ（photonic crystal fiber，PCF）がこれに相当する。

表 2.5 微細構造光ファイバの例

名　称	構　造	屈折率分布	光の閉込め方法
空孔アシストファイバ（HAF）	空孔／コア 高屈折率ガラス		全反射
フォトニック結晶ファイバ（PCF）	空孔／コア 石英ガラス		全反射
フォトニックバンドギャップ型ファイバ（PBGF）	空孔／コア 空気		ブラッグ反射

　もう一つの MOF は光波長と同程度の周期構造をクラッド部に設けることで，干渉によって生じるフォトニックバンドギャップに光を閉じ込めて導波するもので，フォトニックバンドギャップ型ファイバ（photonic band gap fiber, PBGF）と呼ばれおり，導波原理が従来の光ファイバとは異なる。

　HAF はコアを複数の空孔が取り囲む構造の光ファイバで，通常の光ファイバと同様にコアに Ge を添加して屈折率を上げている。さらにクラッドの空孔の小さな屈折率の助けを借りて光を十分に閉じ込めるのでアシストの名前がつけられている。小さな半径で曲げても従来の光ファイバのように光が漏れて損

失が増えないので，宅内の光配線などに適している．SMF は波長 1.55 μm で曲げ半径が 15 mm 以下になると急激に損失が大きくなるので，許容最小曲げ半径が 30 mm に規定されている．近年，半径 5 mm に曲げても損失が 0.1 dB 以下という HAF が実現されている[18]．

低曲げ半径の SMF に関する標準化動向を図 2.28 に示す．ITU-T G.657 では SMF と同じモードフィールド径でアクセス系への適用を目指す方向と，さらに小さなモードフィールド径として屋内配線用を目指す二つの方向で標準化が進められている．空孔アシスト光ファイバ（HAF）は形状を保ったまま，さらに小さく曲げることのできるファイバを目指している．

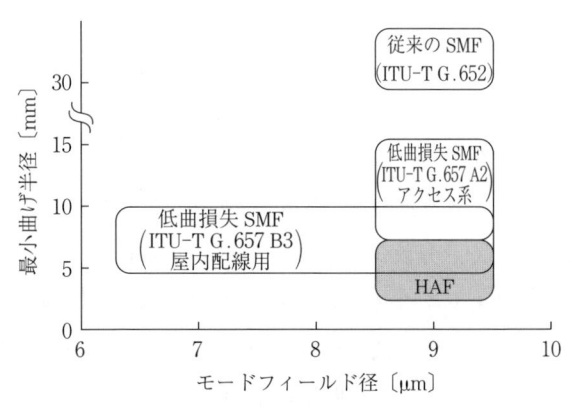

図 2.28 低曲げ半径 SMF の標準化動向

PCF は，石英コアの周囲を多数の空孔が波長オーダで周期的に囲うもので，コア部だけを単一欠陥としてガラスのまま残し，空孔を三角格子状に配置する構造が最も一般的に製造されている．クラッド部分は多数の空孔により実効的に屈折率が低いのでコアに添加をしなくても全反射による導波をすることができる．このファイバの特徴は，空孔の直径 d と空孔の中心間隔 Λ の比である d/Λ をわずかに変えることで導波路分散を大きく動かすことができるという設計の自由度にある．これまで広帯域伝送の制限要因となっている波長分散を自在に制御できれば，非常に広帯域な波長帯で伝送が可能となる．

分散の波長特性を，d/Λ をパラメータとして図 2.29 に示す[19]．光ファイバ

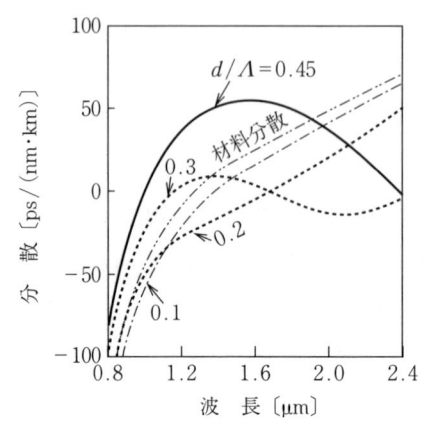

図 2.29 PCF の分散の波長特性〔藤田 ほか：フォトニック結晶ファイバ（1）――光学特性――，三菱電線工業時報，第 99 号，p.7 の図 14 を引用〕

の波長分散は材料分散と導波路分散を合わせたものであるが，SMF は導波路分散の設計自由度が小さく，材料分散が支配的である．図の一点鎖線で示した，$d/\Lambda=0.1$ の空孔の占める割合が小さい場合の分散特性は，二点鎖線で示した材料分散とあまり差はない．しかし，破線で示した $d/\Lambda=0.3$ 程度と空孔の割合が大きくなると，d/Λ のわずかな変化で材料分散の特性が大きく変化しており，導波路分散が十分に寄与していることがわかる．

石英ガラスの零分散波長は約 1.3 μm であり，これを短波長側にシフトすることは従来は難しく，分散シフトファイバも 1.55 μm という長波長側へのシフトであった．フォトニック結晶ファイバでは，例えば実線で示した $d/\Lambda=0.45$ とすることで，零分散波長を約 1 μm にできることがわかる．設計しだいでは従来の適用波長帯と比べて非常に広帯域な伝送が可能となる．また，超広帯域にわたって分散が零に近い光ファイバを作ることで，スーパーコンティニューム（super-continuum, SC）光[†]の発振器など，超短パルス光源などへの応用が期待できる．さらに，コア部周辺の空孔径を変えることで大きな複屈折特性を持たせた偏波保持ファイバを作れるなどの応用が可能で，偏波多重方式の実現が期待される[20), 21)]．

PBGF は中空のコアと，ブラッグ反射をするように細密に配置した空孔のクラッドから構成される．空孔を光の波長と同程度の周期で配置した領域には特

---

† **スーパーコンティニューム光** くし状の多数の周波数で発振させた広帯域なレーザ光源である．オクターブを超えるものもあり，正確な周波数基準，超大容量の波長多重システムへの応用が期待されている．

定の波長は入れないが，ほかの波長の光は通過できるという電子のバンドギャップと同様な光のバンドギャップの原理で光を閉じ込める．光は屈折率の高いところに集められる性質があるので，空気のコアに光を閉じ込められることは，これまでの反射と屈折の理論では説明することができない．光が格子のように周期的に配置された物質に反射するとき，離散的な角度で強めあうことがブラッグ反射（Bragg reflection）として知られている．格子を一次元に配列したものの応用例としてDFBレーザがあり，これは格子間隔で決まる特定の波長の光だけを高い反射率で活性層近傍を往復させることで単一波長の発振をさせている．PBGFは格子を二次元に配列したブラッグ反射を利用しているため，空気のコア内の光は外に出ることができない．

　PBGFは最も低損失な媒体である空気のコアで光を導波することができ，さらに，大きな光パワー伝送時に発生する危険のあるファイバヒューズなどの現象が起きにくいという利点があるので，究極の長距離伝送用の光ファイバとして期待されている[22]．ただし，この構造を実現するには全反射を利用するMOFよりも厳しい周期性とホールサイズの均一性が要求される．

　ところで，PCFは従来の光ファイバと導波原理が同じなのに，広い波長帯にわたってシングルモード動作をできるのはなぜだろう？　その理由はクラッドの実効屈折率が大きな波長依存性を持っていることにある．この様子を**図2.30**に定性的に示す．普通のSMFはクラッドの屈折率が一定なのでクラッド

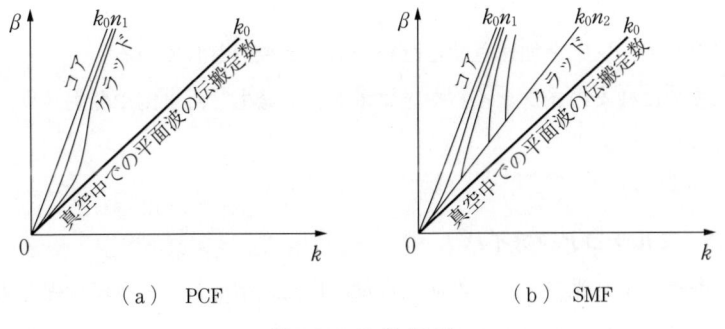

(a) PCF　　　　　　　　　(b) SMF

図2.30　分散関係

の伝搬定数は図 (b) のような直線で示され，規格化周波数が 2.405 よりも大きな短い波長ではシングルモードで動作しない。一方，MOF も波長が微細構造よりも長い場合には実効的な屈折率がガラスと空孔との面積比で決まり，変化しない。しかし，波長が短くなるにつれて光が微細構造の屈折率の高い部分に集まるようになって実効的な屈折率がコア部分に近づく。クラッドの伝搬定数が図 (a) のようにコアに近づくので，カットオフ波長を従来のシングルモード光ファイバと比べてたいへん短くすることができる。波長が長い場合には光を十分に閉じ込めるのに十分な屈折率差も確保することができるため，広帯域にわたって単一モードで動作させられるのである。

2.7.2 ファイバヒューズ

光ファイバヒューズは，光ファイバに数 W の高電力を入射したときに発生することがある現象で，1987 年に R. Kashyap らにより発見された[23]。

ファイバヒューズが発生すると毎秒 1 m 程度の速度でプラズマが光源に向かって入射される光エネルギーを消費しながら進んでいく。プラズマが通った光ファイバはコア部が弾丸状に著しく損傷を受けて使い物にならなくなることからこの名前がある。近年，ダブルクラッド光ファイバや分布ラマン増幅器の進展により大きな光パワーを扱うようになって，従来は考慮が不要であったこのような現象にも注意を払う必要が生じている。その発生メカニズムは，2 500℃以上に加熱された石英ガラスから熱化学反応により生成された SiO が光吸収をして，反応を加速させるためであると説明されている。

これまでに種々の光ファイバや光コネクタで発生した事例や発生メカニズムが報告されている[24]。

2.7.3 マルチコアファイバ

波長多重により光ファイバの伝送容量は格段に増加し，さらに無線で用いられている多値多相変調技術や MIMO (multiple input multiple output) 技術などの周波数利用技術の導入によって，1 本のファイバの伝送容量は 100 Tbit/s 程

度が報告されている。しかし，急激に増加し続ける伝送容量の需要に応えるために，画期的な光ファイバが研究されている。その一つとして，1本の光ファイバに多数のコアを収容したマルチコアファイバ技術が注目を集めている。このような空間多重技術を使えば，例えば光ファイバ当り7心を収容すると，現在1000心のシングルモードファイバを収容しているケーブルで4倍の4000心を収容できることになる。しかし，多重数を増やしてファイバを密に詰め込もうとするとクロストークが発生しやすくなる。そこで，コアの周囲に屈折率の低いトレンチ（濠(ほり)）を設けて光を十分に閉じ込める工夫をすることにより従来と比べてクロストークを20dB以上低減した光ファイバの試作が報告されている[25]。この設計では，コア直径を大きくして非線形の現象を起こりにくくする設計も可能で，ファイバヒューズなどの事故を防止できるものと期待される。

引用・参考文献

1) 小西良弘 監修，山本晃也 著：光ファイバ通信技術，pp.15～22，日刊工業新聞社（1995）
2) 大越孝敬 編，森下克己 著：光ファイバ，pp.12～21，朝倉書店（1993）
3) 菊池和朗：光ファイバ通信の基礎，pp.111～113，昭晃堂（1997）
4) 篠原弘道：新版やさしい光ファイバ通信，pp.39～40，電気通信協会（2006）
5) 藪 哲郎：光導波路解析入門，pp.37～38，森北出版（2007）
6) 岡本勝就：光導波路の基礎，p.66，コロナ社（1992）
7) ジャード・カイザー 著，山下栄吉 訳：光ファイバ通信光学，pp.58～66，産業図書（1987）
8) 羽鳥光俊，青山友紀 監修，小林郁太郎 編著：光通信光学（1），p.97，コロナ社（1998）
9) 川幡雄一，泉 裕友：VIPA型可変分散補償器，信学誌，**86**，1，pp.45～50（2003）
10) 瀧口浩一：導波路型分散補償器の研究開発動向，信学論誌，**J88-C**，pp.397～406（2005）
11) 麻生 修，忠隈昌輝，並木 周：光ファイバ中の四光波混合発生とその応用技術開発，古河電工時報，**105**，pp.46～51（2000）
12) 鈴木康直，首藤晃一，柴田 宣：SCM伝送における4光波混合の影響，信学ソ大，通信（2），p.343（1995）

13) P. S. Henry：Lightwave Primer, IEEE J. Quantum Electron., **QE-21**, pp.1862～1879（1985）
14) ウイリアム．B. ジョーンズ Jr. 著　菊池和朗 訳：光ファイバ通信システム, p.103, HBJ 出版局（1990）
15) 佐藤 登 監修，電子情報通信学会 編・発行：IT 時代を支える光ファイバ技術, pp.140～141（2001）
16) 加島宜雄，小粥幹夫，和田 朗：光通信ネットワーク技術入門講座, p136～138, 電波新聞社（2007）
17) 島田禎晋：光通信技術読本, pp.71～75, オーム社（1985）
18) 小川直志，榎本圭高，伊藤智義，藤本 久：曲げ損失を制御し伝送特性に優れた光ファイバを使用した局内光ケーブルの開発, NTT 技術ジャーナル, pp.56～58（2011）
19) 藤田盛行，田中正俊，山取真也，鈴木聡人，小柳繁樹，山本哲也：フォトニック結晶ファイバ（1）――光学特性――, 三菱電線工業時報, **99**, pp.1～9（2002）
20) 川西悟基：フォトニック結晶構造光ファイバの開発, NTT 技術ジャーナル, pp.62～65（2003）
21) 後藤龍一郎，松尾昌一郎：微細構造ファイバ, OPTRONICS, No.366, pp.124～129（2012）
22) 中沢正隆，鈴木正敏，盛岡敏夫：光通信技術の飛躍的高度化, pp.67～75, オプトロニクス社（2012）
23) R. Kashyap and K. J. Blow：Self-propelled self-focusing damage in optical fibers, Electronics Lett., **24**, 1, pp.47～49（1988）
24) J. Wang, S. Gray, D. Walton and L. Zenteno：Fiber fuse in high power optical fiber", Proc. SPIE **7134**, 71342（2008）
25) 小柴正則，齋藤晋聖，竹永勝宏，佐々木雄佑，荒川葉子，谷川庄二，官 寧，松尾昌一郎：空間多重伝送用マルチコアファイバ, フジクラ技報, **121**, pp.1～7（2011）

3

光伝送用デバイス

本章では,光伝送技術の構成要素である光源,受光器,光回路部品および光増幅器について述べる。

3.1 発光デバイス

3.1.1 発光デバイスの基礎

発光デバイスは,電子が高いエネルギー準位 E_2 から低いエネルギー準位 E_1 に遷移したときに,そのエネルギー差 $E_g = E_2 - E_1$(単位は J)に相当した周波数で発光する。その光周波数 ν は,プランク定数を h(単位は J·s)として次式のように表される。これをボーアの条件(Bohr's condition)と呼ぶ[†]。

$$\nu = \frac{E_g}{h} \tag{3.1}$$

E_g を eV(エレクトロンボルト)の単位で書くと,$1\,\text{eV} = 1.6 \times 10^{-19}\,\text{J}$ であるので,発光波長 λ は次式のように書くことができる。

$$\lambda = \frac{c}{\nu} = \frac{ch}{E_g} = \frac{3 \times 10^8 \times 6.63 \times 10^{-34}}{1.6 \times 10^{-19} \times E_g \text{〔eV〕}} \cong \frac{1\,240}{E_g \text{〔eV〕}} \quad \text{〔nm〕} \tag{3.2}$$

E_1 を伝導帯(conduction band),E_2 を価電子帯(valence band)と呼ぶ。遷移のしかたには,図3.1に示すように,吸収(absorption),自然放出

[†] 実際にはこのように単純な線では書けないが,説明を簡単にするため2本線として示した。

64 3. 光伝送用デバイス

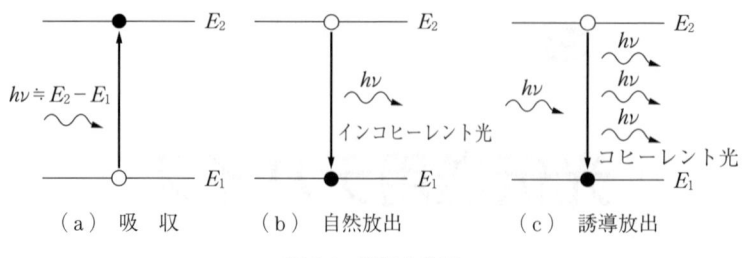

図 3.1　吸収と放出

(a) 吸収　(b) 自然放出　(c) 誘導放出

(spontaneous emission)，誘導放出（stimulated emission）の3通りがある。

吸収は，E_g に近い波長の光が半導体に入射したときに起こり，電子がエネルギーをもらって高い準位に遷移する。この逆に，低い準位に遷移する放出には自然放出と誘導放出の二つがある。

自然放出は，高い準位にいた電子の寿命がつきて低い準位に戻ろうとするときに起こるもので，E_g に相当する波長の光を発する。その光は位相がばらばらなインコヒーレント光と呼ばれており，発光ダイオード（light emitting diode, LED）はこれを利用している。

誘導放出は，トリガ（trigger）として加えられた光と同じ波長で，偏光，位相のそろったコヒーレント光が放射されるもので，半導体レーザダイオード（semiconductor laser diode, LD）はこれを利用している。誘導放出では入射光子数に比例した光子が放出されるため，共振器を使ってフィードバックすることにより光増幅の機能を持たせることができる。誘導放出を起こさせるには，上の準位にいる電子数が下の準位よりも多い反転分布（population inversion）という状態を何らかの方法で作ってやる必要がある。LDでは半導体に電圧をかけることにより電子を注入する方法が用いられる。

光伝送になじみのある半導体を分類して図 3.2 に示す。材料としては，Si, Ge など単体元素のほかに，GaAs, InP, GaN といったⅢ族とⅤ族の化合物がよく使われる。電気的特性で区別すれば，真性半導体（intrinsic semiconductor）と不純物添加半導体（extrinsic semiconductor）がある。光学特性としては直接遷移型（direct transition）と間接遷移型（indirect

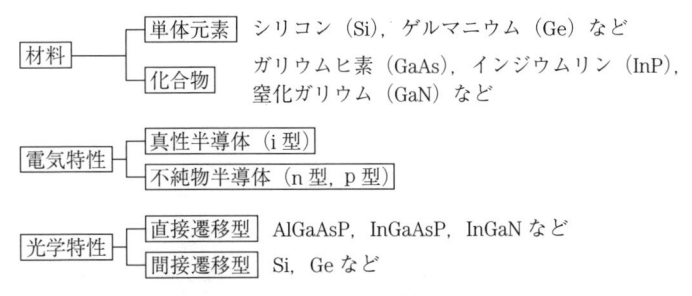

```
材料 ─┬─ 単体元素   シリコン (Si), ゲルマニウム (Ge) など
      └─ 化合物     ガリウムヒ素 (GaAs), インジウムリン (InP),
                    窒化ガリウム (GaN) など

電気特性 ─┬─ 真性半導体 (i 型)
          └─ 不純物半導体 (n 型, p 型)

光学特性 ─┬─ 直接遷移型   AlGaAsP, InGaAsP, InGaN など
          └─ 間接遷移型   Si, Ge など
```

図 3.2 半導体の分類

transition) に分類される。

この二つの遷移の違いを**図 3.3** で説明する。伝導帯の極小値と価電子帯の極大値となる運動量が一致している直接遷移型は強い光を発するが，運動量がずれている間接遷移型は，エネルギーがフォノン†に消費されてしまうために，弱い光しか得られない。電子回路では定評のある Si や Ge は間接遷移型なので，発光素子としては適さない。ただし，吸収の場合には問題はないので，受光器として広く使われている。

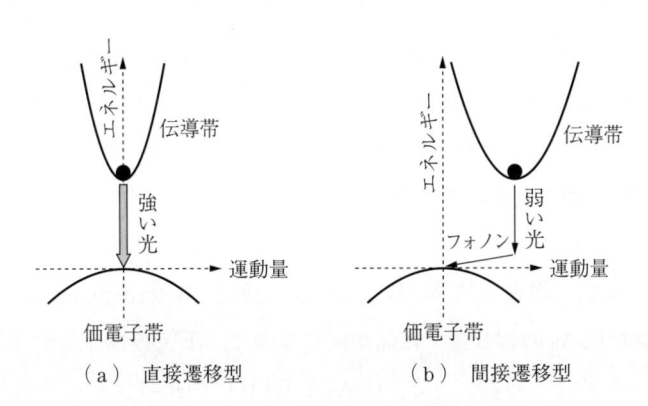

(a) 直接遷移型　　　(b) 間接遷移型

図 3.3 直接遷移型半導体と間接遷移型半導体

つぎに，光半導体でよく使われる元素を**図 3.4** に示す。これらを組み合わせた化合物のなかで，結晶を成長させるための基板として重要なものが二つあ

---

† **フォノン**　光波を量子化したものをフォトンと呼ぶのに対して，格子振動や物質中を伝搬する音波を量子化したものを指す。

族	II	III	IV	V	VI
原子番号 元素記号 元素名		5 B ホウ素	6 C 炭素	7 N 窒素	
		13 Al アルミニウム	14 Si ケイ素	15 (P) リン	
	30 Zn 亜鉛	31 Ga ガリウム	32 Ge ゲルマニウム	33 As ヒ素	34 Se セレン
		49 (In) インジウム	50 Sn スズ	51 Sb アンチモン	

図 3.4 光半導体でよく使われる元素

る。その一つは，実線で示した Ga と As の組合せで，0.8 μm 帯などの短波長帯の光源の基板として用いられる。もう一つは，破線で示した In と P の組合せで，1.3 μm 帯や 1.55 μm 帯などの長波長帯の基板として用いられる。これらの元素は組成率を変えることでバンドギャップすなわち発光の波長を変えることができる。例えば，GaAs の Ga の一部を Al に置き換えた化合物を $Ga_{1-x}Al_xAs$ のように表してみる。x は 0 から 1 までの値をとる組成比 (component ratio) で，$x = 0.15$ ならば Ga が 85%，Al が 15% で配合された化合物である。この化合物は三つの元素から構成されているので三元系と呼び，四つの元素で構成されていれば四元系と呼ぶ。

2 種類の結晶を接合させようとするとき，同じ種類の結晶の接合をホモ接合 (homo-junction)，異なる結晶の接合をヘテロ接合 (hetero-junction) という。p 型と n 型の GaAs の接合は，結晶が同じなので，不純物の種類や量が異なっていてもホモ接合である。一方，GaAs と GaAlAs の接合は異なる結晶なのでヘテロ接合である。

発光させるためには，半導体の pn 接合領域に電子と正孔を注入し，これらが再結合するときに光子の形でバンドギャップに相当するエネルギーを放出するのを利用する。

LED の発光原理を**図 3.5** に示す。n 型と p 型のホモ接合した半導体に数 V

の電圧を抵抗を介して順方向に加えると，両者のフェルミ準位†（Fermi level）の差が，加えた電圧に相当した分だけ減り，n型半導体の電子およびp型半導体の正孔が対面する領域に行きやすくなる。そして空乏層で再結合することで発光すると同時に電流が流れる。

このようにLEDの発光動作を理解するにはホモ接合はわかりやすいが，ホモ接合では輝度の高いLEDは期待できない。その理由は，つぎのように考えられる。

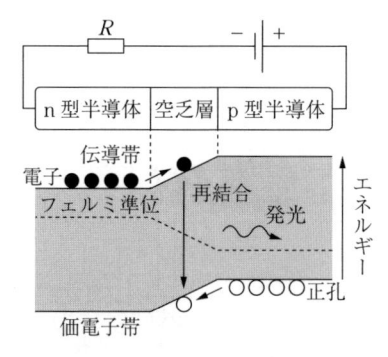

図3.5 LEDの発光原理

注入電流が小さい場合における電流の中身は電子と正孔の再結合によるものである。電流を増やすと再結合の電流に加えて，電子がn型半導体からp型半導体へ拡散し，正孔がp型からn型へ拡散することによる拡散電流の割合が増えていく。さらに電流を増やすと，拡散電流が支配的になってしまい，その結果，発光の効率が下がってしまう。

そこで，ほとんどのLDや高輝度なLEDでは，電子と正孔をもっと効率的に再結合させることのできるダブルへテロ構造（double hetero-structure, DH）を採用している。ダブルへテロ構造によるLDの発光原理を**図3.6**に示す。

ダブルへテロ構造は，活性層（active layer）の結晶の両側を活性層よりも大きなバンドギャップを持つクラッド層（cladding layer）というn型半導体とp型半導体で挟み込んだものである。活性層の両側に二つのへテロ接合があるのでこのように呼ばれる。図のように電圧をかけたとき，活性層の電子は障壁のために右側のp型半導体の伝導帯には拡散できない。また，活性層の正孔もn型半導体の価電子帯には拡散できない。このように電子と正孔は活性層内に閉

---

† **フェルミ準位**　電子のいる確率は高いエネルギー順位ほど小さい。電子のいる確率が50%となる位置をこのように呼ぶ。

じ込められて再結合するので発光の効率が改善される。さらに，活性層の屈折率は両側の層よりも5%程度高くしてあり，活性層の両端は反射鏡となっているので，光は活性層内に閉じ込められた状態で共振器（cavity）の中を上下に何度も往復する。これがトリガとなって誘導放出が起こり，レーザ発振をする。レーザ光の一部は上下の反射鏡から取り出される。ダブルヘテロ構造の LD は CD プレーヤのピックアップや光通信の光源など広く用いられている。

LED と LD の光パワー特性を**図 3.7**に示す。LED は自然放出により発光するので，光パワーは加えた電流に比例する。そのスペクトルは図に摸式的に示したように広く，線幅は 70 nm 程度である。一方，LD は電流が小さなうちは LED と同じように自然放出による発

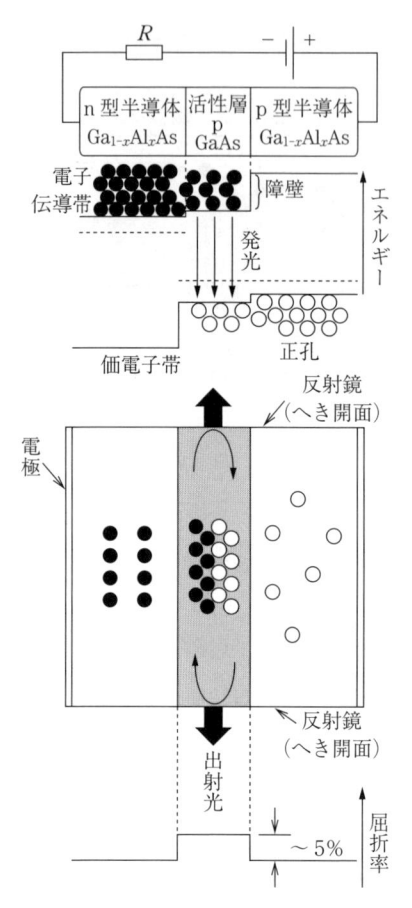

図 3.6 ダブルヘテロ構造による発光原理

光をする。その強さは LED よりも小さいが，電流が増えて，共振器と導波路における損失を光増幅率が上回ってレーザ発振が起こると，誘導放出による発光が支配的となって光パワーが急増する。この変化点をしきい値電流（threshold current）といい，LD の重要なパラメータの一つである。誘導放出をしているスペクトルの線幅は狭く

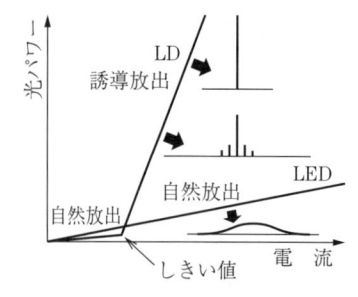

図 3.7 LED と LD の光パワー特性

1 nm 程度である。このように LD の光は LED の光とは異なり，位相がそろった高いスペクトル純度の光となる。

3.1.2 半導体レーザダイオード

LD の構造を**図 3.8** に示す。図（a）に示したファブリ・ペロー LD（Fabry-Perot cavity laser diode，FP-LD）は，光導波路の両端にミラーを配置した共振器により光帰還を実現しており，比較的簡易な構成でレーザ光を得ることができる。ミラーには半導体結晶をある結晶面に沿って切断したときのへき開面（cleavage plane）を用いる。共振器の長さは波長よりも何千倍も長く，ミラーは波長選択特性がないので，発振可能な波長帯域に対して等しい間隔を持った複数の波長で発振する。共振器の長さを l_c，波長を λ，屈折率を n としたとき，波長間隔 $\Delta\lambda$ は，$\lambda/2n$ が長さ l_c の共振器に両端が定在波の節となるよう

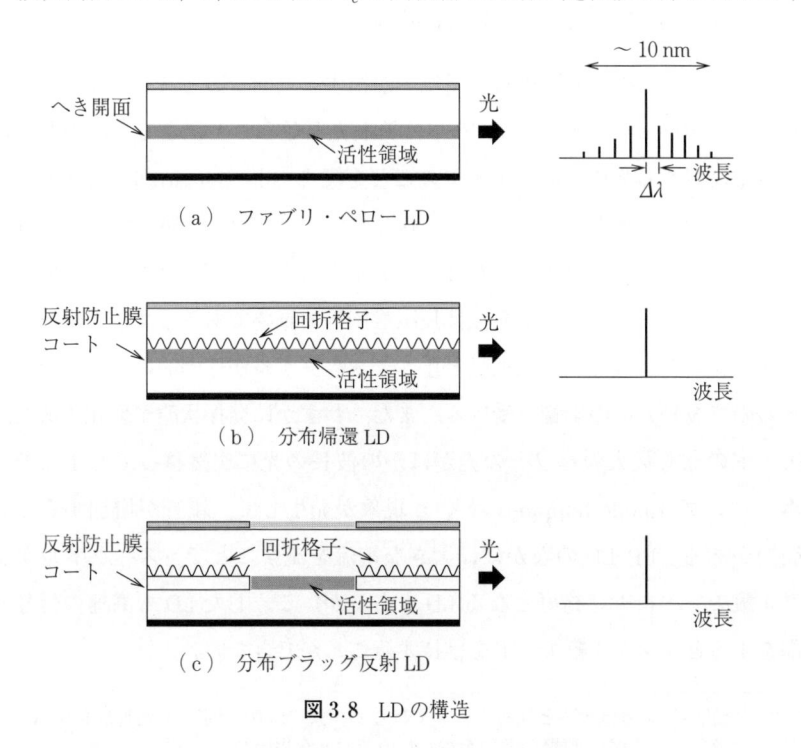

（a）ファブリ・ペロー LD

（b）分布帰還 LD

（c）分布ブラッグ反射 LD

図 3.8 LD の構造

に整数個並ぶことになるので，その整数を m_l として次式のように示すことができる[†]。

$$\lambda = \frac{2nl_c}{m_l} \tag{3.3}$$

このとき，λ とわずかに $\Delta\lambda$ だけずれた隣の光の波長 $\lambda - \Delta\lambda$ は整数 m_l+1 で発振するので

$$\lambda - \Delta\lambda = \frac{2nl_c}{m_l+1} \tag{3.4}$$

が成り立つ。$m_l \gg 1$ なので，式 (3.3)，式 (3.4) を使って m_l を消去すると

$$\Delta\lambda = \frac{\lambda^2}{2nl_c} \tag{3.5}$$

となる。一例として $\lambda = 1.55\,\mu\mathrm{m}$，群屈折率 $n = 3.5$，$l_c = 300\,\mu\mathrm{m}$ とすると

$$\Delta\lambda = \frac{1.55^2}{2 \times 3.5 \times 300} = 1.14\,[\mathrm{nm}] \tag{3.6}$$

となるから，共振器内の媒質の増幅率が損失を上回ることにより発振できる波長帯を約 10 nm とすれば，約 10 本の発振光が並ぶことになる。この共振器内を多重反射する光の方向のモードのことを縦モード（longitudinal mode）といい，この例では複数の縦モードで発振しているのでマルチ縦モードという。これに対して，縦モードが 1 本だけで発振するのをシングル縦モードという。

レーザのシングルモード発振は長距離伝送で重要である。マルチ縦モード発振光はシングル縦モード発振光と比べてスペクトルが等価的に広がったとみなせるので波長分散の影響を受ける。また，わずかに発振状態が変化すると，縦モードのうち最大のパワーの光がほかの波長の光に突然移ってしまうモードホッピング（mode hopping）という現象が発生して，雑音が増加するという問題がある。FP-LD のなかには大きな電流を流すことで，スペクトルがシングル縦モードに近い格好となる LD もあるが，こうした LD も高速の信号で変調をするとシングル縦モードを維持することができない。

[†] 分散特性を考慮すると屈折率は n ではなく，式 (2.50) で定義した群屈折率 N を用いるのが正しいが，概略の数値を示したいので n を用いた。

FP-LDよりも鋭い波長選択性を持たせた反射をさせることで,高速の信号で変調してもシングル縦モードが維持できるようにしたのが図（b）に示した分布帰還LD[1]（distributed feedback LD, DFB-LD）と,図（c）に示した分布ブラッグ反射LD[2]（distributed Bragg reflector LD, DBR-LD）である。

なお,本章の光源で述べている縦モードは光の進行方向に発生するモードである。一方,2章で述べた光ファイバ中の伝搬モードは伝搬方向と垂直な面上に発生する模様で,横モード（transverse mode）と呼ばれるものである。混同しないように注意してほしい。

DFB-LDでは,両端のへき開面の代わりに,回折格子を活性領域に沿ってすぐ近く（図3.8（b）では上側）に配置することで,特定の波長だけで大きな反射率が得られるようにしている。DBR-LDは回折格子をFP-LDの外側にへき開面に代わる反射器として設けたもので,DFB-LDと同様にシングル縦モード発振をするように制御される。

図3.9に示すように等しい長さΛで凹凸が配置された回折格子の左側からレーザ光が入射した場合に,左上方に進む反射波を考えよう。点Bおよび点Cで反射した光の行路は点Aよりも,それぞれ$\Lambda(1+\sin\phi)$および$2\Lambda(1+\sin\phi)$だけ長くなることから,隣合う反射波の行路差は$\Lambda(1+\sin\phi)$である。Λを回折格子周期という。

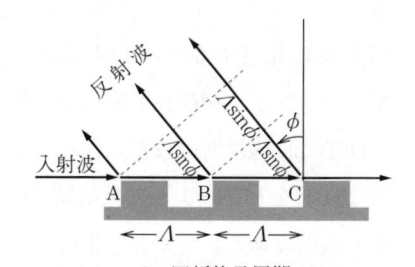

これらがλ/nの整数倍のときに光は強め合うから,その条件はm_tを整数として,次式のように書くことができる。

$$\Lambda(1+\sin\phi) = \frac{m_t \lambda}{n} \tag{3.7}$$

DFB-LDでは$\phi=\pi/2$である。$m_t=1$のときのλをブラッグ波長（Bragg's wavelength）といい,回折格子の周期の2倍となる。

つぎに,一様な回折格子で共振器を作った場合の光の強め合い方について考

図3.9 回折格子による光の回折

Λ：回折格子周期

えてみよう．図3.10の上の図のように光の進行方向と直角に周期Λの回折格子を配置した場合，ある点の左右のブラッグ反射器による位相変化は$\pi/2$となることが知られている[3]．右に進む光の反射波は点線の位置において$\pi/2$の位相変化を受け，それが左に進む間にさらに$\pi/2$の位相変化を受ける．この往復した反射波は右に進む入射波との位相差がπとなってしまうため，ブラッグ波長で発振することができず，それよりわずかに長いか短いかのいずれかの波長で発振す

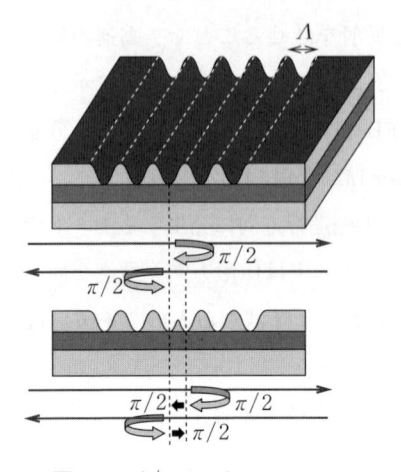

図3.10 $\lambda/4$シフトDFB-LDの動作原理

るという不確定さが生じる問題がある．そこで，共振器の中央に$(p-1/2)\pi$だけずらせて（pは整数）回折格子を配置することでこの問題を解決している．下の図は$p=1$とした場合を示しており，$\pi/2$の位相差が発生する．これは$\lambda/4$に相当するから$\lambda/4$シフトDFB-LD（$\lambda/4$-shifted DFB LD）と呼ばれており，ブラッグ波長で安定な発振を得ることができる．

DFB-LDの反射の役割は回折格子が受け持っているので，活性層の端面は余計な反射をしないように反射防止膜コート（anti-reflection coating）を施すのが一般的である．しかし，出射光パワーを増やすために片方の端面を全反射とすることがある．$\lambda/4$のシフトを与える代わりに，全反射コートによって回折格子の反射による位相差の条件を変化させて上記の不確定さを解決したDFB-LDもある．

DFB-LDは高速な信号で変調してもシングル縦モードで発振するため，FP-LDと比べて波長分散の影響が大幅に軽減される．このため，長距離の大容量伝送システムには不可欠な光源となっている．

正孔と電子を効率よく再結合させて，さらに容易にレーザ発振させるのに貢献したのが量子井戸構造（quantum well structure）であろう[4),5)]．図3.6で説

明したダブルヘテロ構造の活性層は，波長オーダとかなり厚いものであるが，この活性層を 10 nm 程度まできわめて薄くする．すると，電子と正孔はバンドのような連続するエネルギーの中にいることは許されなくなって，エネルギーの井戸（量子井戸層）に閉じ込められ，量子状態のエネルギーの値で決まる飛び飛びの準位にいるようになる．この様子を図 3.11 で説明する．黒枠で囲った部分が一つの量子井戸で，この構造にすることにより再結合の確率を向上させるとともに，レーザ発振に必要な反転分布を得やすくしている．このような量子井戸層を複数個設けた構造の LD を多重量子井戸構造半導体レーザ（multi-quantum well structure LD，MQW-LD）という．

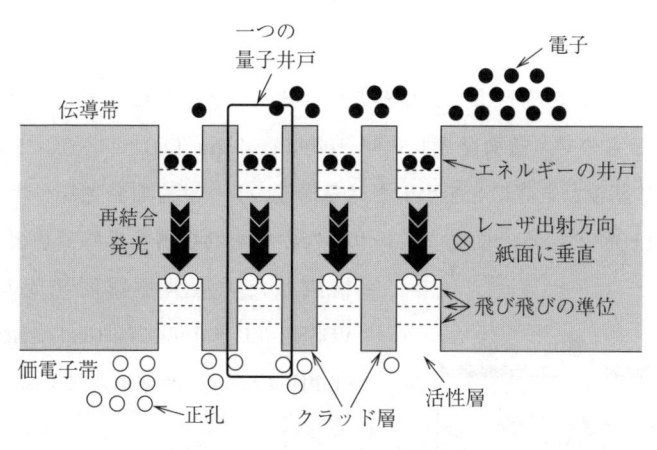

図 3.11　多重量子井戸構造

しかし，活性層をあまりに薄くしてしまうと，光の閉じ込めが弱まってしまうという問題が生じる．この問題を解決するためには，キャリヤの再結合により発光させる層の上下に図 3.12 に示すように光を導波するガイド層（guide layer）という光の閉込め層をクラッド層（cladding layer）の間に設ける．そして，屈折率を量子井戸層（活性層），ガイド層，クラッド層の順に小さくすることで，発光した光を閉じ込めやすくするのである．また，バンドギャップを右に示した構造とすることで，電子，正孔がより容易に量子井戸に落ちやすいように工夫していて，分離閉込め構造（separated confinement hetero-

74   3. 光伝送用デバイス

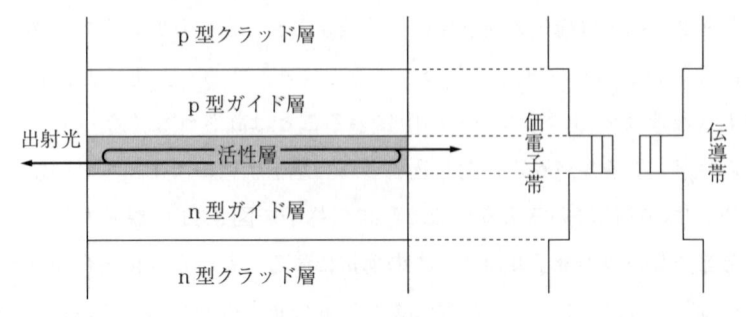

図3.12 の図中のラベル:
- p型クラッド層
- p型ガイド層
- 活性層
- n型ガイド層
- n型クラッド層
- 出射光
- 価電子帯
- 伝導帯

図 3.12　分離閉込め構造

structure）と呼ばれている．このように量子井戸構造の LD はしきい値電流値が小さくなるなど，従来の LD と比較してさまざまな利点を持っており，広く利用されている．

　一般的に，LD の構造は，共振器を半導体基板と平行に作って，側面から光を出射するもので，端面発光レーザ（edge emitting LD）という．これに対して，半導体基板と垂直に光を出射させる構造のレーザを面発光レーザ（surface emitting LD）[6] という．面発光レーザのなかでも共振器を半導体基板と垂直に構成した垂直共振器面発光レーザは VCSEL（ビクセル，vertical cavity surface emitting laser）と呼ばれていて，進展が著しい．

　VCSEL の共振器構造を図 3.13 に示す．量子井戸構造の活性層の上下を特定の波長の光だけを多重反射させるブラッグ反射鏡で挟み込む DBR 構造とすることで，実線矢印で示したような共振器を構成して発振を起こさせる．光は上の方向に出射される．この LD の素晴らしいことの一つに電流が通過できる領域を電流狭さく層で制限することによって，発振しき

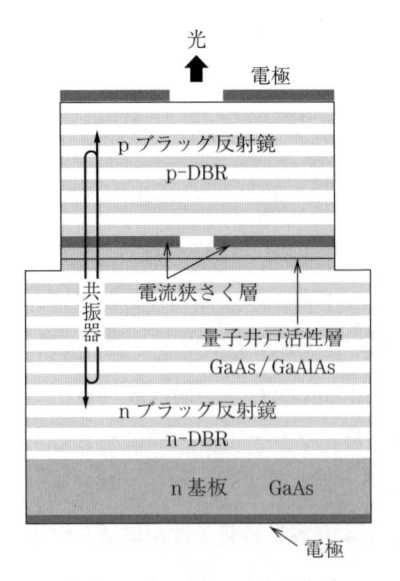

図 3.13 の図中のラベル:
- 光
- 電極
- pブラッグ反射鏡 p-DBR
- 共振器
- 電流狭さく層
- 量子井戸活性層 GaAs/GaAlAs
- nブラッグ反射鏡 n-DBR
- n 基板　GaAs
- 電極

図 3.13　VCSEL の共振器構造

い値を下げ，消費電力を下げることに成功していることが挙げられる．

　VCSELはへき開面を作る必要がなく，従来のLDよりも早い段階での検査が可能なので歩留まりが高いなど製造過程が量産向きであるため，安価に製造できる特徴があり，CDやDVDなどの光ピックアップに用いられている．また，高速インターネット用伝送システムであるギガビットイーサネットやファイバチャネルなどの民需の情報機器を中心に広く用いられている．さらに，狭い密度に複数のLDを配置できるので，一度に多ビームで印刷できる高速レーザプリンタにも利用されている[7]．

　ところで，ヘテロ接合を実現するときに，接合する2種類の結晶の格子定数（lattice constant）が大きく異なると，結晶を成長させる途中で格子欠陥ができたり，ひび割れが起こる．そのため，発光素子を作る際には格子定数をほぼ一致させる必要があり，これを格子整合（lattice matching）という．Ⅲ-Ⅴ族の化合物の格子定数aとバンドギャップE_gの関係を**図3.14**に示す．結晶を成長させる基板には，おもに短波長用にGaAsが，長波長用にInPが用いられており，格子定数はGaAsが0.565 3 nm，InPが0.586 9 nmである．これらに格子整合させるには接合しようとする結晶の格子定数が破線上にくるように混晶の組成を工夫する必要がある．

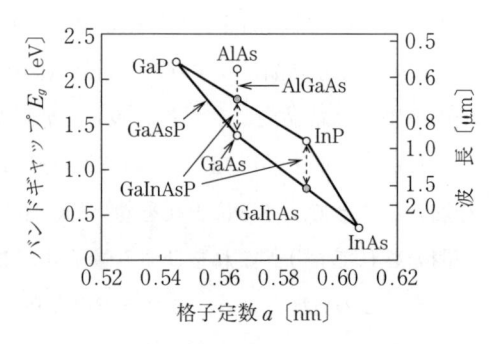

図3.14　Ⅲ-Ⅴ族化合物半導体の格子定数とバンドギャップ

　格子整合の例として，GaAsとAlAsの混晶$Ga_{1-x}Al_xAs$を考えてみる．GaAsとAlAsは格子定数がほぼ等しいため，組成率xを広い範囲で変化させても格子整合が可能である．E_gはGaAsが1.42 eV，AlAsが2.16 eVと差はかなり大きいので，短波長帯において広い波長域で発振するLDを作ることができる．Alの組成率を増やすと波長を短くすることができるが，あるところから強い発光が急に得られなくなるため，実用になるのは0.78～0.88 μm程度である．

一方，1.3 μm や 1.55 μm など長距離伝送に適した長波長帯の光源を作るには，基板となる InP と格子整合がとれるように，$Ga_xIn_{1-x}As_yP_{1-y}$ の組成率 x と y を選ぶことで実現ができ，その波長範囲は 1～1.67 μm 程度である[†]。$Ga_xIn_{1-x}As_yP_{1-y}$ LD の四元系 LD は結晶成長技術の進展により AlGaAs の三元系 LD 以上に高い信頼性が得られるようになり，現在の主流となっている。

長波長帯による長距離伝送システムや多分配システムでは，光ファイバや光分配の損失を補償する光増幅器に波長 1.48 μm あるいは 0.98 μm の励起用のレーザ光源が必要である。1.48 μm の LD は破線で示した $Ga_xIn_{1-x}As_yP_{1-y}$ で製作可能であるが，0.98 μm の LD は製作が困難であった。

ところが，結晶の成長方法の進展により，格子定数の違いが数%であれば，数十 nm の厚さで結晶を交互に積み重ねて成長させることができるようになった。このような結晶はひずみ格子結晶（lattice strains crystal）と呼ばれる。格子の不整合は結晶内にひずみを残し，悪い結果をもたらすことが一般的である。しかし，量子井戸 LD にこの技術を適用し，薄い量子井戸層にひずみ圧力を加えることで，さらに正孔を効果的に閉じ込めて発光効率を改善できる LD が開発されており，これをひずみ量子井戸 LD（strained quantum well laser）という。この技術により，これまでは存在しなかった新しいエネルギーギャップによる発振が可能となって，0.98 μm 帯の励起光源が実現した。

3.2 受光デバイス

3.2.1 pn 接合フォトダイオード

3.1 節で説明したように，半導体の価電子帯にある電子が伝導体に上がって自由に動けるようになる吸収過程は，入射した光のエネルギーがバンドギャップエネルギーよりも大きいときに起こる。式 (3.2) で求められる波長よりも長い波長の光をいくら強く当てても光電流は流れない。例えば，0.85 μm 帯など

[†] GaInAsP は GaAs とも格子整合させることができるが，AlGaAs が同じ波長帯で実績があるので，あまり利用されていない。

3.2 受光デバイス

短波長帯の受光デバイスとして用いられる Si は図 1.5 に示すように 1.3 μm 帯や 1.55 μm 帯などの長波長帯の光には感度がない。長波長帯用にはバンドギャップエネルギーの小さい Ge や InGaAs が用いられる。この逆に，Ge や InGaAs で可視光など波長の短い光を受信しようとすると，エネルギーが大きすぎて吸収されて欲しい場所に達することができない。受光デバイスには一般的に短波長帯用と長波長帯用の 2 種類があり，どちらも広い波長域をカバーしているので，使用波長に応じてどちらかを使い分ける必要がある。

ところで，一様な物質に光を当てて電流を流すためには外部から電圧をかける必要があるが，n 型と p 型を接合した半導体は外部から電圧をかけなくても光を当てれば電流が流れる。pn 接合の受光デバイスとしての動作を **図 3.15** で

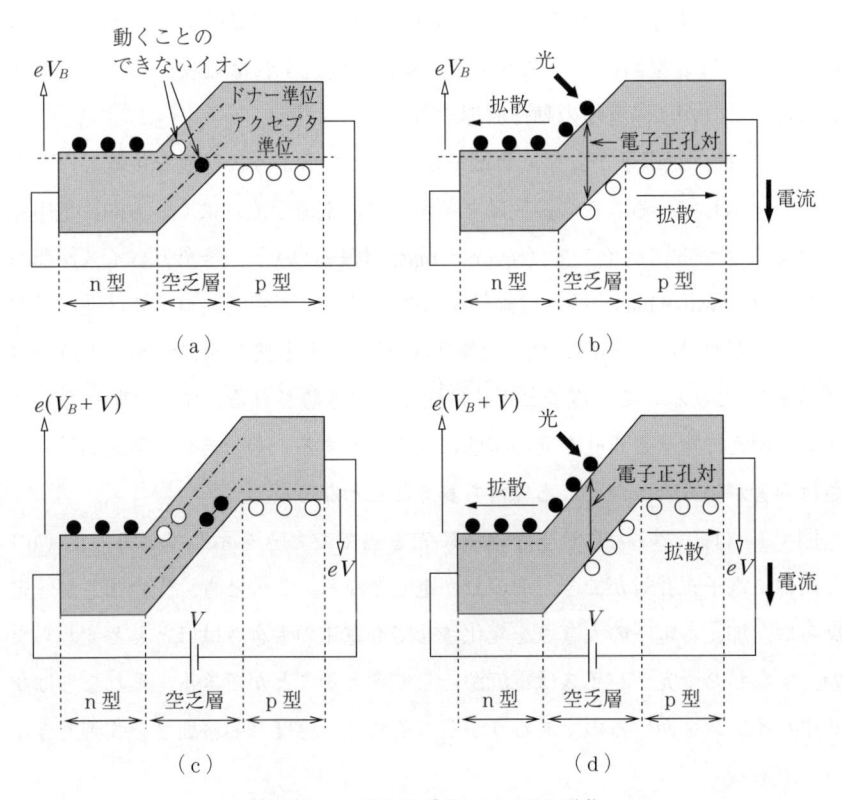

図 3.15 pn 接合の受光デバイスの動作

説明しよう。

　図（a）は，n型とp型の半導体を接合させた状態を示している。n型の伝導帯にある電子とp型の価電子帯にある正孔は接合面を越えて拡散し，途中で再結合してなくなって空乏領域ができる。そして，接合面を挟んでn型側のドナー準位には動くことのできない正イオンが，接合面のp型側のアクセプタ準位には負イオンが取り残される。この両方のイオンによる電界によって素子内部に作られる電位 eV_B を障壁電位（barrier potential）という。この電界によるドリフト電流と拡散電流とは向きが逆で，打ち消し合って平衡状態となるため，外部に導線を接続しても電流は流れない。

　図（b）は，空乏層に光を当てた状態を示している。吸収したエネルギーによって電子と正孔の対ができると，障壁電位による電界によって電子はn型側に，正孔はp型側にドリフトする。導線を接続すれば吸収した分の電流が流れる。これが太陽電池の動作原理である。

　図（c）は，正端子がn型，負端子がp型となるように電池を接続したときの動作を示している。この接続はダイオードに電流が流れにくい方向に電圧をかけることから逆バイアス（reverse-bias）接続という。発光デバイスが順バイアス（forward-bias）接続で動作するのに対して，受光デバイスは逆バイアス接続で動作する。外部に加えた電圧を V とすると接合間にかかる電位差は $e(V_B+V)$ となるので，電子と正孔は遠くに引き離される。すると動けないイオンが増えて電子と正孔を元の状態に戻そうとする。その結果，空乏領域の長さは両者がつり合ったところに落ち着くこととなる。

　図（d）は，この状態で空乏領域に光を当てたときを示している。図（b）と同様に電子正孔対ができ，その分が電流となる。このとき，光の強さが一定ならば，加える電圧の大きさを変化させても電流の大きさはほとんど変わらない。すなわち受光デバイスは電流源として考えることができる。それならばなぜ逆バイアスをかけるのであろうか？　それは，感度と応答速度を改善できることである。

　まず，感度について考えてみよう。一般的な受光デバイスは，光をn型，p

型の一方から入射させる構造となっている†。空乏領域まで達することができた光によって発生した電子と正孔は電界によって反対方向にドリフトし,光電流となる。しかし,空乏領域以外のところで発生した電子と正孔のうちの少数キャリヤはその領域の多数キャリヤと再結合して消滅しまう。このような無駄があると,十分な感度は得られない。高い感度を得るには逆バイアスをかけて空乏領域の長さを広げ,電子正孔対がすべて空乏領域で発生するようにしてやればよい。この電圧が大きいほど感度は改善されることとなる。しかし,過大な電圧をかけると接合部にかかる電界によって素子が破壊してしまうため,限度内で用いるように注意が必要である。

つぎに,応答速度について考える。逆バイアスの電圧を大きくすると空乏層の傾きが急になり,電子と正孔が速く移動するので,高速に動作できることになる。逆バイアスをかけて空乏層を長くすることは感度と応答速度の両面で有利であるが,逆バイアスだけで電子と正孔を両側の端子近くまで押しやるには大きな電圧が必要である。

3.2.2 PIN-PD

pn接合ダイオードよりも低い電圧で空乏領域に大きな電界が効率的にかかるようにしたものがPIN-PD(positive-intrinsic-negative photo diode)である。

PIN-PDは,図3.16に示すように,pn接合の間にi型(intrinsic,真性)半導体型を挿入した形をなしている。i型領域は不純物を含まないので,n型領域やp型領域と比べて抵抗値がかなり大きい。この三つの領域を直列接続した素子に電圧を加えると,抵抗が大きいi領域にだけ大きな電圧がかかる。n型とp型にはあまり電圧がかからないので破壊する危険がない分,大きな逆バイアス電圧をかけることができる。また,i型はもともとキャリヤが少なく,電圧をかけなくても空乏領域がすでにできているということができる。このように,PIN-PDはpn接合ダイオードと比べて,低い電圧でも空乏領域に十分

---

† 空乏層で発生した電子正孔対だけが電流に寄与するので,説明を簡単にするために光が空乏層に直接当たるように示した。

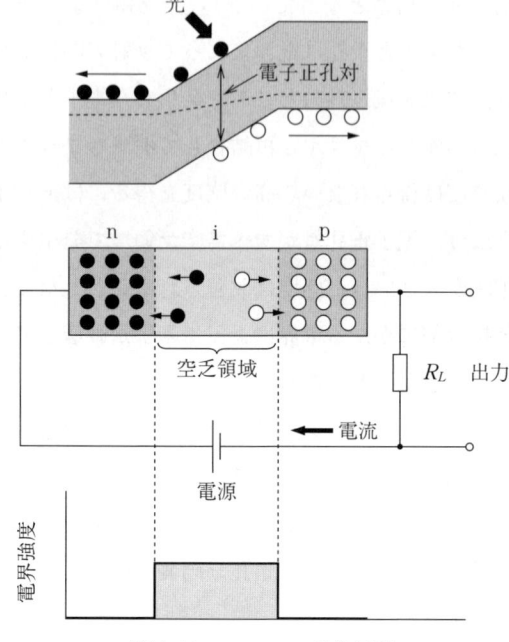

図 3.16 PIN-PD の動作原理

な電界をかけることができるのである。

ところで，pn 接合は光を当てれば電圧をかけなくても電流が流れるが，PIN-PD は i 領域で発生した電子を n 領域まで，正孔を p 領域までドリフトさせるために逆バイアスが必要である。その逆バイアス電圧の大きさは i 領域が完全に空乏領域となるリーチスルー電圧（reach through voltage）以上に設定する。光が n 領域側から入射する場合，逆バイアスの電圧がリーチスルー電圧よりも小さいと，p 領域から i 領域に正孔が拡散により流れ込んできて応答速度を劣化させることになる。

それならば，光電流を流すために n および p 領域を設けず，i 領域だけに直接電圧をかければよいと思うかもしれない。実際に，入射光が減衰せずに空乏領域に達することができるように n 領域は i 領域よりも十分に薄く作られるが，零ではない。n 領域をなくして i 領域に直接電極を付けてしまうと，境界面に大きな電界がかかり，電極からキャリヤが注入されやすくなる。注入によ

る電流は光とは無関係な暗電流となるので，両側にn領域とp領域を設けて，これを防いでいるのである。

このように，PIN-PDはpn接合フォトダイオードよりもすぐれた点が多くあり，最も普及している構造となっている。

PIN-PDから信号を取り出すには電源と直列に負荷抵抗R_Lを挿入する。電流と電圧の関係を**図3.17**に示す。PIN-PDはpn接合の一種なのでダイオードと同様に，電圧を順方向に加えると大きな電流が流れ，逆方向の電圧を加えてもほとんど電流は流れない。逆方向に電圧をかけたときには入射光がある場合（実線）とない場合（破線）で電流の大きさが異なる。その大きさは受光パワーに比例し，逆方向の電圧によらずに電流源として動作する。信号は負荷抵抗R_Lの両端に発生した電圧として取り出すことができる。例えば，「1」のときに光がありで，「0」のときに光がなしのルールで伝送されたディジタル信号を逆バイアス電圧V_1で受光することを考える。V_1から引いた負荷線（$V_1 - I_L R_L$）と実線との交点Aで1に対応した電圧が，破線との交点Bで0に対応した電圧が得られる。負荷線の傾きは，R_Lが大きいほど緩やかになるため大

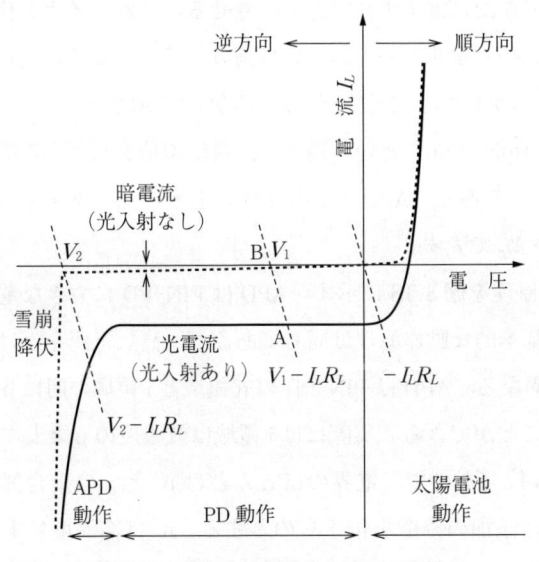

図3.17 受光素子の電流と電圧の関係

きな電圧を取り出すことができることがわかる。

　光入射がない状態でPIN-PDの逆バイアス電圧が限界値を超えると急に電流が増えて素子が破壊してしまう。この限界値を雪崩降伏電圧（avalanche breakdown voltage）という[8]。バイアス電圧を雪崩降伏電圧よりも少し小さな電圧V_2とした場合には，V_1とした場合よりも大きな振幅の信号を取り出すことができる。この性質を積極的に利用して，小さな受光パワーの信号を受信しようとしたのがAPD（avalanche photo diode，雪崩増幅フォトダイオード）で，PIN-PDと並んで重要な受光素子である。

3.2.3　APD

　PIN-PDの空乏領域において発生した電子と正孔は電界によって反対方向に移動する。この移動速度は電界が小さいうちは電界に比例するが，電界が大きくなるにつれて結晶格子と衝突する頻度が高くなって，キャリヤ全体の流れとしては飽和するようになる。電界をさらに大きくすると，格子との衝突を免れた高速なキャリヤが発生しはじめ，これはやがて格子に非常に大きなエネルギーで衝突して新たに電子正孔対を発生させる。これをイオン化という。さらに，発生した電子と正孔の一方あるいは両方が新たな電子正孔対を発生させるという連鎖反応が発生して電流がねずみ算的に増加する。これは雪崩増倍（avalanche multiplication）という現象で，雪崩増倍を利用する構造のフォトダイオードがAPDである。APDとPIN-PDの電流の比を増倍率（multiplication factor）といいM_pで表す。

　APDの動作原理を図3.18に示す。APDはPIN-PDに大きな電圧をかけて使うだけなので基本的な動作原理は同じであるが，高い電圧をかけるための構造はPIN-PDと異なる。APDはPIN-PDのn領域とi領域の間にp領域を追加したものとみることができる。実際にはi領域は低濃度のpとしており，全体的に眺めればpn接合なので，電界のほとんどはn^+とpの接合部分にかかる。ここで＋と－は添加の濃度を指すものとする。n^+は高濃度にドープされているので，電界はp領域だけに集中する。この領域を雪崩増倍領域といい，こ

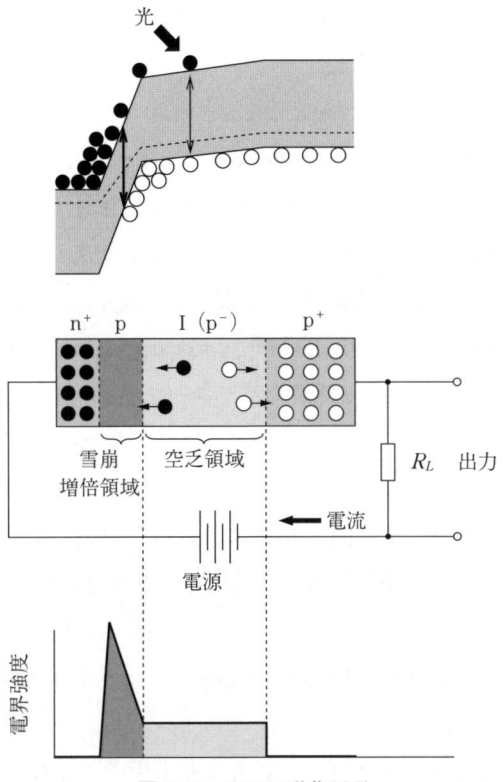

図 3.18 APD の動作原理

こでは電子が雪崩増倍により急増する。一方 p^- 領域には PIN-PD の i 領域のように一様な電界がかかっている。このような構造の APD に左側から光が入射すると，薄い n^+ と p は通り抜け，厚い p^- 領域で吸収される。PIN-PD と同様に，電子正孔対が発生して，p^- 領域にかけられている電界によって電子は n^+ へ，正孔は p^+ にドリフトする。p 領域に着いた電子は高い電界によって雪崩増倍現象を起こすので，急増した電子を左端から大きな電流として取り出すことができる。

　雪崩増倍を起こさせるには大きな電界が必要である。高い感度を得るためには空乏領域を長くする必要があり，両方を満足しようとすると雪崩増倍領域に高い電圧が必要となってしまう。そこで，雪崩増倍領域と吸収領域を分離して

役割を分担させることで比較的低い電圧で動作するようにしていることがAPDの構造のポイントといえる。

　雪崩増倍は平均的には一定の値となるが，イオン化には統計的な揺らぎがあるため増倍過程で過剰雑音（excess noise）と呼ばれる新たな雑音を発生する。キャリヤが単位距離を走行して電子正孔対が発生する割合をイオン化率（ionization coefficient）といい，電子のイオン化率は α，正孔のイオン化率は β と呼ばれる。これらは半導体の材料によって異なり，α と β の比をイオン化比（ionization coefficient ratio）と呼び，$\gamma=\beta/\alpha$ のように表すこととする。イオン化比 γ は雑音特性を決める重要なパラメータであり，電子とイオンのイオン化の程度が等しい $\gamma=1$ のときに過剰雑音は最も大きくなる。

　具体的な材料で説明すると，Si は $\alpha \gg \beta$，すなわち $\gamma \ll 1$ で電子のイオン化率が正孔を大きく上回るため，図 3.18 のように空乏領域で発生した電子正孔対のうち，電子のほうを雪崩増倍領域に導くのが有利である。一方，InGaAs は $\alpha<\beta$，すなわち $\gamma>1$ となり，電子よりも正孔のイオン化率のほうが大きいので，吸収領域で発生した電子正孔対のうち正孔のほうを InP の雪崩増倍領域に導くのが有利である。

　APD のショット雑音は PIN-PD の雑音よりも大きくなり，その雑音電流 i_n は暗電流[†]を I_d，PIN-PD で受光した場合の電流を I_L，雑音帯域幅を B，電子電荷を e とすれば次式で示される。

$$i_n = \sqrt{2e(I_L+I_d)M_p^2 F_p B} \tag{3.8}$$

ここで，F_p は過剰雑音係数（excess noise factor）と呼ばれる量で，電子が雪崩増倍領域に導かれる場合には次式のように表される。

$$F_p = M_p \gamma + \left(2-\frac{1}{M_p}\right)(1-\gamma) \tag{3.9}$$

この式で雑音を最小にする条件は，$\gamma=0$ である。

　一方，正孔が雪崩増倍領域に導かれる場合の過剰雑音係数は，γ を $1/\gamma$ に置

[†] 暗電流には増幅されない成分もあるが，増幅される成分に比べて小さいものとして無視した。

き換えることで次式のように表される。

$$F_p = \frac{M_p}{\gamma} + \left(2 - \frac{1}{M_p}\right)\left(1 - \frac{1}{\gamma}\right) \qquad (3.10)$$

この式で雑音を最小にする条件は，$\gamma = \infty$ である。

このように APD の材料としては，電子か正孔のイオン化率 γ の偏りが大きいほど雑音特性がすぐれているということができる。

過剰雑音係数 F は，近似的に $F_p = M_p^x$ （x は過剰雑音指数）と表すことが多く，これを使うと，APD で受信した RF 信号の CN 比は次式のように示される。

$$\text{CN 比} = \frac{\frac{1}{2}(MM_p I_L)^2 / B}{2e(I_L + I_d)M_p^{2+x} + 4kTF/R_L} \qquad (3.11)$$

ここで，M は光変調度，k はボルツマン定数，T は絶対温度，F はアンプの雑音指数，R_L は負荷抵抗値である。また，x の値は Si が 0.3，Ge が 0.9，InGaAs が 0.7 程度である。

PIN-PD を用いた光伝送システムでは最小の受光パワーは増幅器の熱雑音が支配的となる。APD は増倍作用により素子内部の電流利得により，微弱な信号電力を熱雑音以上に増幅することができるため，ショット雑音が最小受光パワーに対して支配的となるようにすることができる。したがって，APD を使うと小さな受光パワーにおける PIN-PD の CN 比を改善することができる。ただし，信号は M_p^2 に比例して増加するのに対して，ショット雑音は M_p^{2+x} に比例して増加するので，最大の CN 比を与える M_p には最適値が存在する。この様子を横軸に増倍率 M_p をとって**図 3.19** で説明する。

熱雑音は光電流とは無関係なので電力は一定である。$M_p = 1$，すなわち PIN-PD の場合には熱雑音が支配的であるが，M_p を増していく

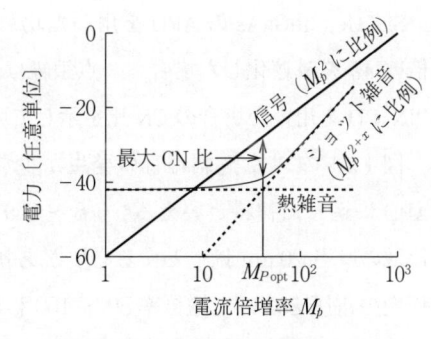

図 3.19 APD の最適増倍率

とショット雑音が増加し，$M_{P\text{opt}}$ において熱雑音と等しくなり，CN 比が最大となる．$M_{P\text{opt}}$ は，最適光増倍率と呼ばれていて，式 (3.11) を M_p で微分したものを零とおくことにより，次式のように求めることができる．

$$M_{P\text{opt}} = \left\{ \frac{4kTF}{e(I_L + I_d)xR_L} \right\}^{\frac{1}{2+x}} \tag{3.12}$$

CN 比の最大値（$C/N_{\text{Max(APD)}}$ と書くこととする）は，式 (3.12) で求めた $M_{P\text{opt}}$ を用い，ショット雑音が熱雑音と等しいとおくことにより次式となる．

$$\frac{C}{N}_{\text{Max(APD)}} = \frac{\frac{1}{2}(MM_{P\text{opt}}I_L)^2}{\frac{8kTFB}{R_L}} \tag{3.13}$$

一方，PIN-PD で受信した場合の CN 比は熱雑音が支配的になることから，式 (3.11) 以下においてショット雑音を無視して次式のように表すことができる．

$$\frac{C}{N}_{\text{PIN}} = \frac{\frac{1}{2}(MI_L)^2}{\frac{4kTFB}{R_L}} \tag{3.14}$$

したがって，同じ CN 比を得るための APD の受光パワー P_{APD} は PIN-PD の受光パワー P_{PIN} と比べて次式のように小さくて済むことになる．

$$\frac{P_{\text{APD}}}{P_{\text{PIN}}} = \frac{\sqrt{2}}{M_{P\text{opt}}} \tag{3.15}$$

Si，Ge，InGaAs の APD を用いた場合の CN 比を図 3.20 に示す．実線は増倍率 M_p を最適化した場合，一点鎖線は表に示した一定値とした場合，破線は PIN-PD を用いた場合の CN 比を示している．

図 (a) の Si は過剰雑音の発生が少ないだけでなく，暗電流も小さいので APD に適した材料といえる．0.8〜0.9 μm の光を完全に吸収させるには吸収領域の厚さ 20 μm 以上とする必要があり，これを空乏領域とするために 100 V 程度の電圧をかけて増倍率 50〜100 程度で用いることが多い．CN 比を PIN-PD に対して大きく改善できることがわかる．

3.2 受光デバイス

(a) Si

(b) Ge

(c) InGaAs

― 最適増倍率
―・― 増倍率一定
……… PIN-PD

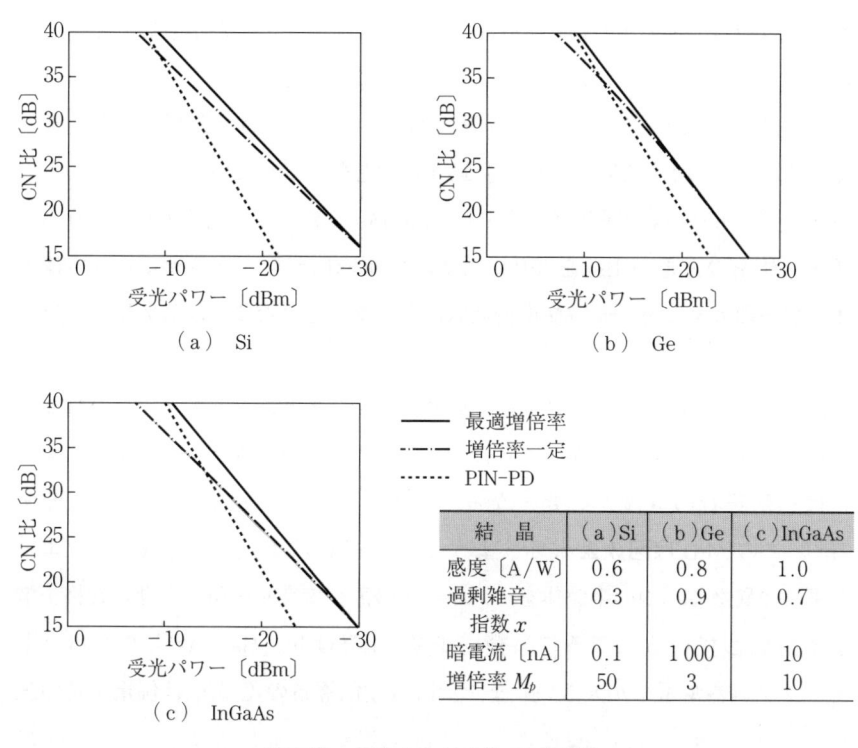

結 晶	(a)Si	(b)Ge	(c)InGaAs
感度〔A/W〕	0.6	0.8	1.0
過剰雑音指数 x	0.3	0.9	0.7
暗電流〔nA〕	0.1	1 000	10
増倍率 M_p	50	3	10

図 3.20 各種 APD による CN 比特性

図 (b) の Ge はある時期, 長波長帯で唯一受光できる材料であった。しかし, 暗電流が大きく, 電子と正孔のイオン化率に大差がないなど APD に向いた材料とはいえない。

図 (c) の InGaAs は Ge に代わる APD の材料として用いられている。Ge よりも高い感度と 2 桁低い暗電流により CN 比が改善されていることがわかる。

InGaAs の APD の構造を**図 3.21** に示

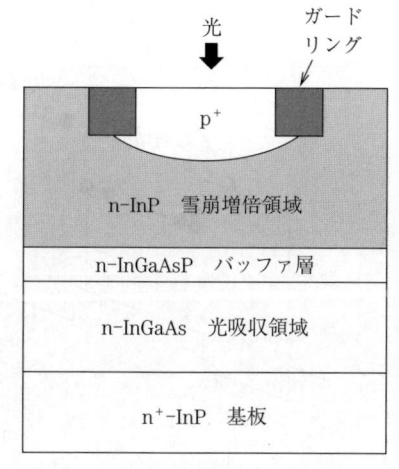

図 3.21 InGaAs/InP ヘテロ接合 APD の構造

す。吸収領域である InGaAs はバンドギャップエネルギーが小さいので，大きい電界をかけると暗電流が増えてしまう。そこで大きい電界を必要とする雪崩増倍領域と吸収領域の間に InGaAsP のバッファ層を設けて分離した構造としている[9]。雪崩増倍領域の InP は 1.55 μm の光を吸収しないので，上部から入射した光は InGaAs の吸収層に達する。InGaAs で発生した電子正孔対のうち，イオン化率の大きい正孔を InP の雪崩増倍領域にドリフトさせる。Si ではイオン化率の大きな電子を雪崩増倍領域にドリフトさせたことを思い出してほしい。

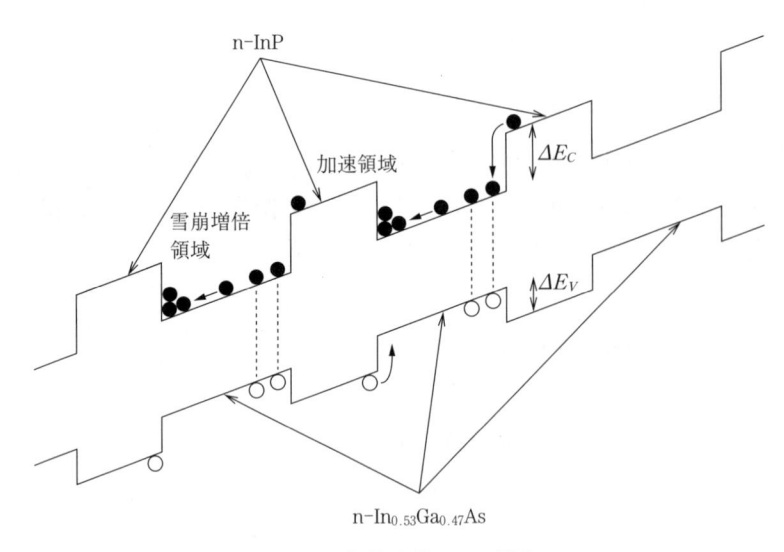

　InGaAs の APD は，通常の中長距離の光伝送システムとしては十分な性能を持った受光素子といえるが，さらに小さい受光パワーで受信できるようにするには過剰雑音の低減が必要となる。その一例として超格子 APD を紹介する[10]。この APD は**図 3.22** に示すように，雪崩増倍領域をバンドギャップエネルギーの異なる二つの半導体をナノオーダの薄さで交互に積層させた超格子構造で構成しているところに特徴がある。InP は $In_{0.53}Ga_{0.47}As$ よりもバンドギャップエネルギーが大きい。また，隣合う伝導帯の差 ΔE_C は価電子帯の差

図 3.22 超格子型 APD の構造

ΔE_V よりも大きい。この超格子に電界を加えると，InP は加速領域，$In_{0.53}Ga_{0.47}As$ は雪崩増倍領域として働く。このとき $\Delta E_C > \Delta E_V$ のため，大きいエネルギーを得た電子のほうが正孔よりもイオン化する割合が大きくなるため，過剰雑音を低減できることになる。

3.3 光回路部品

光伝送システムを構成するためには，発光デバイス，受光デバイスおよび変調デバイスのほかに光回路部品が必要である。その種類は，マイクロ波，ミリ波などの従来の通信システムで用いられている部品に対応していて，光波であるために必要になったり不要になったりする種類の部品はない。

光回路部品は，2章で説明した接続用部品と機能部品に大別できる。接続用部品は，光ファイバ間の接続に用いられるだけでなく，機能部品・装置の一部に組み込まれて，部品（装置）と光ファイバ，あるいは部品（装置）と部品（装置）の接続に用いられる。機能部品としては，光分岐・結合回路，光分波・合成回路，光スイッチ，光非相反回路が挙げられる。ここでは機能部品について説明する。

3.3.1 光分岐・結合回路

光分岐・合成回路は，光信号を分けたり混合したりする機能を持つ回路であり，光信号の分配や発光デバイスの動作モニタ用として用いられる。おもな光分岐・合成回路の構成を**表 3.1** に示す。光分岐・合成回路は，① バルク型，② ファイバ型，③ 導波路型の 3 種類に分類できる。

バルク型は，従来技術の応用であり，プリズムやレンズ，誘電体多層膜フィルタなどの組合せで構成される。光ファイバを伝搬してきた光をいったんファイバから出射させ，レンズやプリズムに入射させるので，組立てや調整が難しく反射光が生じやすい欠点がある。

ファイバ溶融型カプラは，**図 3.23** に示すように複数の光ファイバを加熱溶

表3.1 光分岐・合成回路の構成

種 類	構 成	特 徴
バルク型	干渉膜フィルタ／レンズ／光ファイバ	・従来技術 ・組立てや光軸調整が難しい
ファイバ型	光ファイバ	・低挿入損失 ・高温度安定性 ・安価
光導波路型	光導波路	・小型 ・多分岐 ・量産性

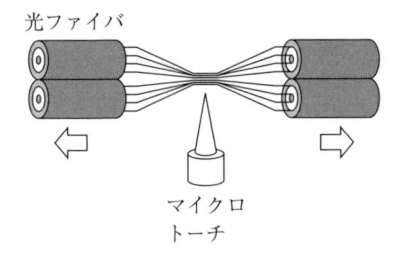

図3.23 ファイバ溶融型カプラ

融させ，軸方向に延伸する簡便な方法で製作される。複数の光ファイバのコア部を近接させることで，光ファイバ間でモード結合を起こし，他方の光ファイバに光パワーを分岐させるのが基本原理である。分岐比はコア間の距離と結合長により調整することが可能であり，代表的な光分岐・合成器といえる。ファイバ溶融型カプラは，光ファイバ自身が光導波路となるため，挿入損失を非常に小さく抑えることができ，温度安定性にも優れている。

一方，光導波路型は，設計の自由度が高く，多分岐回路を容易に構成することができることから，8分岐以上の用途でおもに使用される。一般的な1×8光導波路型分岐器においては1 dB以下の低損失が実現されている。

3.3.2 光分波・合波回路

伝送容量の増大に伴い，波長多重数の増加と波長間隔の高密化が求められて

いる。光合分波回路においてもその高性能化が要求されている。**表3.2**に現在使用されている光合分波器の種類と特徴を示す。波長の選択に誘電体多層膜フィルタを用いた誘電体多層膜型，光ファイバにエキシマレーザを照射して，周期的に屈折率を変えたファイバグレーティング型，アレー導波路の波長分散を利用した導波路型の3種類のタイプが実用化されている。

表3.2 光合分波器の種類と特徴

種　類	構　成	特　徴
多層膜型	誘電体多層膜／レンズ	・低損失 ・高温度安定性 ・多チャネル化ではコスト高 　（最大16ch程度）
ファイバグレーティング型	ファイバグレーティング／サーキュレータ	・低損失 ・パッケージ技術により温度安定確保 ・サーキュレータが必要でコスト高
アレー導波路型	基板／アレー導波路	・多チャネル（～40ch） ・ヒータによる温度制御で安定化 ・小型で実装コスト小

　多層膜型は，低損失性に特徴があり，光増幅器を用いない比較的短距離システムでの用途で使用されるが，多チャネル化の際には実装コストが高くなる（最多16チャネル程度）。
　グレーティング型は，給電なしで温度無依存化できるパッケージ技術[†]に特徴があり，海底や陸上基幹伝送路の中継局における分波フィルタとして使用さ

[†] グレーティング型の場合，グレーティング周期と実効屈折率が温度依存性を持ち，温度の上昇とともに中心波長が増加する。負の線膨張係数を持つ材料をパッケージに使う（グレーティング周期が温度に対し負の依存）ことにより実効屈折率の温度依存性を低減している。

れている。多チャネル化は，波長の異なるファイバグレーティングを直列に接続することにより実現可能であるが，チャネルごとに光サーキュレータが必要となりコスト高が問題となる。

図 3.24 にアレー光導波路型光合分波器の構造と原理を示す。入出力光導波路と二つのスラブ（slab，平板状のコアを平板クラッドで挟み込んだもの）光導波路，約 400 本のアレー光導波路群で構成され，スラブ光導波路の曲率中心は入力あるいは出力光導波路群の中央の導波路端に，アレー光導波路群はその光軸がこの曲率中心を通るように放射状に配置される。入力スラブ光導波路は入力導波路の出射光を拡大しかつ平行光に変換し，出力スラブ導波路はアレー導波路からの出射光を集光するレンズの機能をそれぞれ担っている。また，アレー導波路は波長ごとに光の屈折角を変えるプリズムに相当し，入力光導波路を出射した 40 波長の光（$\lambda_1 \sim \lambda_{40}$）は入力側スラブ光導波路で回折により広がり，すべてのアレー光導波路を同位相状態で励振する。アレー光導波路群は，その長さが一定値（Δl）ずつ異なるため，波長ごとに各アレー導波路を伝搬す

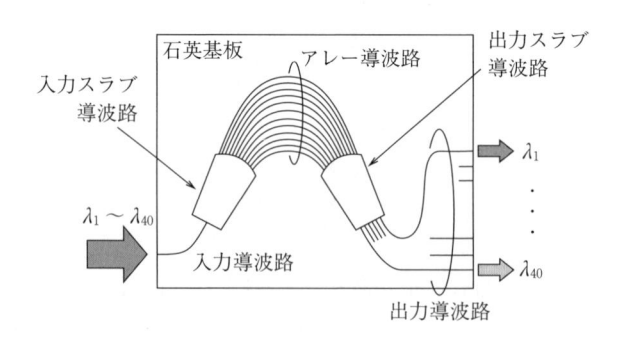

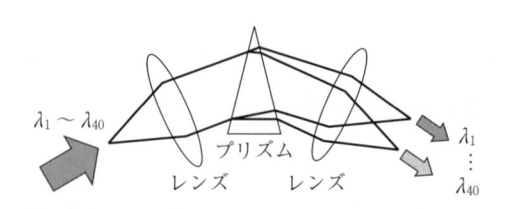

図 3.24 アレー光導波路型光合分波器の構造と原理

る時間が異なる．したがって，伝搬後の各導波路の出力端における光には波長に応じた位相差が生じ，波面の傾きが変わる．光はこの波面に垂直方向に進むため，波長により異なった方向に光が伝搬することになる．出力スラブ光導波路はこの光を各波長ごとに40本の出力光導波路に効率良く集光，結合させる役目を持つ．合・分波する波長間隔は，アレー光導波路の光路長差や出力導波路とスラブ光導波路の結合位置と間隔を変えて任意に設定することができる．

3.3.3 光スイッチ

光スイッチ（optical switch）の研究は歴史が古く，空間伝搬型（空間的な操作）から現在の主流である光導波路型に至るまでさまざまな形態のものが検討されてきた．光通信分野では，障害時の光回線の切替えや，測定時の光路切替えなどに用いられている．

光スイッチには，プリズムやミラーなどを機械的に動かして光路を切り替え

表3.3 代表的な光スイッチの構成と特徴

種類	構成	特徴
メカニカル (micro electro mechanical systems, MEMS)	入力ファイバ／出力ファイバ	・挿入損失：小 ・切換速度：数 ms ・制御：メカニカル型：容易 　　　　（MEMS 型：複雑） ・大規模化：MEMS 型：容易 　　　　　（メカニカル型：困難） ・安価
熱光学効果	入力1　ヒータ　出力1／入力2　光導波路　出力2	・挿入損失：数 dB ・切換速度：数 ms〜数 μs ・制御：簡易 ・大規模化：容易 ・比較的安価
電気光学効果	光導波路　電界印加／入力1　出力1／入力2　出力2	・挿入損失：数 dB ・切換速度：数 ns ・制御：容易 ・大規模化：容易 ・高価

るメカニカル光スイッチと，光変調器と同様に電気光学効果などを利用した電子式光スイッチとがある。メカニカル光スイッチは切替え速度が遅いことが欠点であるが，低損失や低クロストークの点ではすぐれている。一方，電子式光スイッチは光変調器と同様に，電気光学効果，電界吸収効果，音響光学効果，磁気光学効果，熱光学効果などを利用したものがある。高速切替えが可能であり，とりわけ電気光学効果を利用した光導波路型は光集積化が可能である特徴を持つ。特に，将来の光交換の用途には，マトリックス状の多数の光スイッチが必要であり，光導波路型での光集積化技術の発展が期待されている。**表3.3**に代表的な光スイッチの構成と特徴を示す。

3.3.4 光相反回路

〔1〕 **光アイソレータ**　半導体レーザは，外部光によって敏感に影響を受けて動作が不安定になる。近年の光ファイバの低損失化により，近端だけでなく遠端からの反射光も半導体レーザに影響を及ぼすようになった。この反射の影響を避ける有効な方法として光アイソレータ（optical isolator）が使用されている。光アイソレータは，ファラデー効果[†]（Faraday effect）による偏光回転を利用して，光路に方向性を持たせて反射波を阻止するものである。光アイソレータには，順方向特性に偏光依存性があるものと，偏光依存性がないもの（偏光無依存性）に分けられる。

偏光依存アイソレータは，**図3.25**に示すように偏光子，ファラデー回転子，検光子から構成される。順方向に進む光は，偏光子によって偏光成分が選択され，ファラデー回転子に入射し，ファラデー効果により透過する光は偏光面を45°回転する。検光子の偏光面を偏光子の偏光面に対して45°傾けておけば，順方向の光は通過する。一方，逆方向から入射された光は，偏光子に対して45°傾いた偏光面の光が検光子により選択され，ファラデー回転子によりさらに45°回転し，偏光子の偏光面に対して90°ずれた偏光成分のみが偏光子に入

---

† **ファラデー効果**　磁界に平行な直線偏光を物質に透過させたときに偏光面が回転する現象である。また，この回転をファラデー回転（Faraday rotation）と呼ぶ。

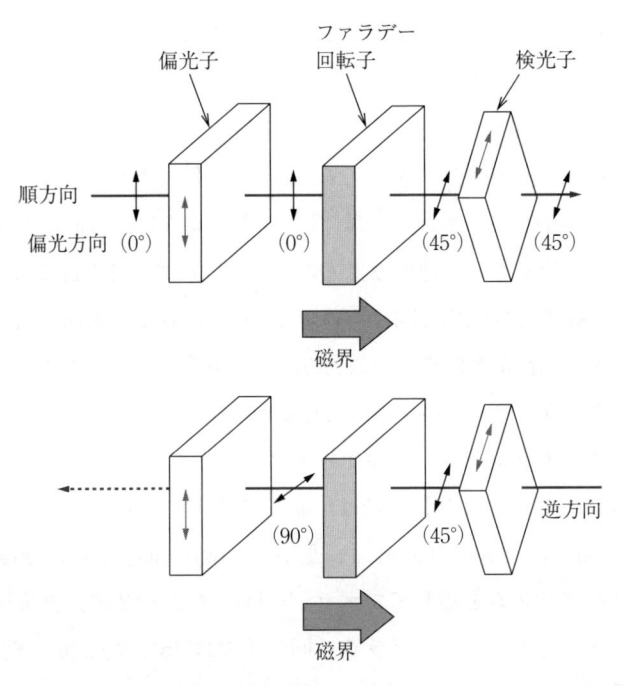

図 3.25 偏光依存アイソレータの原理

射される。その結果，偏光子を通過する成分は除去される。

偏光無依存アイソレータは，**図 3.26**（a）に示すように，2 枚の複屈折結晶の間にファラデー回転子と補償板を置いた構成になる。複屈折結晶とは屈折率が常光線（結晶の主軸に平行な振動面を持つ偏光）と異常光線（結晶の主軸に垂直な振動面を持つ偏光）に対して異なる結晶である。入射光は複屈折結晶 1

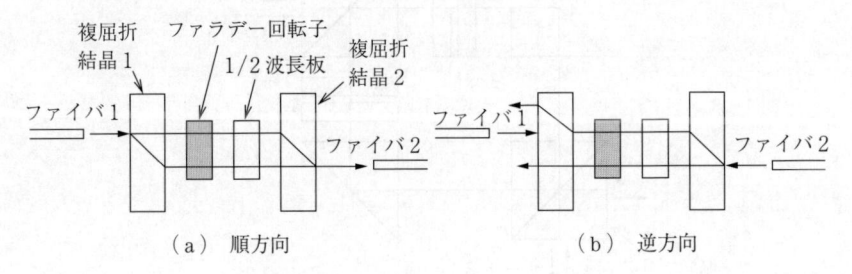

図 3.26 偏光無依存アイソレータの原理

によって常光線と異常光線に分離される。これらはファラデー回転子によって常光線も異常光線も磁界について右回りに45°の回転を受け，さらに補償板（1/2波長板）で右に45°回転して複屈折結晶2に入射され，複屈折結晶2により分離されていた光が合成され，ファイバ2に結合される。

一方，逆方向から入射された光は，図(b)のように，複屈折結晶2で常光線と異常光線に分離され，補償板で光の進行方向に対し45°右に回転するが，ファラデー回転子では磁化方向について45°右に回転し，複屈折結晶1に対して常光線，異常光線がそのままの偏光方向で入射する。このため，両光線の分離はますます進み，ファイバ1には戻らないことになる。

〔2〕 **光サーキュレータ**　偏光無依存光サーキュレータの構成を**図3.27**に示す。ポート1から入力した光は，偏光プリズム1で直交するP波（入射面に平行，parallel），S波（入射面に垂直，senkrecht）成分に分離され，各ビームは反射プリズムを通してファラデー回転子と1/2波長板を透過し，偏光プリズム2に導かれる。ファラデー回転子では45°，1/2波長板では−45°の旋光を受けるので偏光は元に戻り，偏光プリズム2で合成されたあとの光は，ポート2から出射する。

一方，ポート2から入力すると，1/2波長板で−45°，ファラデー回転子

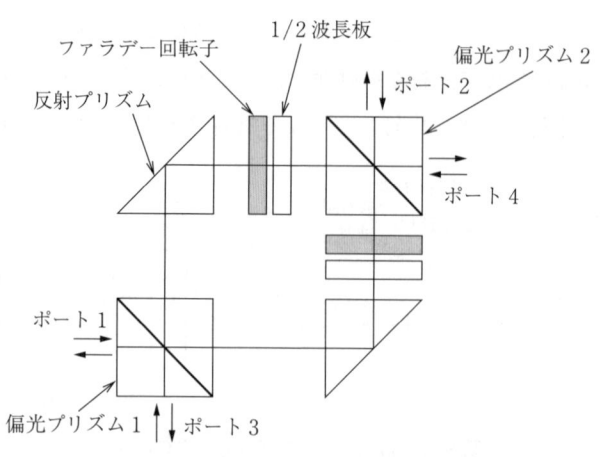

図3.27 偏光無依存光サーキュレータの基本構成

で-45°旋光し，偏光プリズム1で合成され，ポート3から出力される。したがって，1→2，2→3，3→4，4→1という循環が実現する。

3.4 光増幅器

　光増幅器は，伝送路などの損失により低下した光信号レベルを光の状態のまま増幅する技術であり，レーザ媒体中の反転分布による誘導放出や光ファイバ中の非線形散乱による誘導散乱が用いられる。前者は半導体光増幅器や希土類添加光ファイバ増幅器であり，後者は誘導ラマン散乱増幅器である。ここでは，希土類光ファイバ増幅器を念頭におき，光増幅器の原理について述べる。

　光増幅器は，反転分布状態にある媒質中に光信号を伝搬させることにより光信号の増幅を行うものであり，原子の2準位系における遷移に伴って起こる光の吸収，誘導放出および自然放出によって説明される[11),12)]。

　図3.28に示すような二つのエネルギー準位 E_1, E_2 ($E_2 > E_1$) を有する原子系を考える。一般に，高エネルギー E_2 にある原子はある確率をもって E_1 に遷移し，$h\nu_A = E_2 - E_1$ を満たす周波数 ν_A の光を放出する。ここで h はプランク定数である。この過程は放射場に左右されるものでないので自然放出と呼ばれる（図(a)）。時刻 $t=0$ に N_2 個の原子が E_2 にあると仮定すると，単位時間当りに E_1 に遷移する数は次式で表される[13)]。

$$-\frac{dN_2}{dt} = A_{21}N_2 \equiv \frac{N_2}{\tau_{sp}} \qquad (3.16)$$

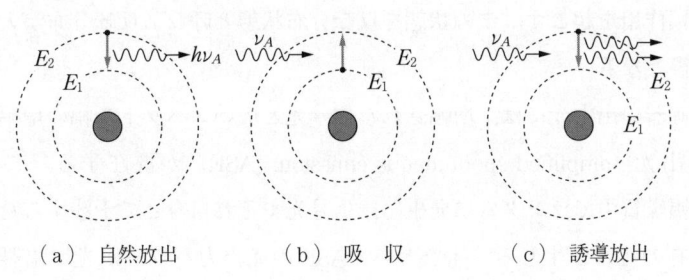

（a）自然放出　　　（b）吸　収　　　（c）誘導放出

図3.28 二つのエネルギー準位 (E_1, E_2) を有する原子系

ここで，A_{21} はアインシュタインの A 係数と呼ばれる自然放出率である。τ_{sp} は自然放出寿命である。

つぎに，周波数 $\nu_A(=E_2-E_1/h)$ の光子が加わると，下準位 E_1 にある原子が上準位 E_2 へ遷移する光の吸収（図 (b)）と，上準位 E_2 にある原子が下準位 E_1 に遷移する光の誘導放出（入射光子と同一の周波数，位相および伝搬方向（図 (c)））が起こる。この現象が入射光から見た光の増幅現象となる。なお，誘導放出（吸収も同様）は高エネルギー準位状態の原子があれば必ず起こるわけではなく，確率的な事象である。

入射光パワーに対する増幅度すなわち利得は，誘導放出確率＞吸収確率のときに生じる。誘導放出確率は，上準位 E_2 にある原子数 N_2 に比例し，光子が加わることにより起こるので入射光パワーにも比例する。一方，吸収確率は，下準位 E_1 にある原子数 N_1 に比例し，誘導放出確率と同様，入射光パワーにも比例する。よって，光パワーの時間変化 $P(t)$ は，s を比例係数とすると

$$P(t) = P(0)\exp\{s(N_2-N_1)t\} \tag{3.17}$$

で表される。また，増幅媒質長 l_r を通過した出射光パワー P_t は入射光パワーを $P_i(=P(0))$ とすると次式で表される。G_c は利得係数である。

$$P_t = P_i \exp\left\{s(N_2-N_1)\frac{l_r}{\nu_A}\right\} = G_c P_i \tag{3.18}$$

$$G_c = \exp\left\{s(N_2-N_1)\frac{l_r}{\nu_A}\right\} \tag{3.19}$$

すなわち，信号利得は (N_2-N_1) に比例し，上準位数 N_2＞下準位数 N_1 のときに増幅作用を起こす。この状態を反転分布状態と呼び，反転分布が大きいほど高利得となる。

光増幅器の出力光には，増幅された信号光と広いスペクトル幅の増幅された自然放出光（amplified spontaneous emission, ASE）が混在する。この ASE は，増幅媒質中でランダムに発生し，信号光やそれ自身とで干渉するため，光増幅特有の雑音が生じる。すなわち，ASE の光出力パワーが光増幅器の雑音性能を表す指標となる。光増幅器から出力される ASE 光出力パワー P_{ASE}（単

3.4 光増幅器

位周波数，1偏波モード当り）は，次式で表される[13]。

$$P_{ASE} = \frac{N_2}{N_2-N_1}(G_c-1)h\nu_A = n_{sp}(G_c-1)h\nu_A \tag{3.20}$$

n_{sp} は反転分布因子と称する物理量である。$N_1=0$ のとき，n_{sp} は最小（$=1$）となり，完全反転分布となる。

光増幅を伴う一般的な光信号パワーの伝搬状態は

$$\frac{d}{dz}P(z) = G_c\{P(0)+2n_{sp}\} - \alpha_L P(0) \tag{3.21}$$

で表される[14]。z は伝搬距離，$P(0)$ は入射光パワー（伝搬距離 $z=0$ の光強度）である。また，$2n_{sp}$ は反転分布因子であり，近似的に光増幅器の ASE 雑音指数に等しく，α_L は伝送路の損失を表す。式（3.20）から光増幅器の雑音指数の下限値は 2（3 dB）となる。

3.4.1 希土類添加光ファイバ増幅器

希土類添加光ファイバ増幅器は，Er^{3+}（エルビウム），Nd^{3+}（ネオジウム），Pr^{+3}（プラセオジム），Tm^{+3}（ツリウム）イオンなどのレーザ活性元素を用いており，その原理はエネルギー準位間で生じる誘導放出遷移に基づく。

光ファイバ増幅器では，光信号，励起光が長尺にわたってコアに閉じ込められるため，比較的小さな利得係数でもその長尺化により大きな利得を得ることができる。また，導波路が対称構造のため偏光依存性が小さく，伝送路の光ファイバと低損失で結合できる特徴を持つ。

表 3.4 におもな希土類イオンの発光波長帯を示す。Er^{+3} では 1.5 μm 帯，Pr^{+3} では 1.3 μm 帯，Tm^{+3} では 1.4 μm 帯と 1.6 μm 帯に発光波長があり，光伝送系で使用される波長帯での光増幅が可能である。特に 1.5 μm 帯で発光す

表 3.4　おもな希土類イオンの発光波長帯

希土類イオン	Nd^{3+}	Pr^{+3}	Er^{+3}	Tm^{+3}	Yb^{+3}
発光波長	~1.06 ~1.32 μm 帯	~1.3 μm 帯	~0.85 ~1.54 μm 帯	~1.46 ~2.0 μm 帯	~1.0 μm 帯

るエルビウム添加光ファイバ増幅器（erbium doped fiber amplifier, EDFA）は光通信分野で最も普及している。

図3.29に希土類添加光ファイバ増幅器の基本構成を示す。希土類イオンを添加した光ファイバを光増幅媒体として使用し，これに信号光と励起光を入射し，光励起された希土類イオンに信号光を作用させて，誘導放出を起こし，信号光を増幅する。

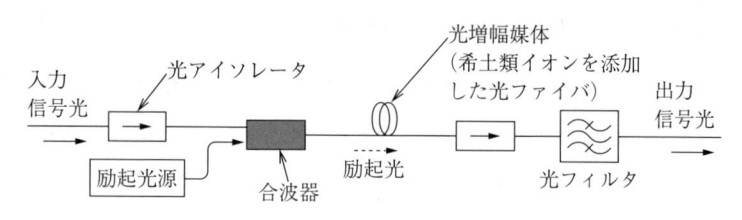

図3.29 希土類添加光ファイバ増幅器の基本構成

〔1〕 **エルビウム添加光ファイバ増幅器** 図3.30にEr^{3+}イオンのエネルギー準位と遷移を示す。図に示す$^4I_{15/2}$などは準位の量子力学的な記号である。縦軸はエネルギーを波数単位〔cm^{-1}〕で表し，準位$^4I_{15/2}$, $^4I_{13/2}$, $^4I_{11/2}$の占有密度をそれぞれN_1, N_2, N_3とする。また，図中には，励起光の吸収，信号光の誘導放出および自然放出の様子を示す。Er^{3+}イオンは$0.98\,\mu m$および$1.48\,\mu m$付近に吸収帯域を持ち，これらの波長の励起光がEDFに入射するとEr^{3+}

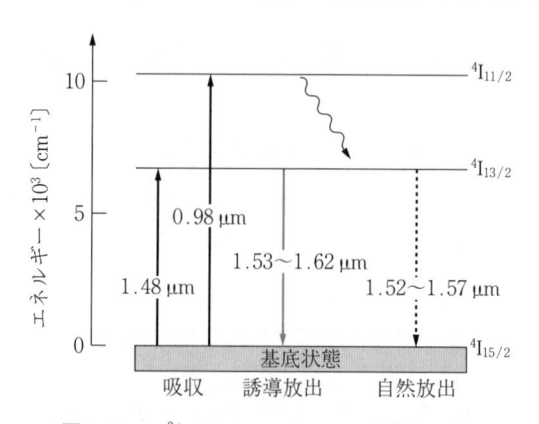

図3.30 Er^{3+}イオンのエネルギー準位と遷移

イオンは励起光を吸収し，電子状態は基底状態から励起状態へと遷移する。励起状態にある Er^{3+} イオンはある時間経過すると励起状態と基底状態のエネルギー差に相当する波長 1.5〜1.6 μm の光を放出して基底状態へと戻る。このとき励起光の強度が十分に強ければ，基底状態よりも励起状態にある Er^{3+} イオンの数が多い反転分布状態を形成でき，その状態で信号光が入射されると励起状態の Er^{3+} イオンは誘導放出を起こし，信号光パワーが増幅される。

通常，Er^{3+} イオンの添加濃度は 100〜1 000 重量 ppm，EDF の長さは，1〜100 m 程度である。増幅利得としては，20 dB 程度から，構成によっては 40 dB 以上にすることも可能である。

また，EDFA の励起波長による比較を**表 3.5** に示す。0.98 μm 励起の場合は，図示したようにレーザ上準位には直接励起せず，さらに上の準位 $^4I_{11/2}$（占有密度 N_3）に励起する 3 準位系をなしている。$^4I_{11/2}$ 準位の寿命は短く（$N_3 \fallingdotseq 0$），レーザ下準位の占有密度をほぼ零にできる。したがって，$n_{sp} = 1$ の理想的な光増幅器に近づけることができる。

表 3.5 EDFA の励起波長による特性比較

波　長〔μm〕	1.48	0.98
利得係数〔dB/mW〕	5	10
雑音指数〔dB〕	5.5	3〜4.5
飽和光出力〔dBm〕	約 +20	約 +20
励起波長範囲〔μm〕	1.47〜1.49 (20 nm)	0.979〜0.981 (2.5 nm)
励起光出力〔mW〕	≦500	≦400

〔2〕　**プラセオジム添加光ファイバ増幅器**　図 3.31 に Pr^{3+} イオンのエネルギー準位と遷移を示す。1.3 μm 帯の発光は $^1G_4$ から $^3H_5$ の誘導放出遷移が利用される。この遷移の増幅始準位（$^1G_4$）の 3 000 cm^{-1} 下には別の準位（$^3F_4$）があるため，通常の石英系ファイバに Pr^{3+} を添加しても励起されたイオンが格子間振動などと共鳴し，発光せずに熱緩和する（無輻射遷移）傾向がある。

効率よく光増幅するために，無輻射遷移が起こりにくい In 系フッ化物ファ

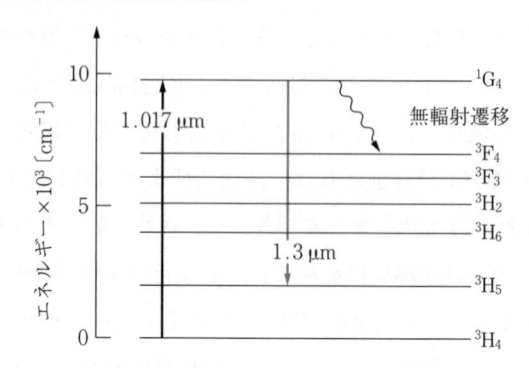

図 3.31 Pr^{3+} イオンのエネルギー準位と遷移

イバのコアに Pr^{3+} イオンを添加した光ファイバ増幅器が開発されている[15),16)]。励起光としては 0.98 μm を使用し，波長 1.276 ～ 1.31 μm 領域で利得 20 dB 以上，雑音指数 5.5 dB 以下の性能が実現されている[17)]。

1.3 μm 帯は，シングルモードファイバの零分散領域であるため，高速信号を波長分散の影響を受けずに伝送することが可能であり，光通信ネットワークの高性能化・大規模化に貢献するものと期待される。

3.4.2　ファイバラマン増幅器

ファイバラマン増幅器（fiber raman amplifier，FRA）は，光ファイバ中の非線形散乱である誘導ラマン散乱を利用したものである。**図 3.32** に示すように，入射光によりガラス分子が仮想状態に励起され脱励起する際，ガラス分子の光学フォノンが励起され，そのエネルギーに対応したストークスシフト[†]（stokes shift）分だけ周波数の低い光（ストークス光）が生成される。

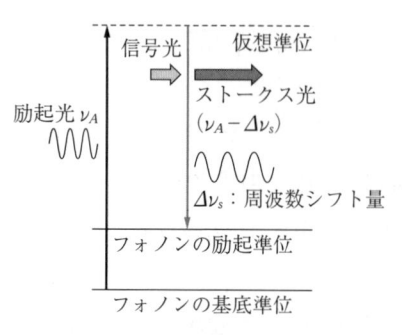

図 3.32　ファイバラマン増幅の原理

[†]　**ストークスシフト**　蛍光スペクトルの線や帯が，吸収線や吸収帯よりも長波長側へずれる現象である。

3.4 光増幅器

ストークス光の波長と同じ波長を有する光が同時に入射されると誘導ラマン散乱により利得を得る。ファイバラマン増幅器はこの誘導過程を利用した光増幅器である。すなわち，増幅したい信号光からストークスシフト分だけ短い波長の励起光を用意し，利得媒体である光ファイバ中で誘導ラマン散乱が起こるように，励起光と信号光を光カプラによって合成し，これらの光が同時に光ファイバを伝搬するように構成する（図3.33）。誘導ラマン散乱は，光学フォノンの等方性によって，その散乱断面積が励起光と信号光の伝搬方向に依存しないという特徴がある。すなわち，励起光が信号光に対し，同方向でも逆方向でも利得はほぼ等しい。

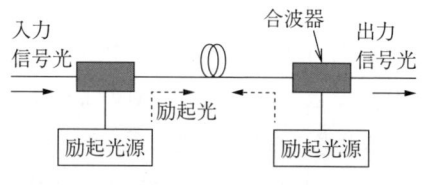

図3.33 ファイバラマン増幅器の基本構成

表3.6 光ファイバのラマン散乱定数

利得係数	1×10^{-11} cm/W
利得幅	550 cm^{-1}
周波数シフト	$440 \sim 460$ cm^{-1}

表3.6に，光ファイバ（モードフィールド径 10 μm，損失 0.2 dB/km）のラマン散乱定数を示す。利得係数は 1×10^{-11} cm/W，利得幅は 550 cm^{-1}，周波数シフトは約 460 cm^{-1} である。

ファイバラマン増幅によるトータル利得 G は利得係数 G_c，励起ピークパワーを P_p，光ファイバの実効モード断面積を D とすると

$$G = \frac{P(z)}{P(0)} = \exp\left\{-\alpha_L z + \frac{G_c P_p(0) l_{eff}}{D}\right\} \tag{3.22}$$

で表される[18]。ここで，l_{eff} は実効的な相互作用長（励起光の減衰が無視できる場合はファイバ長，ファイバが十分長い場合は $1/\alpha_L$）である。低損失のファイバほど長尺にわたる増幅が利用できることになる。

ファイバラマン増幅器の特徴は，① 通常の光ファイバが利得媒体として使用できる，② 光ファイバの長さにわたって生じる分布定数型増幅器が構成できる，③ 励起波長の選定で増幅波長が選べる，などである。雑音指数につい

ては誘導放出を利用した光増幅器と同様に，雑音指数の下限値は 3 dB である．

ファイバラマン増幅技術は，大容量フォトニックネットワーク内の波長多重伝送システムにおいて実用化もなされている[19]．また，増幅技術としてだけでなく，光信号処理への研究も進んでいる．今後さらにファイバラマン増幅技術のもたらすメリットが注目され，その応用分野は広がっていくと考えられる．

3.4.3 半導体光増幅器

半導体光増幅器（semiconductor optical amplifier, SOA）は，半導体活性層内の電子キャリヤと入力光との間の誘導放出によって光信号を増幅する光増幅器である．SOA は，半導体レーザの両端面に反射防止処理を施し，レーザ発振を抑制した構造の光増幅器である．一般に，GaAs/AlGaAs，InP/InGaAsP，InP/InAlGaAs などのⅢ-Ⅴ化合物半導体でできているが，Ⅱ-Ⅵのようなダイレクトバンドギャップ半導体も利用できると考えられている．

図 3.34 に示すように，半導体レーザは，両端面のミラーで構成されるファブリ・ペロー（Fabry-Perot, FP）共振器の内部に光を閉じ込め，バンド間遷移による光学利得によってレーザ発振を得ている．一方，SOA は両端面に反射防止膜を構成することによってレーザ発振を抑制し，1 パスの増幅器として動作させる．

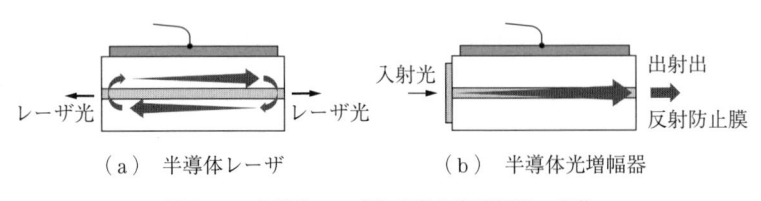

```
        ←→              入射光           出射出
  ←レーザ光    レーザ光→         →         →
     （a）半導体レーザ         （b）半導体光増幅器     反射防止膜
```

図 3.34 半導体レーザと半導体光増幅器の動作

キャリヤ再結合による利得係数は非常に大きく，1 mm 弱の微小な素子で 30 dB 程度の利得が得られる．SOA は，① レーザ発振が得られるすべての波長帯で動作が可能である，② 利得帯域幅が広い，③ サブナノ秒程度の高速な応答が可能，④ 集積化・高機能化が可能であるなど EDFA にはない特徴を持つ．

一方，光ファイバとの結合損失が大きい，WDM信号に対するクロストークがある，雑音指数が大きいなどの欠点があり，量産普及には至っていない。

SOAの雑音特性を決めるn_{sp}は誘導吸収があることに起因するn_{sp1}と，これ以外の自由キャリヤ吸収，散乱などの内部損失に起因するn_{sp2}の積となり[13]，雑音指数は下限値の3dBより劣化し，5〜10dBの値となる。

しかしながら，光ネットワークの進展にはその集積性はこれからますます重要となるため，低雑音化および集積化量産技術の実現が期待される。

以上に述べた各種光増幅器の特性をまとめて**表3.7**に示す。

表3.7 光増幅器の特性比較

項 目	EDFA[*1]	ラマン	SOA[*2]
利得帯域〔nm〕	30〜40	80〜100	40以上
信号帯域	∞	∞	〜10Gbit/s
1段当りの最大利得〔dB〕	30程度	15程度	10程度
出力パワー	kW以上	W以上	100mW以上
蛍光寿命	ms	fs[*3]	100ps
雑音指数〔dB〕	3〜4	3.1程度	5程度
偏光依存性	なし	なし	0.5dB以下
利得温度依存性	あり	なし	あり

[*1] erbium doped fiber amplifier
[*2] semiconductor optical amplifier
[*3] femto (10^{-5}) 秒

引用・参考文献

1) H. Kogelnik and C. V. Shank：Coupled-wave theory of distributed feedback lasers, J. Appl. Phys., **43**, Iss.5, p.2327（1972）
2) H. Kawanishi, Y. Suematsu, Y, Itaya and S. Arai：GaxIn1-xAsyP1-y-InP injection laser partially loaded with distributed bragg reflector, Japan. J. Appl. Phys., **17**, 8, pp.1439〜1440（1978）
3) K. Iga：Fundamentals of laser optics, Plenum Pub. Corp., New York（1994）
4) Y. Arakawa and H. Sakaki：Multidimensional quantum well laser and temperature dependence of its threshold current, Appl. Phys. Lett., **40**, 11, pp.939〜941（1982）

5) W. T. Tsang：Extremely low threshold AlGaAs modified multiquantum well heterostructure lasers grown by molecular-beam epitaxy, Appl. Phys. Lett., **39**, 10, pp.786 〜 788（1981）
6) 末松安晴，伊賀健一：光ファイバ通信入門（改定4版），pp.78 〜 82, オーム社（2009）
7) 植木伸明：高速レーザープリンタ用VCSELアレイ，レーザー研究**37**, 9, pp.667 〜 672（2009）
8) 米津宏雄：光通信素子工学―発光・受光素子，pp.311 〜 319，工学図書（1984）
9) 児玉 聡，石橋忠夫：フォトダイオード，研究開発の歴史と今後の展開，OPTRONICS，No.351，pp.131 〜 135（2011）
10) 松島裕一 他：量子井戸付アバランシホトダイオード，特許 1482099（1989）
11) J. Chiddix：Application of optical fiber transmission technology to existing CATV networks, FOC/LAN 1988, pp.98 〜 105（1988）
12) K. Kikushima：6-stage cascade erbium-doped fiber amplifier for analog AM-and FM-FDM video distribution system, Opt. Fiber Commun. Conf. and Expo.（OFC）1990, PD22（1990）
13) 石尾秀樹，中川清司，中沢正隆，相田一夫，萩本和夫：光増幅器とその応用，第2章，オーム社（1992）
14) 中沢正隆，鈴木正敏，盛岡敏夫：光通信技術の飛躍的高度化，第3章，pp.205 〜 209，オプトロニクス社（2012）
15) Y. Nishida, M. Yamada, T. Kanamori, K. Kobayashi, J. Temmyo, S. Sudo and Y. Ohishi：Development of an efficient Praseodium-doped fiber amplifier, IEEE J. Quantum Electron., **34**, 8（1998）
16) S. Aozasa, K. Shikano, M. Yamada and M. Shimizu：80 μm diameter Pr^{+3}-doped fluoride fiber for compact 1.3 μm band gain block, Optical Amplifiers and Their Applications（OAA）2004, JWB2（2004）
17) 山田 誠，阪本 匡：980 nm帯LD励起・1.3 μm帯光ファイバ増幅器，2004年信学秋季大，C-3-4（2004）
18) R. H. Stolen：Nonlinearity in fiber transmission, Proc. IEEE, **68**, pp.1232 〜 1236（1980）
19) H. Masuda, M. Tomizawa and Y. Miyamoto：High-performance distributed Raman amplification systems-practical aspects and field trial results, Opt. Fiber Commun. Conf.（OFC）, OThF5, pp.1 〜 3（2005）

4

光変復調方式

本章では，光伝送技術の光変調方式として直接光変調方式と外部光変調方式について述べる。また，外部光変調方式を用いたコヒーレント光伝送方式についても説明する。

4.1 光変調とコヒーレント光伝送の概要

映像や音声，データなどの電気信号を光信号に変換することを光変調という。光変調の方法には図 4.1 に示すように 2 通りある。一つは，送信信号で LD の注入電流を変化させて，光源の強度変化にする直接光変調方式（direct modulation）であり，もう一つは LD の出力光に対して外部から変調を加える外部光変調方式（external modulation）である。

（a）直接光変調方式　　　（b）外部光変調方式

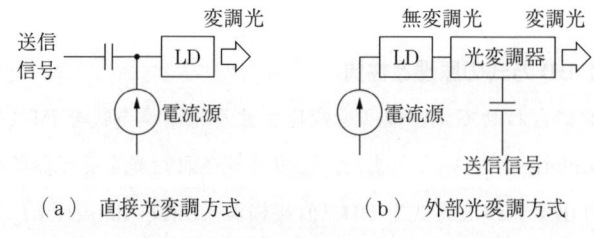

図 4.1 光変調の方法

直接光変調方式は，構成が簡単で，小型化も容易，低廉などの利点を持つため広く用いられている。しかし，送信信号の周波数が数 GHz 以上となると，

LDの光周波数が送信信号に同期して変調されてしまうというチャーピング（chirping）と呼ばれる現象により，伝送速度が制限されてしまう．光伝送路の途中に反射率の大きなコネクタが複数あると，直接波と一緒に多重反射波を受光することになる．高周波信号を直接強度変調して伝送しようとすると，チャーピングにより高周波信号間の相互変調ひずみが発生して伝送特性が劣化することがある．この現象は二つの反射点間の遅延時間がコヒーレンス時間（coherence time）†よりも短い場合に観測される．反射点間の距離が長く，コヒーレンス時間よりも長い場合には，相互変調ひずみとなる代わりに，おもに直流近傍の周波数領域で雑音の増加として観測される．

外部光変調方式は，LDからの無変調の光やパルスレーザで生成されたパルス光を光変調器に導いて，送信信号で変調を行う方式である．外部光変調方式は複雑で高価であるが，LDからの安定な出射光に，高品質な変調をすることができるため，高速，長距離伝送システムに用いられている．また，外部光変調器は，振幅のほかに位相，周波数という無線伝送で用いられる要素に高度な変調をすることができるので，コヒーレント光伝送（coherent transmission）で利用されている．外部変調をかけるには，電気光学効果，音響光学効果，磁気光学効果，熱光学効果，および非線型光学効果などの物理現象を利用する．

4.2 直接光変調と直接検波方式

4.2.1 IM-DD方式の原理と性質

信号の振幅に合わせて光の強度を変化させる光変調方式をIM（強度変調，intensity modulation）という．また，強度変調された光を受光器で検波し，振幅成分を取り出す光検波方式をDD（直接検波，direct detection）という．現在実用化されている光伝送方式のほとんどは，この両者を組み合わせたIM-DD方式である．

---

† **コヒーレンス時間**　異なる時間に発生したレーザが干渉することのできる時間である．

IM-DD方式には，図4.2に示すように，ベースバンド伝送（baseband transmission）とサブキャリヤ伝送（sub-carrier transmission）がある。図（a）のベースバンド伝送は，送信信号そのもので強度変調するのに対して，図（b）のサブキャリヤ伝送はテレビ電波のように周波数多重した変調信号で光を強度変調する。

（a）ベースバンド伝送　　　（b）サブキャリヤ伝送

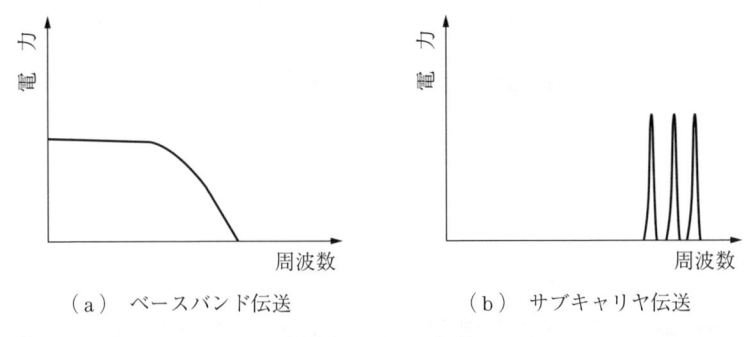

図4.2　IM-DD方式

ベースバンド伝送にはディジタル方式とアナログ方式があり，ディジタル方式が広く用いられている。アナログ方式は，簡易に構成できるが，強度変調方式では振幅で情報を伝送するので，受光パワーが小さいと劣化の影響を受けやすい。また，光源にLEDを使う場合には接合部分の温度上昇により直線性が悪くなるため，直線性の良い信号を受信するには十分な光変調度を得ることが難しい。そこで，アナログ信号の情報をパルス信号に変換する予変調という操作をしてから，ベースバンド変調をすることにより非直線性の影響を受けにくくする工夫をしている。これをパルス予変調方式（pre-modulation）といい，その波形を図4.3に示す。送信信号でパルスの振幅を変調するPAM（pulse amplitude modulation），幅を変調するPWM（pulse width modulation），位置を変調するPPM（pulse position modulation），周波数を変調するPFM（pulse frequency modulation）などがある。PCM（pulse code modulation）は，この図では送信信号の振幅に相当したコード（1は実線で信号あり，0は破線で信号なし）で送るもので，予変調の一つとして考えることもできる。

110   4. 光変復調方式

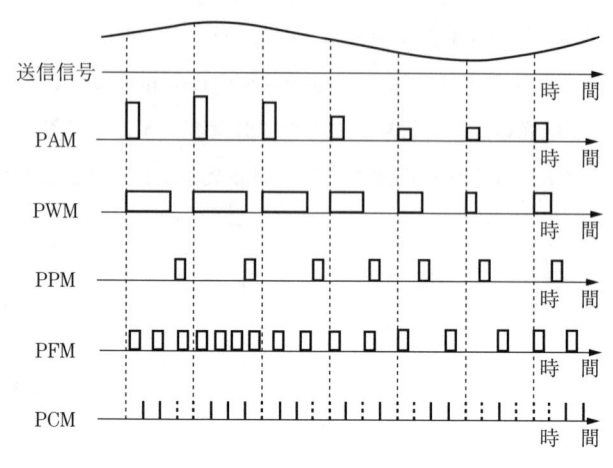

図4.3 パルス予変調方式の波形

　2値のディジタル方式は電気光変換における非直線性の影響を受けにくい。また，中継器で光受信後に波形整形をしてから光信号に変換して送信することにより，品質を落とすことなく長い距離を伝送することができるため，通信分野で広く用いられている。

　波長分散のある光ファイバでIM-DD方式により信号を伝送すると劣化を受ける。一つの正弦波をサブキャリヤ方式で伝送する場合について，劣化のメカニズムを図4.4で説明する。

　光変調度が小さい場合に強度変調は，振幅変調に近似できる。光搬送波の周波数をν，送信する正弦波の周波数をf_sとすると，そのスペクトルはνの光搬送波と$\nu+f_s$の上側波，$\nu-f_s$の下側波の三つから構成される。光送信器の出力において，搬送波を止めて考

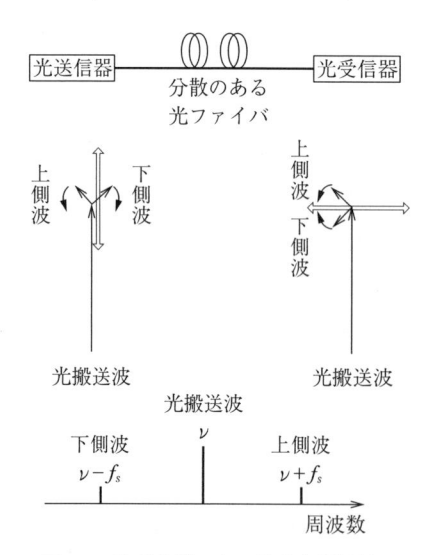

図4.4 波長分散による強度変調信号の品質劣化のメカニズム

4.2 直接光変調と直接検波方式

えると，左図のように上側波は搬送波よりも周波数が高いので反時計回りに回転し，下側波はこれと反対に時計回りに回転する．上側波と下側波の合成ベクトルは白矢印のように，搬送波と平行に変化するので，振幅が変調されていることがわかる．この信号が波長分散のある光ファイバで伝送されると，伝搬時間差が発生する．上側波，搬送波，下側波の順で到着するならば，ある特定の伝送距離では，右図のように，上側波と搬送波との角度が送信器出力と同じになったタイミングで下側波は送信側とは反転した位相となり得る．このとき，上側波と下側波の合成ベクトルは白矢印のように，搬送波と直交するため，この伝送距離において受光すると，振幅成分を得ることができない．

1.3 μm 帯で零分散となる SMF を 1.55 μm の波長で使うと波長分散は約 17 ps/(nm·km) である．この光ファイバを用いて IM-DD 方式で 1 km 伝送した地点で受光して得られる周波数特性を**図 4.5** に示す．

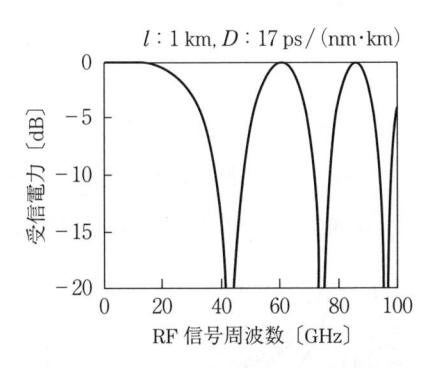

図 4.5 光ファイバ伝送後の周波数特性

この図から，41 GHz において信号の消失が起こることがわかる．また，これよりも高い周波数でも信号の消失が起こる．波長分散を D，伝送距離を l，光速を c とすると，受光後に得られる電流 I_S には次式のような関係がある[1]．

$$I_S \propto \cos\left\{2\pi cDl\left(\frac{f_s}{\nu}\right)^2\right\} \tag{4.1}$$

信号の消失が起こる条件は，送信点から数えた信号の消失回数を n として次式のように表すことができる．

$$2\pi cDl\left(\frac{f_s}{\nu}\right)^2 = \left(n-\frac{1}{2}\right)\pi \tag{4.2}$$

信号が消失する地点までの距離 l_{dip} は，次式のように送信信号の周波数 f_s の 2 乗に反比例する．

$$l_{dip} = \frac{c\left(n - \frac{1}{2}\right)}{2Df_s^2 \lambda^2} \tag{4.3}$$

この関係は2章で述べたディジタル光伝送の波長分散による伝送距離の制限と同様である。図2.22において伝送レートが10倍になると伝送可能な距離は1/100となったことを思い出してほしい。

光波長 1.55 μm では最初に信号が消失 ($n=1$) する伝送距離 $l_{1{\rm st}\,dip}$ は以下で与えられる。

$$l_{1{\rm st}\,dip(\lambda=1.55)} = \frac{3.12 \times 10^4}{Df_s^2} \ [{\rm km}] \tag{4.4}$$

信号が消失する距離を $n=1, 2, 3$ について**図 4.6** に示す。図 (a) は $D=17$ ps/(nm·km) の場合で，伝送距離 1 km における交点を調べると 100 GHz までの間に 3 回の消失が発生する。ミリ波の下限である 30 GHz 程度でも，わずか 2.2 km で信号が消失することが報告されている[2]。

(a) $D=17$ ps/(nm·km) の場合

(b) $D=2$ ps/(nm·km) の場合

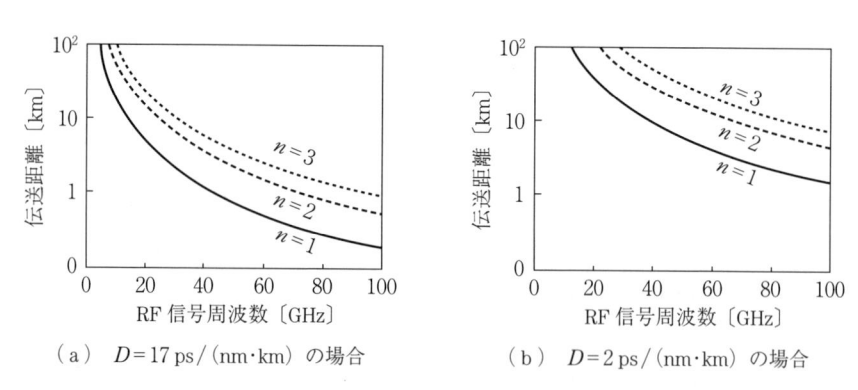

図 4.6 RF 周波数と光伝送距離

図 (b) は光波長 1.55 μm での伝送に適した，$D=2$ ps/(nm·km) の光ファイバを用いた場合である。図 (a) と比べて伝送可能な距離が伸ばせることがわかる。

このように，波長分散のある光ファイバで高速な信号を伝送しようとすると，伝送可能な距離が著しく制限される。この影響を受けにくくするには以下

4.2 直接光変調と直接検波方式

の方法が考えられる。

① 図(b)のように分散が小さな光ファイバを用いる。

② 分散補償を行う。

③ 光単側波（single side band, SSB）変調波を伝送する。

①は良い方法であるが，既存の敷設されたファイバには$1.3\,\mu m$で零分散となるものもあり，すべてに対応できない。

②も良い方法であるが，距離の異なる受信点に信号を分配しようとすると，受信点ごとに異なる値の分散補償をしなければならない。

③は信号消失の原因となっている両側波（double side band, DSB）の一方を伝送しないことで干渉が発生しないようにする方法で，分散補償が不要というメリットがある。光SSB変調器を用いた高周波信号の伝送技術については6章で述べる。

4.2.2 IM-DD方式で用いられる光源モジュール

強度変調に用いる光送信モジュールの構成は用途によって異なる。簡易な用途ではLDと送信信号との合成回路だけで光送信モジュールを構成することができる。一般的な用途における半導体レーザモジュールと駆動回路の例を図4.7に示す。LDの発振波長は温度に敏感なので，波長を厳密に管理する必要のある波長多重システムでは，サーミスタで温度を検出し，ペルチエ素子にフィードバックすることで，LDの温度を一定に保っている。これを自動温度制御（automatic temperature control, ATC）という。また，LDの発振光の一部をモジュール内のPDで受光してLD電流にフィードバックすることでLDの出射パワーを一定にしている。これを自動電力制御（automatic power control, APC）という。送信する電気信号はLD駆動部で駆動電流に合成される。さらに，LDモジュール内の光アイソレータは接続点などからの戻り光によってLDの発振が乱されないようにする役目を果たしている。

温度制御の観点から，発光デバイスの開発の歴史を図4.8のように眺めてみる。発光デバイスは伝送信号レートに応じて使い分けられる。FP-LDは低廉

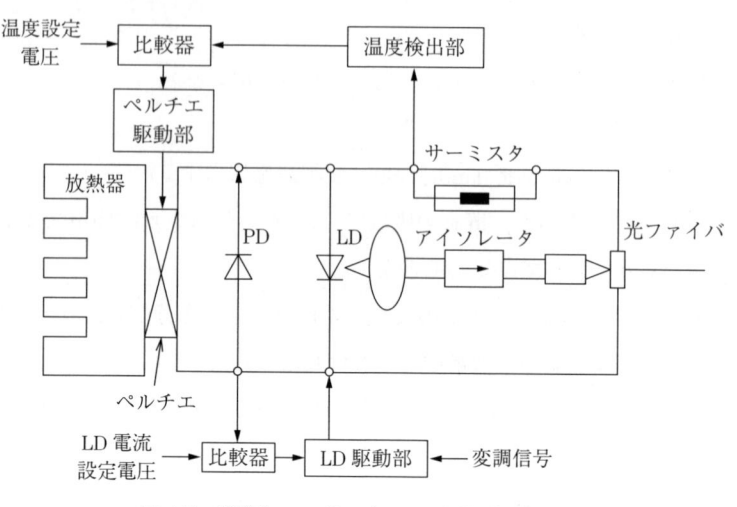

図 4.7　半導体レーザモジュールと駆動回路の例

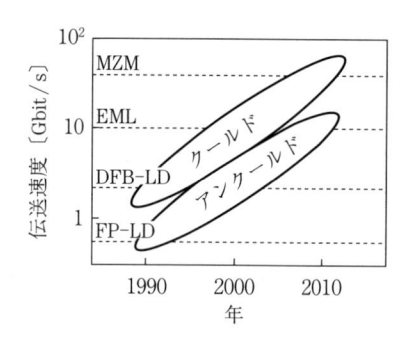

図 4.8　発光デバイスの開発の歴史

であるが，複数の縦モードで発振するため，波長分散の影響を大きく受ける。このため，低速な伝送システムで利用される。DFB-LD は単一の縦モードで発振するので FP-LD よりも高速の伝送が可能であるが，直接強度変調をするとチャーピングにより速度が制限される。EML（電界吸収型レーザダイオード，electro absorption laser）は DFB-LD と同一基板上に作成した吸収型変調器で DFB-LD の出射光に強度変調を行うので外部変調器である。DFB-LD の直接強度変調と比べてチャーピングを著しく低減できるため，より高速な信号の伝送が可能となる。さらに，高速な伝送のためには導波路を用いた MZ 光変調器（マッハツェンダ型光変調器，Mach Zender optical modulator）が開発されている。

　光波を密に配列した波長多重システムに用いる LD は，導入の初期段階では安定に発振動作をさせるために温度制御が必要である。ペルチエ素子などの冷

却機能を持つことになるのでクールド（cooled）デバイスと呼ばれる．技術の進展に伴い，広い温度範囲で安定な動作が可能となると，温度制御が不要になり，消費電力の大幅な削減が可能となる．これらはアンクールド（un-cooled）デバイスという．DFB-LD も EML もクールドからアンクールドに進展するのにおおむね 10 年間であることは興味深い．MZ 光変調器のアンクールド化に期待したい．

代表的な SDH／ソネットの伝送仕様で用いられている光源を**図 4.9**に示す[3]．この図から 80 km 以上の長距離伝送では図 4.8 で示した発光デバイスの使い分けがなされていることがわかる．なお，2 km 程度の短距離伝送では，STM-4（622 Mbit/s）だけでなく STM-16（2.4 Gbit/s）でも FP-LD を用いることができる．また STM-64（10 Gbit/s）でも DFB-LD が用いられている．

参考までに，受光器も合わせて示している．80 km 以上の高速・長距離伝送では APD が，それ以外では PIN-PD が用いられている．

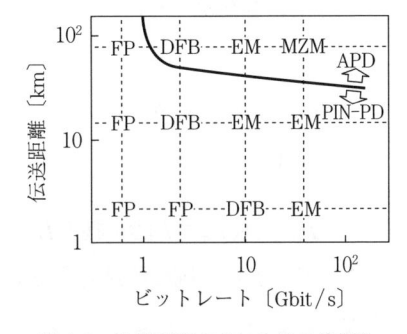

図 4.9 強度変調方式における光源と受光器の利用状況

4.2.3 IM-DD 方式で用いられる受光回路

受光器出力での受信信号はアンプを使って扱いやすいレベルまで増幅される．1.3 節の式（1.18）では説明を簡単にするために，抵抗で発生する熱雑音だけを考え，アンプで発生する熱雑音について触れなかった．理想的なアンプは内部で雑音を発生しないが，実在するアンプは入力電力がなくても出力に雑音が発生し，その影響は無視することはできない．そこで，以降ではアンプで発生する雑音を考慮に入れることとする[4]．

まず，サブキャリヤ方式の光伝送システムについて**図 4.10** で説明する．図（a）のように，電力利得 G のアンプ内部で発生した雑音を P_out と表すこと

する。式(1.18)にこの雑音を含めるために，図(b)のように雑音を発生しない仮想アンプを考える。これは，次式のように P_{in} を発生させる雑音温度 T_A の熱雑音源を考えることと等価である。

$$P_{in} = \frac{P_{out}}{G} = 4kT_AB \tag{4.5}$$

この雑音電力と抵抗から発生する熱雑音電力 $4kTB$ とを一緒に扱うには，図(c)のように，次式のように雑音温度が T_e の一つの雑音源があるとみなせばよい。T_e を等価システム雑音温度という。

(a) 実在するアンプ

(b) 雑音を発生しない仮想アンプ

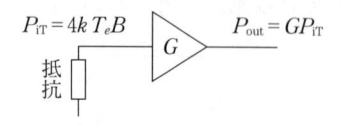

(c) 雑音を発生しない仮想アンプ

図4.10 アンプの雑音

$$P_{iT} = 4k(T_A + T)B = 4kT_eB \tag{4.6}$$

ここで，T は抵抗の絶対温度である。雑音指数（noise figure）F は，次式で定義される。

$$F = 1 + \frac{T_A}{T} \tag{4.7}$$

T_e は，次式のように FT と表すことができる。

$$T_e = T_A + T = FT \tag{4.8}$$

式(4.8)を式(4.6)に代入すれば次式を得る。

$$P_{iT} = 4kTBF \tag{4.9}$$

式(4.9)から，アンプの入力での雑音電力 P_{iT} は，$4kTB$ に雑音指数 F を掛けることで表されることがわかる。これ以降の CN 比はアンプで発生した雑音も含めて考えることとする。

ある限られた周波数帯域幅を用いるサブキャリヤ光伝送と異なり，ベースバンド光伝送は直流近傍の低い周波数からの広い帯域幅を用いるので，周波数特性を考慮する必要がある。ベースバンド伝送用の光受信回路には，**図4.11** に示すように，高インピーダンス型（high impedance）とトランスインピーダン

4.2 直接光変調と直接検波方式

（a）高インピーダンス型

光入力 → PD、+電圧、負荷抵抗 R_L、等化回路、高インピーダンスアンプ、受信出力

（b）トランスインピーダンス型

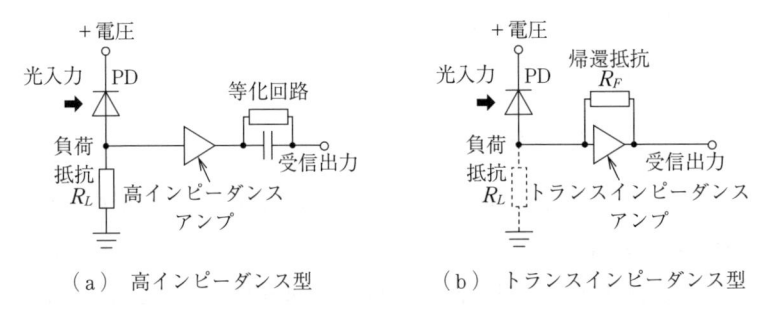

光入力 → PD、+電圧、負荷抵抗 R_L、帰還抵抗 R_F、トランスインピーダンスアンプ、受信出力

図 4.11 光受信回路形式

ス型（trans impedance）の二つがある。

図（a）の高インピーダンス型は，高感度であるが，負荷抵抗と並列の容量によって帯域が制限されるという問題がある。伝送する信号の帯域幅がこの制限帯域よりも大きな場合には，高域を補償する等化回路が必要である。また，受光パワーが大きいと負荷抵抗の電圧降下が大きくなる分だけ受光器にかかる電圧が減少する。このためダイナミックレンジが狭いという問題があり，APDでは顕著である。

これらの問題点を解決するために考えられたのがトランスインピーダンス型である。オペアンプのように，光電流を帰還抵抗に流すことにより，電流源として得られた信号を電圧に変換して取り出している。

高インピーダンスの受光回路の雑音を考える。アンプを含めた受光器の雑音の等価回路は**図 4.12** のように示すことができる。

以降では x^2 のスペクトル密度を $\{x^2\}$ と書くこととする。アンプの入力端に

$\langle i_c^2 \rangle$（電流雑音源の2乗平均値）、R、C、$\langle v_a^2 \rangle$（増幅器の入力換算雑音電圧の2乗平均値）、V_{in}、G アンプ

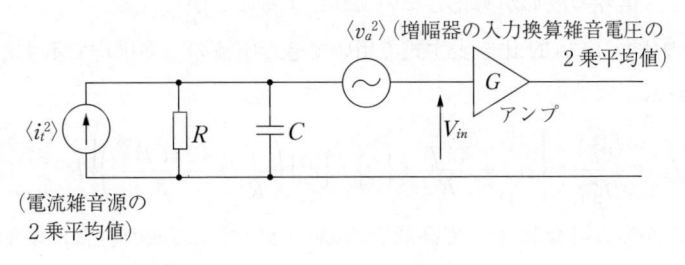

図 4.12 アンプを含めた受光器の雑音等価回路

換算した電圧雑音のスペクトル密度を $\{v_a^2\}$,電流雑音のスペクトル密度を $\{i_a^2\}$ とすると,電流雑音 $\{i_t^2\}$ を次式のように示すことができる。

$$\{i_t^2\} = 2eI + \frac{4kT}{R} + \{i_a^2\} \tag{4.10}$$

ここで,e は電子電荷,I は受光器の電流,k はボルツマン定数,T は絶対温度,R は負荷抵抗である。

アンプの入力端における電圧雑音のスペクトル密度は次式で示される。

$$\{v_{in}^2\} = \{i_t^2\}|Z_L|^2 + \{v_a^2\} \quad [\mathrm{A^2/Hz}] \tag{4.11}$$

ここで,Z_L は次式に示す,CR の並列インピーダンスである。

$$Z_L = \frac{R}{1 + j2\pi fCR} \tag{4.12}$$

式 (4.12) を式 (4.11) に代入することで次式を得る。

$$\{v_{in}^2\} = \left[2eI + \frac{4kT}{R} + \{i_a^2\}\right] \frac{R^2}{1 + (2\pi f)^2 C^2 R^2} + \{v_a^2\} \tag{4.13}$$

この二乗平均値を $\langle v_{in}^2 \rangle$ と書くこととし,信号帯域 B 以上の不要な帯域の雑音は除去されるものとすると,$H(f)$ を伝達関数として $\langle v_{in}^2 \rangle$ は次式のように示すことができる。

$$\langle v_{in}^2 \rangle = \int_0^B \{v_{in}^2\} |H(f)|^2 df \quad [\mathrm{V^2}] \tag{4.14}$$

ここで,$H(f)$ を

$$H(f) = 1 + j2\pi fCR \tag{4.15}$$

のような高域をエンファシスする回路で構成すれば CR で発生する帯域制限を等化でき,信号の波形が劣化しないようにすることができる。

$\langle v_{in}^2 \rangle$ の代わりに CN 比を表す式で用いてきた電流の二乗平均で示すと次式のようになる。

$$\langle i_{in}^2 \rangle = \frac{\langle v_{in}^2 \rangle}{R^2} = \left\{2eI + \frac{4kT}{R} + \{i_a^2\} + \{v_a^2\}\left(\frac{1}{R^2} + \frac{(2\pi CB)^2}{3}\right)\right\} B \tag{4.16}$$

この式から,等化によって高域を増幅した分だけ高域の雑音が増加するので,高速な伝送システムでは C を小さくしなければならない。R を増やせば,

$\langle i_{in}^2 \rangle$ を減らすことができるが，等化が難しくなるので，R をあまり大きくすることはできない。

これに対して，図4.11（b）に示すトランスインピーダンス型では，$\langle i_{in}^2 \rangle$ は帰還抵抗 R_F を用いて次式のように表すことができる[5]。

$$\langle i_{in}^2 \rangle = \left[2eI + 4kT\left(\frac{1}{R_L} + \frac{1}{R_F}\right) + \{i_a^2\} + \{v_a^2\}\left\{\left(\frac{1}{R_L} + \frac{1}{R_F}\right)^2 + \frac{(2\pi CB)^2}{3}\right\}\right]B \quad (4.17)$$

これを式 (4.16) と比べると，R を R_L と R_F の並列接続で置き換えたことを除いて同一である。しかし，式 (4.17) は，等化をすることなしに得られていることに注意してほしい。これを言い換えると，R_L を周波数特性に影響を与えることなく大きくすることができる。十分に大きな R_L のもとでは，$\langle i_{in}^2 \rangle$ は R_F で支配されるようになる。等化が不要で，回路の設計が容易になるため，トランスインピーダンス型受光回路はベースバンド伝送で広く用いられている。

4.3 外部光変調方式

4.3.1 光変調器の種類

外部光変調方式には電気光学効果による屈折率変化を利用する EO（electro optic）変調方式と半導体の電界吸収効果による光透過率の変化を利用する EA（electro absorption）変調方式がある。表4.1 に，LD の直接光変調も含めた各種変調方式の特徴を示す。

表4.1 各種変調方式の特徴

項　目	LDの 直接光変調	EO変調 （ポッケルス効果）	EA変調 （電界吸収効果）
構成・サイズ	◎	△（長さ数cm程度）	◎（レーザと集積容易）
駆動電圧	◎	△	○
低チャープ性	×	◎	△
伝送速度	△	◎	○

EO変調器は,高速性と高い信号品質(低チャープ性)の両立が可能で,おもに長距離高速通信用途で使用されている。EA変調器は,小型で高速変調が可能という特徴を持ち,半導体レーザと集積したデバイスが実用化されている[6]。

光変調器の電極構造は,電極を電気回路的に静電容量として扱う集中定数型,電極を変調波に対する伝送路として使用する進行波型,そして電極で共振器構造を持たせる共振型の3種類に分けられる。表4.2に電極構造と特徴を示す。

表4.2 光変調器の電極構造と特徴

集中定数型	・電極を静電容量として扱う。 ・電極容量と負荷抵抗の時定数による帯域制限あり。	変調信号,負荷抵抗,電極,光波,光導波路,l
進行波型	・電極を変調波の伝送路として使用。 ・帯域は電極容量に依存せず,光波と変調波の速度差により決まる。 ・完全に整合がとれれば,帯域は無限大。	変調信号,終端抵抗,光波,マイクロ波,光導波路
共振型	・電極が共振構造を有する。 ・回路のQ値を高くすることにより,低電圧駆動が可能。	変調信号,短絡線,光波,短絡線,光導波路

光波の周波数は数百THzにも達するため,これを有効に利用するには光の変調帯域をできるだけ広くする必要がある。集中定数型光変調器においては,電極がコンデンサとして動作することから,光波と変調波との速度のずれが生

じやすく,変調帯域に限界がある。一方,進行波型光変調器は変調波の伝搬速度と光波の伝搬速度との整合が取られ,光波は光変調器を通過する間,同じ変調電圧を受けることになる。これゆえ進行波型光変調器は,高い変調周波数に対しても光波の結晶内の影響がなくなり,広い変調帯域が実現される。変調帯域 Δf_t は,次式で表される[7]。

$$\Delta f_t = \frac{1.4c}{\pi l |n_e - n_{eff}|} \tag{4.18}$$

ここで c, l はそれぞれ真空中の光速および電極長である。また,n_e, n_{eff} は,それぞれ電極(伝送路)および光導波路の等価屈折率である。完全に速度整合ができれば(分散を無視すれば)変調帯域は無限大となる。

4.3.2 マッハツェンダ型光変調器

電気光学結晶に電界を印加するとその屈折率が変化し,その変化量が印加電界に比例する効果をポッケルス効果(一次電気光学効果),印加電界の2乗に比例する効果をカー効果(二次電気光学効果)という。マッハツェンダ(Mach-Zehnder, MZ)型光変調器では印加屈折率変化が印加電界に比例するポッケルス効果が利用される。印加電界に対する屈折率変化量はそのポッケルス(比例)定数 γ_{ij}(結晶の対称性によって分類した定数)により決まり,低電圧駆動のためポッケルス定数の大きい基板結晶が望まれる。

ポッケルス効果による導波光制御では,ニオブ酸リチウム($LiNbO_3$, LN)に代表されるような強誘電体結晶が用いられる。**表 4.3** に,LN 結晶を基板とする光導波路とほかの代表的な基板材料による光導波路の特性比較を示す。

LN 結晶は,ほかの材料に比べ,① ポッケルス定数が大きい($\gamma_{33}^\dagger = 30.8 \times 10^{-12}$ m/V),② 光吸収が小さくその波長依存性が小さい,③ Ti(チタン)拡散やプロトン交換により光導波路が比較的容易に,かつ再現良く製作できる,④ 大型で均一な基板が得られるなどの長所があり,基板材料としておもに利

---

† 添字の 3(j) は電界の印加方向で,3(i) は屈折率(楕円体)の変化状態を示す。

表4.3 光導波路材料の特性比較

	LiNbO$_3$	GaAs, InP	石英, ガラス
伝搬損失	$0.2 \sim 0.5$ dB/cm	$0.2 \sim$ 数 dB/cm	≤ 0.1 dB/cm
ポッケルス定数 $\gamma_{ij}{}^* \times 10^{-12}$ m/V	$\gamma_{13}=8.6$ $\gamma_{22}==3.4$ $\gamma_{33}=30.8$ $\gamma_{42}\,(=\gamma_{51})=28$	$\gamma_{41} \cong 1.4$	—
ほかの主要な物理効果	・音響光学効果(SAW)	・自由キャリヤ吸収（電流） ・バンドフィリング効果（電流） ・フランツ・ケルディッシュ効果（電界） ・量子閉じ込めシュタルク効果（電界）	・熱光学効果
ほかの特徴	・製作が比較的容易 ・光ファイバとの低損失接続	・LD, PDとの集積化可能 ・光/電界閉じ込めが強い（高効率化可能）	・低損失 ・大型基板が可能 ・光ファイバとの低損失接続

* 添字の j は電界の印加方向, i は屈折率（楕円体）の変化状態を示す.

用される.

Ⅲ-Ⅴ族半導体である GaAs（ガリウムヒ素, gallium arsenide）や InP（リン化インジウム, indium phosphide）は, LN結晶に比べポッケルス定数は小さいものの, LD, PDとの集積化が可能で, 小型化に有利な基板材料といえ, 半導体MZ光変調器やEA変調器の基板材料として用いられる.

また, 石英材料はポッケルス効果を有さないが伝搬損失が小さく, 光スプリッタや熱光学効果を利用した光スイッチなどに使用される.

〔1〕 **LN光変調器** LN光変調器の基本構成を**図**4.13に示す. LN光変調器は, 光を伝搬させる光導波路と, 光導波路の屈折率を変化させるための電極から構成される. さらに, 光導波路は, 結晶基板（x-cut）の上部にTiなどの金属を拡散や, プロトン交換法[†]により形成される. 電極とLN基板との間

---

† **プロトン交換法** 一般に安息香酸（C_6H_5COOH）などの酸の溶融液にLN結晶基板を浸漬し, 結晶基板中のLi（リチウム）イオンと安息香酸溶融液中のH（水素）イオンの交換により結晶基板表面にステップ型の高屈折領域を形成する方法である.

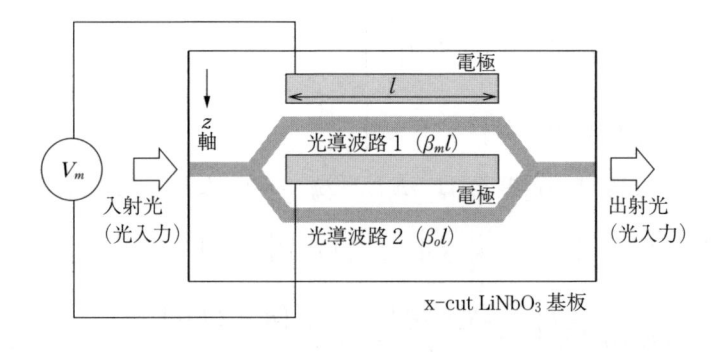

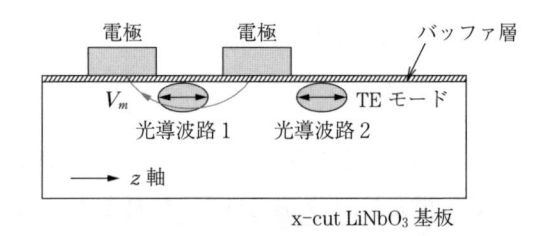

図 4.13 LN 光変調器の基本構成

には，光導波路中を伝搬する光が電極により吸収されるのを防ぐためバッファ層が形成される。

端面から入射された光は二つに分けられ，平行した光導波路を伝搬し，合流して出力することでマッハツェンダ干渉計を構成する。光導波路を挟むように電極が形成され，電極に電圧を与えると発生した電界が光導波路の屈折率を変化させ，2本の光導波路の光路長差が変化する。そのため二つの光の干渉状態が変化し，それらの位相差に応じて出力光の強度が変化する。結晶の z 軸方向に電界が印加されたときの z 軸方向の偏光成分（TE モード，transverse electric mode）に対するポッケルス定数が最大であり，これを利用する構造となっている。

入射光の電界を E_{oi}，光導波路の伝搬定数を β_o，印加電圧 V_m により変化する伝搬定数を β_m，電極長を l とすると，光導波路 1，2 を通過する光波の電界をそれぞれ E_{o11}，E_{o12} とすれば

$$E_{o11} = \frac{1}{2} E_{oi} \exp\left[-j(\beta_o + \beta_m)l\right]$$
$$E_{o12} = \frac{1}{2} E_{oi} \exp\left[-j\beta_o l\right]$$
(4.19)

で表される。出射光の電界 E_{ot} は，E_{o11} と E_{o12} の和となり，次式を得る。

$$E_{ot} = E_{o11} + E_{o12} = \frac{1}{2} E_{oi}\left\{\exp\left[-j(\beta_o + \beta_m)l\right] + \exp\left[-j\beta_o l\right]\right\}$$
$$= E_{oi} \cos\frac{\beta_m l}{2} \left\{\cos\frac{(\beta_m + 2\beta_o)l}{2} - j\sin\frac{(\beta_m + 2\beta_o)l}{2}\right\} \quad (4.20)$$

式 (4.20) の絶対値は次式で表される。

$$|E_{ot}| = |E_{oi}|\cos\frac{\beta_m l}{2} \quad (4.21)$$

光出力パワーは電界の 2 乗で表されるので，LN 光変調器の光出力パワー P は，光変調器の挿入損失を α，入射光パワーを P_i とすると次式で表される。

$$P = \alpha P_i \cos^2\left(\frac{\beta_m l}{2}\right) = \frac{\alpha P_i}{2}(1 + \cos\beta_m l) \quad (4.22)$$

一方，電極に電圧 V_m が印加されたときの光導波路の屈折率変化 Δn_o は，LN 結晶基板の屈折率を n_o，ポッケルス定数を γ_{33}，平行平板電極の電極間隔を d，バッファ層の伝搬損失を L とすれば，次式で表される。

$$\Delta n_o = \frac{1}{2} n_o^3 \gamma_{33} \frac{V_m}{dL} \quad (4.23)$$

電極長 l における位相差 $\Delta\phi$ は，光速を c，光の角周波数を ω，光波長を λ とすれば

$$\Delta\phi = \beta_m l = \frac{\Delta n_o \omega}{c} l = \frac{\pi n_o^3 \gamma_{33} V_m l}{\lambda dL} \quad (4.24)$$

となる。位相差 $\Delta\phi$ が π となる印加電圧は半波長電圧（half wavelength voltage）V_π と呼ばれ，次式で表される。

$$V_\pi = \frac{\lambda dL}{n_o^3 \gamma_{33} l} \quad (4.25)$$

すなわち，半波長電圧は，おもにポッケルス定数，光波長，電極間隔，およ

び電極長で決まる。また，式 (4.22) は V_π を用いて次式で表される。

$$P = \frac{\alpha P_i}{2}\left\{1 + \cos\left(\pi \frac{V_m}{V_\pi}\right)\right\} \tag{4.26}$$

つぎに，電極への印加電圧 V_{mb} を，直流バイアス V_b に変調信号 $V_m\sin(2\pi f_m t)$ を重畳して

$$V_{mb} = V_b + V_m\sin(2\pi f_m t) \tag{4.27}$$

とすれば，式 (4.26) から光信号 P_M は，次式のように書き換えられる。

$$P_M = \frac{\alpha P_i}{2}\left\{1 + \cos\left[\pi\frac{V_b + V_m\sin(2\pi f_m t)}{V_\pi}\right]\right\}$$

$$= \frac{\alpha P_i}{2}\left\{1 + \cos\left[\phi_b + \pi\frac{V_m\sin(2\pi f_m t)}{V_\pi}\right]\right\} \tag{4.28}$$

図 4.14 に LN 光変調器の動作特性を示す。$\phi_b(=\pi(V_b/V_\pi))$ はバイアス点（変調動作点）と定義されている。また，バイアス電圧 V_b によって位相部が変化し，それに伴い光出力が変化することがわかる。光変調器の感度は動作特性の傾きにより決まり，$\phi_b = \pi/2$（$\alpha P_i/2$）が最も高感度となる。

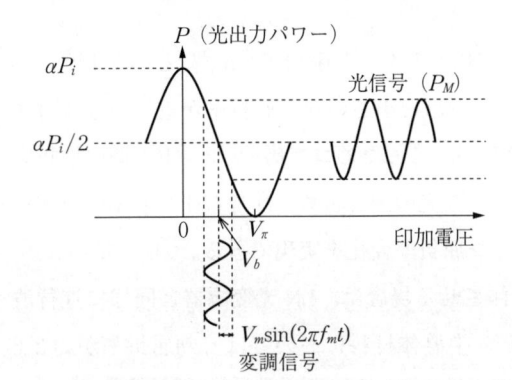

図 4.14 LN 光変調器の動作特性

LN 光変調器は，素子長は大きいものの，プッシュプルで駆動することにより非常に低チャープの変調が可能[†]であるという特徴を持つ。近年では光の振

[†] MZ 型光導波路の各平行した光導波路に等量の位相変化を加える（プッシプル変調）ことにより，残留位相変調成分（波長チャープ）を原理的に零にすることができる。

幅だけでなく，位相についても情報を乗せる多値変復調技術が周波数利用効率（ビットレート/帯域幅）を向上させる手段として注目されている。

〔2〕 **半導体 MZ 光変調器**　高速通信用途には，先に説明した LN 光変調器がおもに用いられているが，LN 光変調器は，光導波路を Ti 拡散により形成しているためにコア層とクラッド層の屈折率差を大きくとれず（約 0.01），コア層への光の閉じ込めが弱いという問題がある。このため，信号電極とグランド電極を隣接して形成することが困難で，コア層への電界強度を強くすることが難しい。また，LN 結晶の屈折率は 2.2 程度（光波長 1.5 μm 帯）であり，伝送路（電極）を伝搬する電気信号に比べ光の伝搬速度は速くなる。これは高速動作を可能とするための進行波電極形成時に大きな問題となり，駆動電圧低減にも大きな障害となる。それゆえ，LN 光変調器においては小型化，低駆動電圧化が難しい。

Ⅲ-Ⅴ族半導体である GaAs や InP は，せん亜鉛鉱構造を有しており[8]，式(4.23) と同様にポッケルス効果による屈折率制御が可能である。マッハツェンダ干渉計を構成することにより，LN 結晶同様に MZ 光変調器を構成することができる。

GaAs および InP のポッケルス定数は $1.4 \sim 1.6 \times 10^{-12}$ m/V というように，LN 結晶のポッケルス定数と比べ一桁ほど小さいが，屈折率が電気信号に対する屈折率（3.2～3.4）とほぼ等しい。このためコア層-クラッド層間の屈折率差を大きくとることができ，効率的な光の閉じ込め，印加電圧の効率的な印加が可能となり，低駆動電圧で大きな屈折率変化を実現できる。

半導体 MZ 光変調器を高速動作させる場合は，LN 光変調器と同様に進行波電極が用いられる。GaAs や InP の半導体材料においては有効屈折率が約 3.6 であり，電気信号の伝搬速度が光の伝搬速度より大きくなる。そのため，電気信号の伝搬速度の低減が不可欠であり，図 4.15 に示すように信号電極に容量調整構造を有する slow-wave 電極構造が提案されている[9]。

表 4.4 に，光導波路へ電界を印加するための位相変調光導波路（電流ブロック）構造および特徴を示す[9]～[11]。

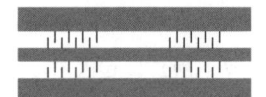

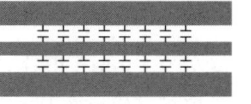

(a) 容量調整パターン1　　(b) 容量調整パターン2

図 4.15 slow-wave 電極構造

表 4.4 各種の位相変調光導波路構造および特徴

構造	図
［ショットキー電極型］ ・作製が比較的容易である。 ・信号電極とグラウンド電極の間隔が広く，コア領域への電界強度を大きくとることが困難	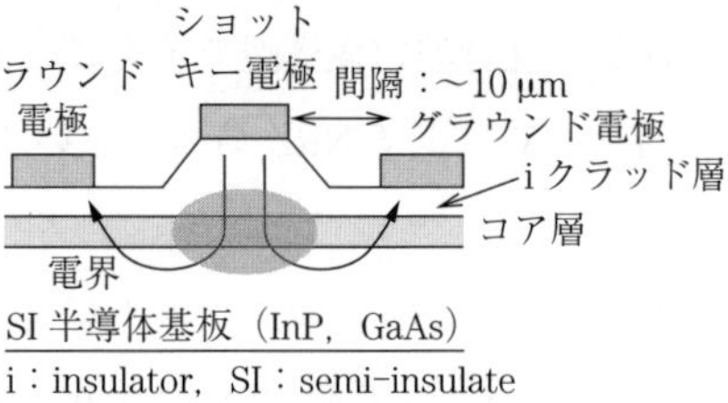 ショットキー電極，グラウンド電極，間隔：～10 μm，i クラッド層，コア層，電界，SI 半導体基板（InP，GaAs） i：insulator，SI：semi-insulate
［p-i-n 構造］ ・ハイメサ構造によりコア層への効率的な光の閉込めが可能 ・効率的なコア層への電界印加が可能 ・p 型クラッド層の光吸収により（n 型の約 20 倍），相互作用長を長くすることが困難（進行波電極による高速化は困難）	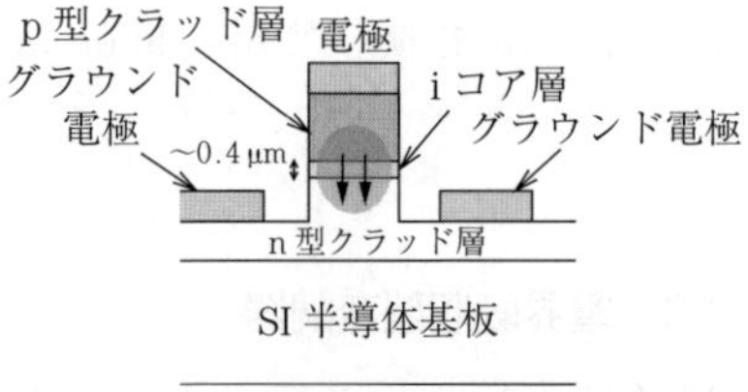 p 型クラッド層，電極，グラウンド電極，i コア層，グラウンド電極，～0.4 μm，n 型クラッド層，SI 半導体基板
［n-i-n 構造］ ・ハイメサ構造によりコア層への効率的な光の閉込めが可能 ・p 型クラッド層を有さないため，p-i-n 構造に比べ，光に対する損失が低い構造が可能。これにより進行波電極構造が適用でき，高速化が可能	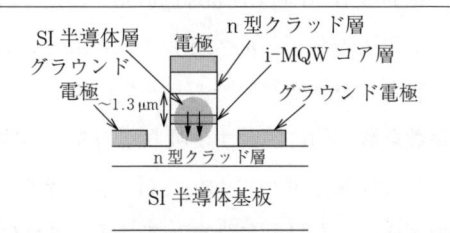 SI 半導体層，電極，n 型クラッド層，i-MQW コア層，グラウンド電極，グラウンド電極，～1.3 μm，n 型クラッド層，SI 半導体基板 MQW：multi-quantum well

ショットキーバリヤを用いたショットキー電極構造は，作製が比較的容易である反面，信号電極とグラウンド電極の間隔が広くなり，コア層へ印加する電界強度を大きくできず，駆動電圧の面で課題がある。

ダイオードの整流特性を用いた p-i-n 構造は，絶縁性のコア層を p 型のクラッド層と n 型のクラッド層とで挟んだ構造となっており，信号電界を直接コア層へ印加でき，駆動電圧低減に有利な構造である。

また，ハイメサ構造[†]によりコア層への効率的な閉じ込め（横方向）が可能である。しかしながら，p型半導体（クラッド層）に起因する電気と光の吸収損失が大きく，作用長（位相変調光導波路長）を長くすることによる高感度化は困難である。

一方，n-i-n構造MZ光変調器は，p型半導体を用いることなく光導波路を形成できるため，光導波路幅とコア層，クラッド層の構造を最適化することで，簡単な進行波電極構造でインピーダンス整合，速度整合が実現できる。半波長電圧3V以下でNRZ動作において40 Gbit/sの伝送速度が確認されている[11]。

さらに，n-i-n構造のクラッドに薄いp型半導体を挿入し，光吸収およびRF信号の伝搬損失を抑えたn-p-i-n構造で80 Gbit/sの伝送速度を持つDQPSK（差動位相偏移変調，differential phase shift keying）が実現されている[12]。

4.3.3 電界吸収型変調器

電界吸収（electro-absorption, EA）型変調器は，半導体量子井戸における量子閉込めシュタルク効果（quantum-confined stark effect, QCSE）（図4.16）を利用した光変調器であり，先に説明したMZ光変調器とは異なり，光の吸収係数を電気的に制御する吸収型の光変調器である。

半導体量子井戸においては，無電界時には電子，正孔の波動関数は図（a）のように左右対称に分布している。これに対し，井戸に垂直方向に電界が加えられると，電子，正孔の波動関数は図（b）のようにそれぞれ偏りを起こす。この際，ポテンシャルの傾きの影響で電子，正孔のエネルギー準位はバンドギャップを縮小する方向にシフトし，これにより吸収端が長波長側にシフトする。この効果を量子閉込めシュタルク効果と呼ぶ。電界が弱い領域では，このエネルギーのシフト量 ΔE は次式のように表される[13]。

[†] **ハイメサ構造** エッチングなどにより断面を台形の形に整形した構造である。

4.3 外部光変調方式

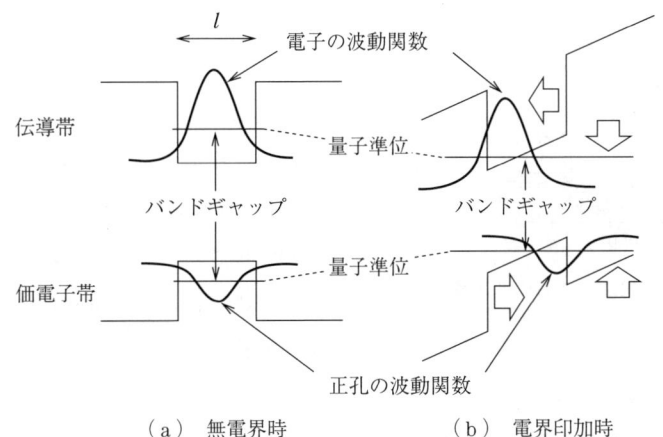

図4.16 量子閉込めシュタルク効果

(a) 無電界時　(b) 電界印加時

$$\Delta E = \frac{\pi^2 - 15}{24\pi^4 \hbar^2}(m_e + m_h)e^2 E_r^2 L_w^4 \tag{4.29}$$

ここで m_e, m_h は電子と正孔の有効質量, $\hbar$ ($=h/2\pi$) は換算プランク定数, e は電子電荷, E_r は印加電界強度, L_w は井戸層幅である. エネルギーシフト量は印加電界の2乗, 井戸層幅の4乗に比例する.

また, 素子長（電極長）l は光変調器の変調帯域を決定するパラメータである. 集中定数型変調器の変調帯域 Δf は, C_m を光変調器の単位長さ当りの静電容量, R（負荷抵抗）$=50\,\Omega$ とすると次式で表される.

$$\Delta f = \frac{1}{\pi R l C_m} \tag{4.30}$$

素子長 l が短くなる（静電容量が小さくなる）と高速変調に有利となる.

EA変調器は, このような原理に基づく光変調器であり, 入力信号光波長をバンド端波長近傍に設定し, 電界印加による光吸収係数変化により出射光強度を変化させることで強度変調信号を生成する.

図4.17 にEA変調器の基本構造を示す. 変調器の片端面から入射された光は, コア層を透過して出射端面から出力される. コア層は, 多重量子井戸 (multiple quantum well, MQW) 構造が適用され, コア層の屈折率に対してク

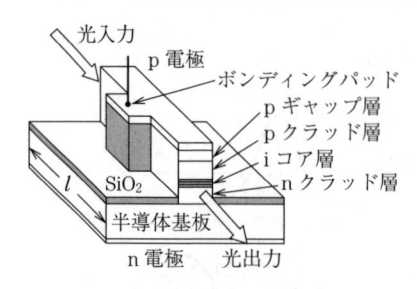

図 4.17 EA 変調器の基本構造

ラッド層の屈折率を小さくすることにより光導波路を構成している。通常，コア層はノンドープ（不純物の添加がない）で構成され，その両側のクラッド層はおのおの高濃度に p, n の不純物が添加される。また，ボンディングパッドの下には，誘電率の低いポリミドが埋め込まれており，静電容量の低減が図られる。

図 4.18 に EA 変調器の動作特性を示す。EA 変調器の入射光パワー P_i と光出力パワー P の関係は次式で表される。

$$P = \alpha P_i \exp\left[-\Gamma \alpha_{(V_m)} l\right] \tag{4.31}$$

ここで，α は光変調器の挿入損失，Γ は入射光の変調器光吸収層への閉じ込め係数，$\alpha_{(V_m)}$ は印加電圧 V_m に依存する吸収係数，l は電極長である。Γ は光吸収層の厚さを増加するに伴って増大する。$\alpha_{(V_m)}$ は光吸収層の構造や組成（バ

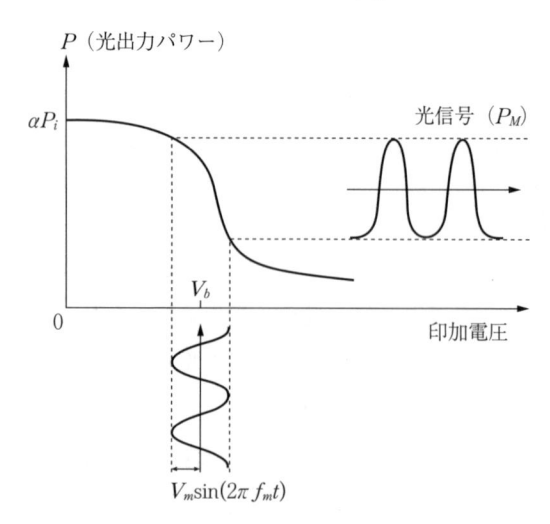

図 4.18 EA 変調器の動作特性

ンド端波長), 入力光波長により変化する.

また, $\alpha_{(V_m)}$ は, 電圧の関数としての解析解はなく, 素子ごとに特性が異なる非線形な関数であるため, 光出力波形はひずむ.

EA変調器はバンド端効果を用いているため, 波長依存性が大きい. そのため分布帰還型 (distributed feedback, DFB) 半導体レーザと集積した小型な集積型光源として用いられる.

EA変調器においては強度変調信号生成時にチャーピングが重畳することが問題とされる. これは, クラマース・クローニッヒの関係式から光吸収係数を制御する際に屈折率も同時に変化することに起因する[8]. このチャーピング低減や高速化のため材料を含めた構造最適化が行われ, 40 Gbit/s 動作が実現されている[14]. さらに, 進行波型電極を適用し, 100 Gbit/s の伝送速度が可能な光源モジュールも実現されている[15].

4.4 コヒーレント光伝送方式

4.4.1 コヒーレント光伝送の動作原理

受光器に光が入射すると, 光パワーに比例した電流が得られる. 一つの光信号を受光するときはこれでよいが, 二つの光信号を受光器に入射したときの電流はどうなるのだろうか.

無線受信機は複数の受信信号の中から希望の信号をヘテロダインという周波数変換をして受信する. すなわち, 希望信号の周波数に対して周波数が少し異なる局部発振器を用意し, 周波数変換器に受信信号と局部発振信号を加えて, 希望信号を周波数差となる中間周波数 (intermediate frequency) に変換する. 中間周波数は, 周波数変換に伴って発生する不要な信号などを考慮して, その後の復調処理がしやすい周波数に設定される.

受光器にも無線のヘテロダインと同じような局部発振器を考え, 局部発振光 (local light-wave) (以下, 局発光と呼ぶ) を用いて受信光を周波数変換してみよう. 受信光と局発光パワーをそれぞれ P_S, P_L とする. また, 受信光と局発

光の電界を E_S, E_L, 光周波数を ν, ν_L とすると，受信光と局発光を一緒に受光したときの光電流 $i(t)$ は式 (1.9) で説明した受光感度を η として，次式のように表すことができる．

$$i(t) = \frac{\eta}{2\pi} \int_0^{2\pi} \{E_S \cos(2\pi\nu t) + E_L \cos(2\pi\nu_L t)\}^2 d(\omega t) \qquad (4.32)$$

ここで，ω は光の角周波数である．

受光器は，受信光と局発光との差周波数成分だけを受信することができる．$P_S = E_S^2/2$ と書けることから，式 (4.32) は

$$i(t) = \eta \{P_S + P_L + 2\sqrt{P_S P_L} \cos 2\pi(\nu - \nu_L)t\} \qquad (4.33)$$

のように書き直せる．中間周波数 $\nu - \nu_L$ に得られる受信信号電流 I_{IF}（ピーク）は次式のようになる．

$$I_{IF} = 2\eta\sqrt{P_S P_L} \qquad (4.34)$$

局発光パワー P_L が受信信号光パワー P_S よりも十分に大きいときには，ショット雑音が熱雑音を大きく上まわり，雑音電力に支配的に働く．また，ショット雑音電流 I_L としてはパワーの小さな受信信号光による寄与を無視して局発光のみを考える．すると，ショット雑音のみを考えて決まる限界 CN 比は次式のように書くことができる．

$$\frac{C}{N}_{\text{shot}} = \frac{\frac{1}{2}I_{IF}^2 R_L}{2eI_L R_L B} = \frac{\frac{1}{2}4\eta^2 P_S P_L}{2e\eta P_L B} = \frac{\eta P_S}{eB} \qquad (4.35)$$

ここで，B は受信信号の帯域幅で，ベースバンド帯における帯域幅 B_b の倍である．また，e は電子電荷，R_L は負荷抵抗である．いま，ビットレート R のディジタル信号を NRZ 形式で ASK 変調により伝送するとする．$R = 2B_b$ であることと，ASK 検波により帯域幅が半分となることに留意すれば，SN 比は式 (4.35) から次式のように求めることができる．

$$\frac{S}{N}_{\text{shot}} = \frac{2\eta P_S}{eR} \qquad (4.36)$$

式 (4.36) を，直接受信において熱雑音を無視した式 (1.12) と比べると，どちらも P_S と比例していることがわかるが，この条件が成り立つ P_S は値が大

きく異なる†。ヘテロダイン受信では，式(4.33)の第3項目からわかるように，光電流は受信光と局発光の電界の積に比例するので，局発光のパワーを使って受信信号の電力（電気）を増やすことができる。したがって，P_Sは微弱な場合でも適用が可能である。一方，強度変調光を局発光なしで受光する場合には，ショット雑音が熱雑音を無視できるほどに大きくなるには，P_Sを相当大きくする必要がある。

強度変調信号の直接受信では，微弱な光パワーの信号を受信するのに，APDが有効である。そこで，ヘテロダイン受信の受光器としてAPDを用いることを考えてみると，SN比がAPDの過剰雑音のためにPDを使った場合よりもM^x倍（Mは増倍率，xは過剰増倍指数）劣化することになるので不利である。したがって，ヘテロダイン受信ではPDが使われる。ヘテロダイン受信と直接受信の最低受光パワーを比較すると，APDを最適な増倍率で用いた場合に対しても約13 dB改善されることが報告されている[16]。

このような特性改善の恩恵を受けるためには，受信光と局発光はともに位相や周波数など波としての性質を利用できるようなきれいな状態である必要がある。このきれいな状態の程度をコヒーレンシー（coherency）といい，位相や振幅あるいは周波数といった光の波としての性質を用いた伝送方式をコヒーレント伝送（coherent transmission）という。一方，強度変調は光の波としての性質を用いないので，インコヒーレント伝送（incoherent transmission）である。安定なコヒーレント伝送のためには，信号光と局発光の両方の光源の位相の時間的な変動が小さい，すなわち発振スペクトルの線幅が狭いことが重要である。許容される発振線幅については，詳細な検討が報告されている[17]。

コヒーレント光伝送で用いられる検波方式を強度変調の検波方式と比較して図4.19に示す。

図(a)の直接検波（direct detection, DD）は，強度変調された受信信号光を局発光なしでそのまま受信する。この検波方式を用いたIM-DD方式は構成

---

† 直接受信ではマークのときだけショット雑音が発生するのに対し，ヘテロダイン受信ではショット雑音は局発光によりつねに発生しているので限界が3 dB異なる。

134 4. 光変復調方式

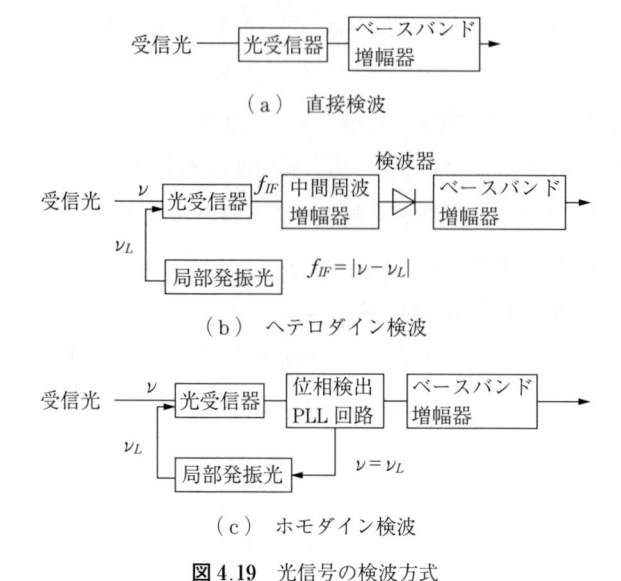

(a) 直接検波

受信光 → 光受信器 → ベースバンド増幅器

(b) ヘテロダイン検波

受信光 ν → 光受信器 → f_{IF} 中間周波増幅器 → 検波器 → ベースバンド増幅器

局部発振光 ν_L

$f_{IF} = |\nu - \nu_L|$

(c) ホモダイン検波

受信光 ν → 光受信器 → 位相検出 PLL 回路 → ベースバンド増幅器

局部発振光 ν_L　$\nu = \nu_L$

図 4.19　光信号の検波方式

が簡単で，多くの用途で十分な性能が得られるので，現在商用の伝送システムはこの伝送方法を用いている。

　図 (b) のヘテロダイン検波 (heterodyne detection) は，中間周波数に周波数変換した受信信号に無線受信機と同様な検波を行って，復調信号をベースバンド帯に得る方法である。検波には再生した搬送波を用いる同期検波 (coherent detection) と，用いない非同期検波 (non-coherent detection) があり，さらに，非同期検波には包絡線検波 (envelope detection) と，遅延検波 (differential detection) がある。ヘテロダイン検波は上述したように局発光パワーによって利得を得ることができるので直接検波よりも感度が高い。また，中間周波数を無線で実績のあるマイクロ波帯などの周波数帯（数 GHz）に選ぶことによって，信号を比較的容易に扱うことができる。しかし，ヘテロダイン検波には，このほかに，受信信号光に局発光の偏波を合わせるような，この図には示していない制御が必要であり，IM-DD よりも構成は複雑である。

　図 (c) のホモダイン検波 (homodyne detection) は，ヘテロダイン受信において局発光の周波数を信号光に一致させて，中間周波数を零にする受信方式

である．ヘテロダイン検波と比べて受信帯域幅が半分で済み，さらに感度の改善を図ることもできる．無線ではダイレクトコンバージョン（direct conversion）と呼ばれる周波数選択性にすぐれた検波方式である．しかし，これを約 200 THz の高い周波数で発振している二つの光波に適用しようとするとハードルが高い．このような高い周波数に局発光の周波数を一致させるだけでもたいへんなのに加えて，ベースバンド回路だけで位相まで一致させるための位相検出用 PLL 回路の実現が難しく，構成もさらに複雑となる．

　このようにコヒーレント光伝送には検波方式の複雑さや実現の難しさがある．そこに，扱いやすい光増幅器が出現して実用化されるに至り，コヒーレント光伝送はすぐれた受光感度という方式のメリットを生かすことができなくなり，1990 年頃に盛んであった研究開発は下火になった．しかし，光通信の情報量の急激な増加に対応していくためには，一般的な光増幅器の適用できる帯域幅に光信号波を密に配列する必要があり，強度変調光の波長多重システムよりも格段に周波数選択性にすぐれたコヒーレント光伝送[18]が見直されている．また，式 (2.61) に示したように変調信号のスペクトルが広いと波長分散の影響を大きく受けるので，分散補償が必要となるが，この分散補償には高い精度が要求される．コヒーレント光伝送は狭い帯域幅で伝送ができるため分散補償の負担が軽減される．さらにコヒーレント光伝送ではビットレートが高くなると，発振線幅への要求が緩和される．これらの理由によりコヒーレント光伝送に期待が集まりつつある．

　さらに追い風となっているのが近年のディジタル信号処理技術の高速化である．従来のアナログ回路では不可能であった高度な補償技術の研究が精力的に進められている．このようなディジタル信号処理によって検波する方式はディジタルコヒーレント検波方式（digital coherent detection）といい，信号光をほぼ零の中間周波数に変換する．光で位相同期が完全にとれていなくてもディジタル信号処理で検波ができるようになれば，これまでホモダイン検波の実現のボトルネックとなっていた位相検出用の PLL 回路が不要となる．

　コヒーレント光伝送で用いられる変調方式を**表 4.5** に示す．無線伝送で用い

4. 光変復調方式

表4.5 コヒーレント光伝送で用いられる変調方式

変調方式	変調対象	変調波形	位相点
ASK	振幅	1 0 1 0	
PSK	位相	1 0 1 0	
FSK	周波数	1 0 1 0	MSKの場合
偏波多重コヒーレント	偏波	X偏光 1 0 1 0 Y偏光	

られる変調の三つの要素は振幅，位相，周波数で，ディジタル信号を伝送する場合の変調方式をそれぞれ ASK（amplitude shift keying），PSK（phase shift keying），FSK（frequency shift keying）という。ASK は符号 0 を送った場合でも小さな振幅があり，受信器はつねにコヒーレント検波をする。ASK と類似な変調方式に OOK（on-off keying）があり，これは符号 0 のときには信号を送らない IM-DD 方式で用いる変調方式である。ASK の符号 0 の位相点を中心から少しずらせて描いているが，検波感度の比較においては，説明を簡単にするため，符号 0 の送信時の位相点の位置は OOK と同じ位相面の中心とする。

　FSK の位相遷移のしかたは周波数偏移量に依存するが，ここでは一例として，無線で使われている MSK（minimum shift keying）の位相遷移を示している。MSK では，符号 1 を送るときには，位相点を符号期間内で $\pi/2$ 進ませ，符号 0 を送るときには $\pi/2$ 遅らせる。

4.4 コヒーレント光伝送方式

光ファイバ伝送では,このほかの変調対象として偏波が考えられ,この表ではX偏光に符号1をY偏光に符号0を割り当てた場合を示している。この二つの偏波に別々な信号を変調して多重伝送することも可能で,偏波多重コヒーレント光伝送 (polarization division multiplexed-coherent transmission) という。これについては後述する。

コヒーレント光伝送の検波感度を図4.20で説明する[19]。表4.5で示したASK, FSK, PSK 変調波の信号間距離を調べると,ASK, FSK, PSK の順に長くなり,その比は $1:\sqrt{2}:2$ である。したがって,同じ同期検波方式で受信すると,検波感度は3dB ずつ高くなる。PSK の遅延検波,FSK と ASK の包絡線検波は,それぞれの変調方式の同期検波とほぼ等しい受信感度が得られる。

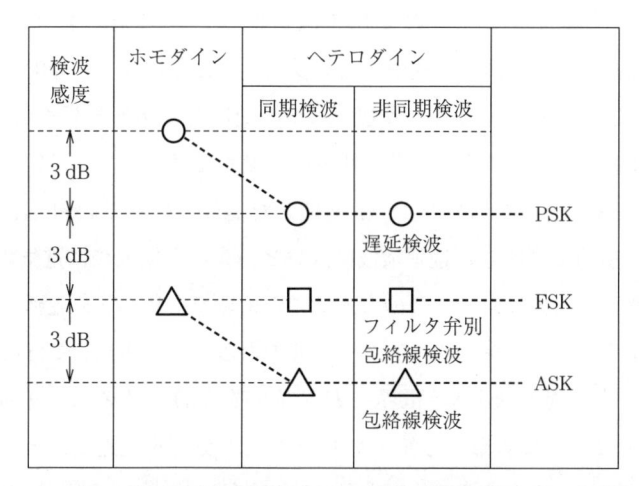

図4.20 コヒーレント光伝送の検波感度

ホモダイン検波はヘテロダイン検波と比べて帯域幅が半分で済むので検波感度がそれぞれ3dB 高くなる。FSK はその変調信号の性質上ホモダイン検波は考えられない。

4.4.2 インコヒーレント検波方式

これまでコヒーレント光伝送された信号を,局発光源を用いて受信するコ

ヒーレント検波について述べた．これに対して，コヒーレント光伝送された信号を局発光源を用いずに受信する方法があり，インコヒーレント検波という．インコヒーレント検波の代表例として DPSK（differential phase shift keying）信号の検波原理を図 4.21 で説明する．

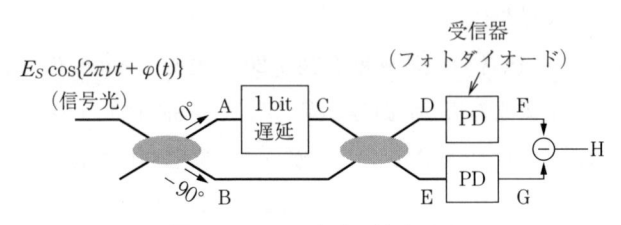

図 4.21 DPSK 信号の検波原理

送信側では隣合うビットの変化を伝送信号として光源を BPSK（binary phase shift keying）変調して送信する．受信側では光信号を 2 分配し，片方を 1 ビット遅延し，もう片方と合成し，二つの受信器（フォトダイオード PD）を使って受信する．変調と符号化を組み合わせた伝送方式で，送信側での差動符号化は送信信号とこれを 1 ビット遅延した信号との間で exclusive OR をとればよい．前節で説明した遅延検波は，コヒーレント検波後に電気の領域で 1 ビットを遅延するのに対し，この方式は光の領域で 1 ビットを遅延しており，局発光源を用いないインコヒーレント検波であることに注意してほしい．

受信信号光は周波数を ν，電界を E_S，位相を $\varphi(t)$ とすると，$E_S\cos\{2\pi\nu t+\varphi(t)\}$ と書くことができる．分岐比が 1：1 の光 2 分配を通過したときに，A 方向への位相変化を零とすると，B 方向には 90° 遅れるので，信号 E_A と E_B を次式のように書くことができる．

$$E_A = \frac{E_S}{\sqrt{2}}\cos\{2\pi\nu t + \varphi(t)\} \tag{4.37}$$

$$E_B = \frac{E_S}{\sqrt{2}}\cos\left\{2\pi\nu t + \varphi(t) - \frac{\pi}{2}\right\} \tag{4.38}$$

1 ビットに相当する時間 T だけ遅延した信号を E_C とすると，D と E における信号 E_D と E_E は次式のように書くことができる．

$$E_C = \frac{E_S}{\sqrt{2}} \cos\{2\pi\nu(t-T)t + \varphi(t-T)\} \tag{4.39}$$

$$E_D = -\sqrt{2}\,E_S \sin\frac{2\pi\nu(2t-T) + \varphi(t-T) + \varphi(t)}{2}$$

$$\times \sin\frac{-2\pi\nu T + \varphi(t-T) - \varphi(t)}{2} \tag{4.40}$$

$$E_E = \sqrt{2}\,E_S \sin\frac{2\pi\nu(2t-T) + \varphi(t-T) + \varphi(t)}{2}$$

$$\times \cos\frac{-2\pi\nu T + \varphi(t-T) - \varphi(t)}{2} \tag{4.41}$$

これを PD（受信器）で受光すると電流 I_F と I_G が得られる。

$$I_F = E_S^2 \sin^2\frac{-2\pi\nu T + \varphi(t-T) - \varphi(t)}{2}$$

$$= \frac{E_S^2}{2}\bigl[1 - \cos\{-2\pi\nu T + \varphi(t-T) - \varphi(t)\}\bigr] \tag{4.42}$$

$$I_G = E_S^2 \cos^2\frac{-2\pi\nu T + \varphi(t-T) - \varphi(t)}{2}$$

$$= \frac{E_S^2}{2}\bigl[1 + \cos\{-2\pi\nu T + \varphi(t-T) - \varphi(t)\}\bigr] \tag{4.43}$$

出力 H には次式の電流が得られる。

$$I_H = I_F - I_G = -E_S^2 \cos\{-2\pi\nu T + \varphi(t-T) - \varphi(t)\} \tag{4.44}$$

ここで，$-2\pi\nu T + \varphi(t-T) - \varphi(t)$ は遅延による位相差を意味するから，これが $2n\pi$ ならば $I_H = -E_S^2$，$(2n+1)\pi$ であれば $I_H = +E_S^2$ となって，位相で伝送された情報が振幅に変換されたことがわかる。このように二つの受信器に信号を導いて，差成分を取り出す構成の受信器を平衡型受信器（balanced optical receiver）といい，コヒーレント伝送の受信器に一般的に用いられている。この方式は局発光源を用いないので直接検波であるが，強度変調と比べて受光感度を 3 dB 改善することができる。その理由は，BPSK は ASK と比べて振幅が倍となるので SN 比が 6 dB 増加する。直接検波では SN 比は光パワーの 2 乗に比例するので受光パワーは 3 dB 改善できるのである。

受光感度がそれほど重要でない場合には，DBPSK のような局発光源や偏波制御を必要としない伝送方式がコヒーレント光伝送の実現のハードルを下げることに役立つ。

さらに，波形ひずみの低減などの特性改善技術の進展ももたらされた。DBPSK では，伝送符号が変化するときに位相が π 変化する。これを LN の位相変調器で実現する場合，位相変化量が正確に π に設定されていない場合や，入力信号の周波数特性が悪いと符号間干渉（inter-symbol interference）が発生する。伝送速度が高い場合には，アイパターン特性が大きく劣化するという課題がある。この課題を解決するために，RZ-DBPSK（return to zero differential binary phase shift modulation）方式が開発された[20), 21)]。

4.4.3　コヒーレント検波方式

コヒーレント検波方式を使った光伝送方式では多値化をすることで，伝送帯域幅を変えずに伝送容量を増やすことができる。16 QAM（16 quadrature amplitude modulation）変調器の構成を**図 4.22** に示す。

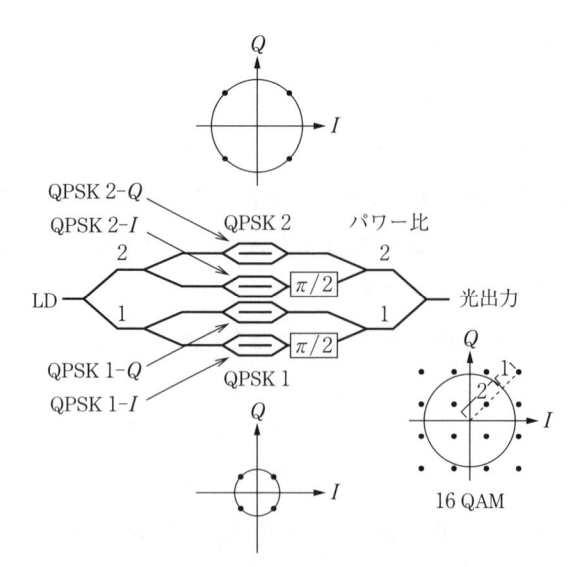

図 4.22　16 QAM 変調器の構成

2組のQPSK変調器を用意しておき，それぞれに二つの2値信号を加えてQPSK信号を作る。4×4の16 QAMのコンレーションが得られるように電界で2：1となるように合成する。これは光パワー比では4：1となるので，入力側と出力側の分岐器の分岐比を2：1として実現している。この方法により伝送容量をQPSKの倍とすることができる。さらに，QPSK変調器を3台用意し，電界で4：2：1となるように入力と出力の光パワー分岐比を4：2：1として実現した64 QAM変調器が報告されている[22]。

このような高速な信号をQAM（quadrature amplitude modulation，直角位相振幅変調）などの周波数利用効率の高い変調方式や偏波多重方式で伝送できるようになった背景には受信機のディジタル信号処理に負うところが大きい。

ディジタル信号処理により，従来困難であった信号光と局発光との位相同期が可能となった。局発光の周波数をある程度まで信号光に近づけてやれば，周波数同期と位相同期を信号処理回路に任せることができる。このようなディジタル信号処理を用いて多値QAMを位相同期させないまま検波する方法は無線では以前より一般的に用いられてきた技術であるが，100 Gbit/s級の高速の信号に適用できるようになったことには大きな意義がある。

現在のコアネットワークでは40 Gbit/sの強度変調した光信号を光増幅器の適用しやすい波長帯に40波配列した1.6 Tbit/sの伝送システムが導入されている。今後のさらなる容量増加に対応するには1波当り100 Gbit/s級の伝送技術が望まれており，ディジタルコヒーレントはこれに応える技術として期待されている[23]。

また，現在は約100 km中継間隔で配置された光増幅中継装置で波長分散と偏波モード分散により生じる波形ひずみを取り除くために分散補償用光ファイバが必要であるが，ディジタルコヒーレント方式を採用することにより1 000 km伝送で生じる波形ひずみを完全に取り除くことが可能となる[24]。

コヒーレント光伝送は位相や振幅を使った伝送であるので，無線で用いられている技術が考案されるのは当然の流れである。近年では，QAMだけでなく，OFDMのコヒーレント光伝送への応用が進展しており，CO-OFDM（coherent optical orthogonal frequency division multiplexing）と呼ばれる。ディジタルコヒーレントの信号処理は膨大なため，当初はディジタルオシロスコープに蓄積した波形をオフライン処理する報告がほとんどであったが，最近では高速のFPGAを用いたリアルタイム処理が報告されている[25),26)]。光OFDMの動作については，7.4.3項を参照されたい。

引用・参考文献

1) 古田浩之，山本正男，前田幹夫，小山田公之，外山 昇：光DSB-SCによるマイクロ波の光ファイバ伝送，映情メ学会年大，5-4, pp.61～62 (1998)
2) R. Hofstetter, H. Schmuck and R. Heidemann：Dispersion effect in optical millimeter-wave systems using self-heterodyne method for transport and generation, IEEE Trans. Microw. Theory Tech., **43**, 9, pp.2263～2269 (1995)
3) 西江光昭：ディジタル光伝送技術，住友電工テクニカルレビュー，第176号，pp.8～14 (2010)
4) J. C. Palais 著，佐藤平八 訳：ファイバ・光通信，pp.252～253, 森北出版 (1992)
5) W. B. Jones. Jr 著，菊池和朗 訳：光ファイバ通信システム入門，pp.255～258 (1990)
6) Y. Miyazaki, T. Yamatoya, K. Matsumoto, K. Kuramoto, K. Shibata, T. Aoyagi and T. Ishikawa：High-power ultralow-chirp 10-Gbit/s electro absorption modulator integrated laser with ultrashort photocarrier lifetime, IEEE J. Quantum Electron., **42**, pp.357～362 (2006)
7) 井筒雅之，末田 正：広帯域導波路形光強度変調素子，信学論誌 (C)，**164-C**, 4, pp.264～271 (1981)
8) 八坂 洋：特集 光変調技術・最新動向 半導体光変調器，OPTRONICS, No.3, pp.103～106 (2011)
9) N. A. F. Jaeger and Z. K. F Lee：Slow-wave electrode for use in compound semiconductor electrooptic modulators, IEEE J. Quantum Electron., **28**, pp.1778～1784 (1992)
10) C. Rolland, R. S. Moore, F. Shepherd and G. Hiller：10 Gbit/s, 1.56 μm multiquantum well InP/InGaAsP Mach-Zehnder optical modulator, Electron. Lett., **29**, pp.471～472 (1993)
11) K. Tsuzuki, T. Ishibashi, T. Ito, S. Oku, Y. Shibata, R. Iga, Y. Kondo and Y. Tohmori：40 Gbit/s n-i-n InP Mach-Zehnder modulator with a p voltage of 2.2 V, Electron.

Lett., **39**, 20, pp.1464 〜 1466 (2003)
12) N. Kikuchi, Y. Shibata, K. Tsuzuki, H. Sanjoh, T. sato, E. Yamada, T. Ishibashi and H. Yasaka：80-Gbit/s low-driving-voltage InP DQPSK modulator with an n-p-i-n structure, IEEE Photon. Technol. Lett., **21**, 12, pp.787 〜 789 (2009)
13) D. A. B. Miller, D. S. Chemla, T. C. Damen, A. C. Gossard, W. Wiegmann, T. H. Wood and C. A. Burrus：Electric field dependence of optical absorption near the band gap of quantum-well structures, Phys. Rev., **B32**, pp.1043 〜 1060 (1985)
14) W. Kobayashi, T. Yamanaka, M. Arai, N. Fujiwara, T. Fujisawa, K. Tsuzuki, T. Ito, T. Tadokoro and F. Kano：Wide temperature range Operation of a 1.55-μm 40-Gbit/s electroabsorption modulator integrated DFB laser for very short-reach applications, IEEE Photon. Technol. Lett., **21**, 18, pp.1317 〜 1319 (2009)
15) M. Chacinski, U. Westergren, L. Thylen, B. Stoltz, J. Rosenzweig, R. Driad, R. E. Makon, J. Li and A. Steffan：ETDM transmitter module for 100-Gbit/s ethernet, IEEE Photon. Technol. Lett., **22**, 2, pp.70 〜 73 (2010)
16) 小西良弘 監修，山本杲也 著：光ファイバ通信工学，pp.180 〜 186，日刊工業新聞社（1995）
17) 島田禎晋 監修，電子情報通信学会 編・発行：コヒーレント光通信，pp.30 〜 34（1989）
18) 山本正男，古田浩之，前田幹夫，小山田公之，外山 昇：光DQPSK信号の位相ダイバーシチコヒーレント受信実験，映情メ学誌，**52**，11，pp.1367 〜 1642（1998）
19) 大越孝敬，菊池和朗：コヒーレント光通信工学，pp.42 〜 44，オーム社（1989）
20) 太田篤伸，谷村大輔，客野智彦，飯尾晋司：長距離光伝送システム向け43Gbps RZ-DQPSKトランスポンダ，横河技報，**52**，3，pp.77 〜 80（2008）
21) 高橋 浩，山田 貴，小熊 学：PLC技術を用いたDQPSK用変調器と復調器，NTT技術ジャーナル，pp.52 〜 57（2007）
22) 美野真司，山崎裕史，山田 貴，郷 隆司，才田隆志，都築 健，石井元速，土居芳行，福満高雄：PLC-LNハイブリッド集積技術を用いた高速多値光変調器，NTTジャーナル，pp.57 〜 61（2011）
23) Jens C. Rasmussen，星田剛司，中島久雄：100 Gbps光伝送システムのためのデジタルコヒーレント受信技術，FUJITSU. **60**，5，pp.476 〜 483（2009）
24) 宮本 裕：デジタルコヒーレント方式光通信技術の最前線──総論──，OPTRONICS，No.367，pp.90 〜 92（2012）
25) S.Chen, A.Al Amin and W.Shieh：Real-time multi-gigabit receiver for coherent optical MIMO-OFDM signals, IEEE J. Lightwave technol., **27**, pp.3699 〜 3704 (2009)
26) 吉田真人，大宮達則，葛西啓介，中沢正隆：FPGAを用いた64QAMリアルタイムコヒーレント光伝送，信学論誌，**J95-B**，3，pp.405 〜 413（2012）

5
地上ディジタル放送ネットワークへの応用

 無線信号（RF 信号）で光を変調し，光ファイバで伝送する RoF（radio on fiber）技術の研究開発は，無線通信，放送，計測など幅広い分野で活発に行われている。地上ディジタルテレビ放送ネットワークの実現・普及に関してもさまざまな技術が開発・実用化され，アナログ放送からディジタル放送への完全移行に大きく貢献している。本章では地上ディジタル放送ネットワークに関連する RoF 技術について述べる。

5.1　送受分離テレビ中継局用無給電光伝送システム

 RoF 技術の放送分野への応用例として，アンテナにつながれた電源不要な X-cut（LiNbO$_3$，ニオブ酸リチウム）光変調器（optical modulator）を微弱な RF 信号（VHF/UHF 波）で駆動し，光ファイバで伝送する送受分離テレビ中継局[†]用無給電光伝送システムについて述べる[1]~[5]。

 このシステムは受信所側に電源が不要で，かつ伝送線として光ファイバを使用できるため，送受間を電気的に完全に分離できることから，雷害防止に大きな効果を持つ。また，受信所側の設備を簡素化できるため，信頼性・保守性の面でもすぐれている。また，伝送線に伝送損失のきわめて小さな光ファイバを用いることから長距離分離が可能で，容易に送信点から受信点への電波の回り込みを低減できる。このため，地上ディジタルテレビ放送（digital terrestrial

---

† **送受分離テレビ中継局**　混信除去などの理由により，送信点と受信点が分離された局である。

television broadcasting）の SFN（単一周波数ネットワーク，single frequency network）局[6)]にも多数使用されている。

5.1.1 開発の必要性

アナログテレビ中継局においては，混信防止対策として多数の局において送信所と受信所が分離されていた。このような送受分離局においては，従来，送信所と受信所の伝送線として同軸ケーブル（coaxial cable）が使用されていたが，送受信所あるいは伝送路に落雷があった場合，送受信所間に大きな電位差が生じ，装置に障害が生じることが見受けられた。

雷による電位差を生じさせないためには，送信所と受信所を電気的に絶縁させなければならない。必然的に伝送線として銅線は使えず，従来のように電源を受信所に送ってヘッドアンプ，変換アンプ（伝送損失を減らすため，RF 信号（VHF／UHF 帯，すなわち 90 MHz ～ 770 MHz）を中間周波数（intermediate frequency, 19 MHz 帯）に変換するためのもの）など能動素子を動作させることができない。このため受信波のような微弱な信号を増幅することなしに，劣化なく送信所に伝送するという困難な課題を解決する必要に迫られていた。

実現の可能性を探る調査の結果，電界（電波）で直接，光を強度変調できる電源不要な LN 光変調器を受信所に，レーザ光源を送信所に置き，絶縁体である光ファイバを伝送線として用いる**図 5.1** のシステムが信頼性およびコスト面

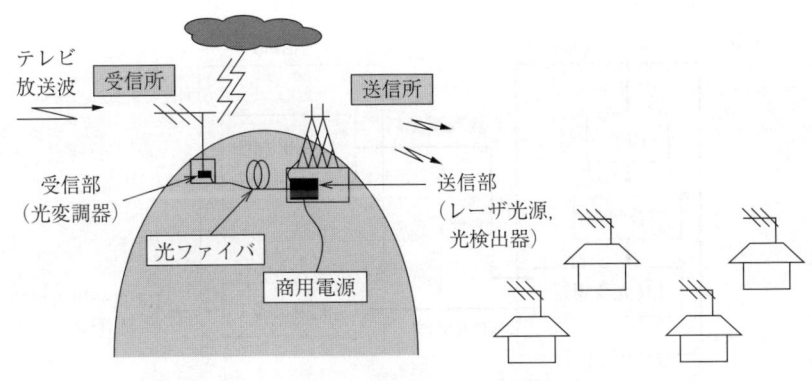

図 5.1 送受分離テレビ中継局用無給電光伝送システム

から最もすぐれていると考えられた.しかしながら,一般的なLN光変調器は入力レベルとしてV(ボルト)単位の大きさが要求された.受信アンテナで受ける電波の強さを受信電圧に換算すると1 mV(60 dBμV,電力で表せば−47 dBm)程度であり,実用化するためには1 000倍以上の感度向上を必要とした.

このため,光変調器自体の高感度化,整合回路(共振回路)の採用(光変調器が電圧駆動素子であることに着目し,受信周波数に回路を共振させ高感度化),低雑音で高出力なレーザ光源の使用など感度向上のための検討を行った.また,このシステムが設置される中継局は空調もなく,−20〜+60℃まで温度変化がある厳しい環境であり,信頼性と安定度を確保することがもう一つの課題であった.そこで,フィールド試験により湿気対策等課題の洗い出しを行い,アナログテレビ中継局に順次導入された.

5.1.2 システムの基本構成

図5.2はシステムの基本構成である.アンテナで受信された微弱な放送波は,BPF(バンドパスフィルタ,band pass filter)を通過後,図5.3に示す整合回路(matching circuit)で,付加したコイルL_rと変調電極容量C_Mの直列共振により電圧増幅され,光変調器で光強度変調(optical intensity modulation)されたのち,光検出器(photo detector,光受信器)で元の放送

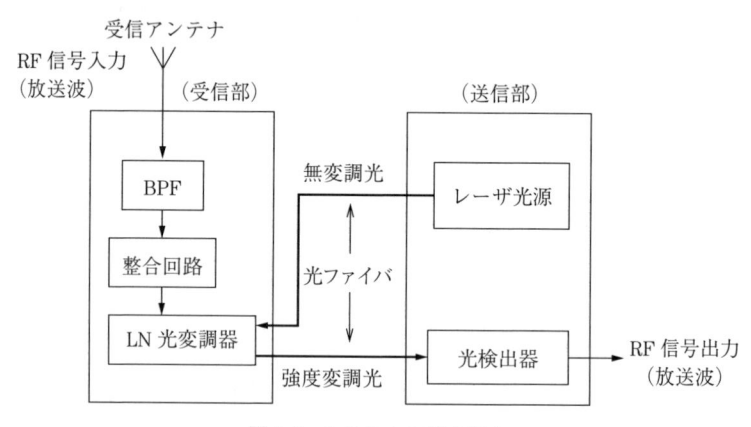

図5.2 システムの基本構成

5.1 送受分離テレビ中継局用無給電光伝送システム

波に戻される。

このシステムの CN 比（搬送波電力（信号電力）/ 雑音電力，carrier-to-noise ratio）は次式で求められる（導出過程は次ページの◆記事参照）。

$$\text{CN 比} = \frac{i_p^2 (\pi \Delta V / 2V_\pi)^2 / 2}{(i_p^2 \text{RIN} + 2ei_p + i_r^2) B} \quad (5.1)$$

分子は信号電力，分母は光系の雑音電力である（フォトダイオードの暗電流は十分小さいとしている）。

ここで，i_p は光検出器の光電流（無変調時），ΔV は変調電極容量に印加される信号電圧（p-p 値，**図 5.4**），V_π は LN 光変調器の半波長電圧（小さいほど傾斜が急となり高感度），B は帯域幅，RIN（relative intensity noise）はレーザの相対強度雑音，e は電子電荷，i_r は光検出器の熱雑音電流である。

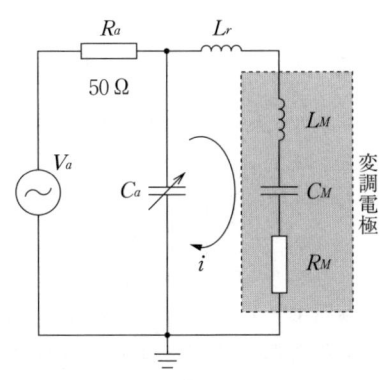

V_a：アンテナ誘起電圧
R_a：アンテナインピーダンス
L_r：付加インダクタンス（共振用）
C_a：整合用コンデンサ

図 5.3 整合回路（共振回路）

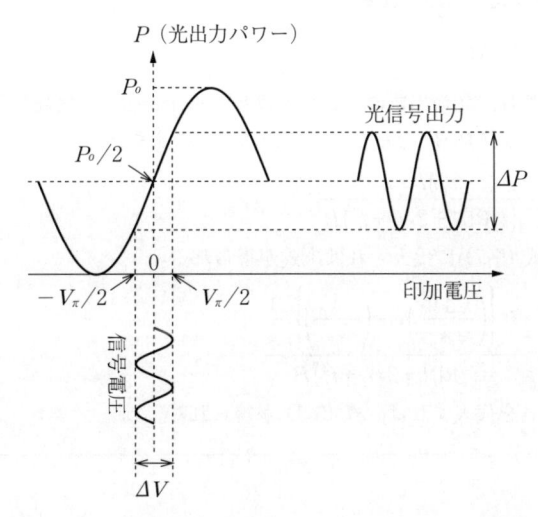

図 5.4 LN 光変調器の印加電圧に対する光パワーの変化

◆ システムのCN比（式(5.1)）の導出

図5.4から変調電極への印加電圧 V_b に対する光出力パワー P は次式で示される。

$$P = \frac{P_o}{2}\left\{1+\sin\left(\frac{\pi V_b}{V_\pi}\right)\right\} \tag{5.2}$$

ここで，P_o は最大光出力パワー，V_π は半波長電圧である。本システムの場合，無バイアス（バイアス電圧なし）で使用することを前提としており，V_b を変調動作点電圧（図5.4は $V_b=0$ のとき（感度が最大）の例）と呼ぶ。

変調電極に印加される信号電圧 ΔV が V_π に比べ十分小さいとき，出力感度 α，光出力パワーの信号成分 ΔP は次式で示される。

$$\alpha = \frac{dP}{dV_b} = \frac{P_o}{2}\frac{\pi}{V_\pi}\cos\left(\frac{\pi V_b}{V_\pi}\right) \tag{5.3}$$

$$\Delta P = \alpha \Delta V = \frac{P_o \pi \Delta V}{2V_\pi}\cos\left(\frac{\pi V_b}{V_\pi}\right) \tag{5.4}$$

光変調度（optical modulation index，OMI）M は，次式で表される。

$$M = \frac{\Delta P}{P_o} = \frac{\pi \Delta V}{2V_\pi}\cos\left(\frac{\pi V_b}{V_\pi}\right) \tag{5.5}$$

搬送波電力 C は光検出器の光電流（無変調時）を i_p，負荷インピーダンスを R_L とすれば，次式で求められる。

$$C = \frac{1}{2}i_p^2 M^2 R_L \tag{5.6}$$

一方，光源雑音，光検出器のショット雑音（shot noise），熱雑音電力はそれぞれ，$i_p^2 \mathrm{RIN} R_L B$，$2ei_p R_L B$，$i_r^2 R_L B$ であるため，この比をとれば

$$\text{CN比} = \frac{i_p^2 M^2 / 2}{(i_p^2 \mathrm{RIN} + 2ei_p + i_r^2)B} \tag{5.7}$$

式(5.5)を式(5.7)に代入すれば次式が得られる。

$$\text{CN比} = \frac{i_p^2 \left\{\left(\frac{\pi \Delta V}{2V_\pi}\right)\cos\left(\frac{\pi V_b}{V_\pi}\right)\right\}^2 \frac{1}{2}}{(i_p^2 \mathrm{RIN} + 2ei_p + i_r^2)B} \tag{5.8}$$

上式に $V_b=0$ を代入すれば，式(5.1)が得られる。

5.1 送受分離テレビ中継局用無給電光伝送システム

V_s をシステムの入力電圧(実効値),Q(quality factor)を回路の先鋭度とすれば,$\Delta V = 2\sqrt{2}\,QV_s$ であるから,式 (5.1) は次式で表される。

$$\text{CN 比} = \frac{i_p^2 \left\{ \pi\sqrt{2}\,Q\left(\dfrac{V_S}{V_\pi}\right) \right\}^2 \dfrac{1}{2}}{\left(i_p^2 \text{RIN} + 2ei_p + i_r^2 \right) B} \tag{5.9}$$

式 (5.9) から CN 比を高めるには,レーザ,光検出器の雑音を抑えるとともに,電極容量に印加される信号電圧,すなわち共振回路の Q を大きくする必要があり,つぎの方法により,感度を高めている。

① 光変調器の電極抵抗 R_M,電極容量 C_M を小さくする。
② 整合回路でアンテナインピーダンスを低インピーダンスに変換(50 Ω を R_M(5 Ω)に変換,C_a で実施)し,回路 Q を高めて電極に印加される電圧を大きくする。

図 5.5 は,UHF 帯用 LN 光変調器の構造と外観である。LN 結晶基板上に 2 本の光導波路が形成された構造となっている。入射光は光導波路,すなわち光ファイバと同じように屈折率の高い部分に光を閉じ込めて伝搬させる通路(Ti(チタン)拡散による導波路)を伝搬し,2 分される。変調電極側に分岐された光は電気光学効果(electro-optic effect)により入力電圧に比例した位相変調を受けたのち,合成され出力される。二つの光波が同相の場合には強め合い,逆相時には打ち消し合うため,出力光は強度変調される(干渉を利用して

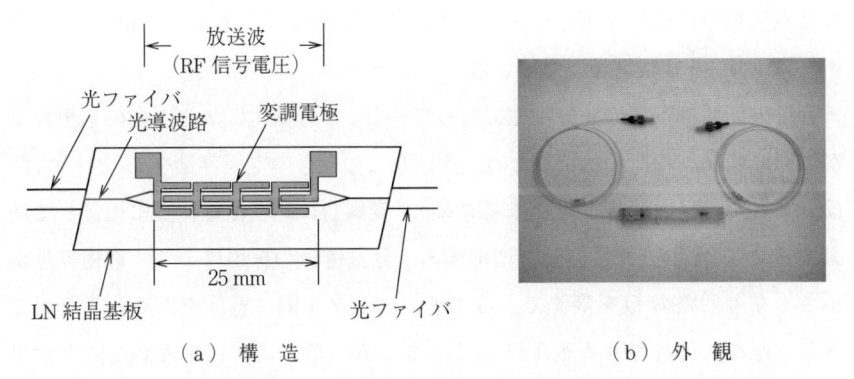

(a) 構 造 　　　　　　　　　(b) 外 観

図 5.5　UHF 帯用 LN 光変調器の構造と外観

いるため，変調特性は図5.4のように直線的ではない）。このように入射した光をいったん分岐させ，再び合成させる干渉型はマッハツェンダ型（Mach-Zehnder（MZ）type）と呼ばれる（4.3.2項参照）。

図5.6に断面構造を示す。LN結晶基板（LN crystal substrate）にTiを熱拡散することにより光導波路（optical wave guide）を形成している。電極長は2.5 cmとなっている。一般的に集中定数回路として動作する回路長は，λ（波長）/8以下とされている。UHFテレビ放送の最高周波数は770 MHz（λ＝約39 cm）であるため，$\lambda/8$＝4.9 cmであり，集中定数回路とみなして問題はない（1 GHz程度までは動作可能）。なお，図5.6のバッファ層は，導波路を伝搬する光が変調電極によって吸収されるのを防ぐためのものである。また，図5.5においてLN結晶基板の両端が斜めにカットされているのは，端面反射による影響を防ぐためである。

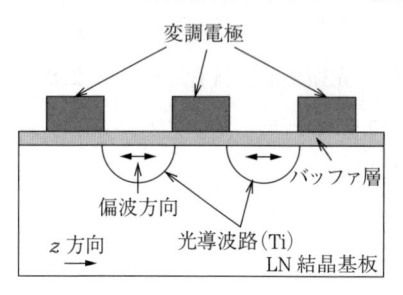

図5.6 LN光変調器の断面構造

Qを高めるための電極抵抗の低減はめっき電極膜厚を増加させることで行っている。通常，数百MHz程度の変調帯域を持つ光変調器を得るためには電極膜厚は30 μm程度でよく，構造も特に工夫を要しないが，この場合の抵抗は20 Ω以上，容量は10 pF程度となり，高いQを得ることはできない。抵抗成分は電極膜厚にほぼ比例して減少するため，電極膜厚を増加（12 μm）させることにより，5 Ωに低減させている。

容量の低減は電極の4分割化で行っている。4分割化により4個の電極容量が直列につながれた形となるため，分割なしのときの電極容量をC_0とすれば，$C_0/16$となる（面積も1/4となるため）。変調器の感度は電極長に比例して増大するが[7]，その分だけ容量が増加する。分割電極の採用により，電極容量が小さくなり回路のQを高くできるため，トータル的に感度を高めることができる（電極に印加される電圧は1/4となるが，Qの向上による感度向上効果のほうが大きい）。

表5.1はLN光変調器のパラメータである。変調電極容量 C_M は1pFと低容量化されている。これによりUHF帯の全帯域において高い Q を得ることが可能となった。なお，表の挿入損失（insertion loss）は最小損失値，消光比（extinction ratio）は透過光量の最大値／最小値を示している。

表5.1 LN光変調器のパラメータ

挿入損	5.8 dB
消光比	15 dB 以上
半波長電圧（V_π）	8 V
変調動作点（V_b/V_π）	-0.16
電極長	25 mm
電極容量（C_M）	1 pF
電極抵抗（R_M）	5 Ω

5.1.3 地上ディジタルテレビ中継局用システムの開発

地上ディジタルテレビ放送では，周波数を有効に利用するため図5.7に示すSFN（単一周波数ネットワーク，single frequency network）[6]が採用されている。最も低コストでかつ周波数資源を節約できる[†1]放送波中継でSFNを実施する場合，電波品質の劣化を抑えるためには図5.8に示すように送信アンテナから受信アンテナへの回り込みを十分抑えなければならない[†2]。

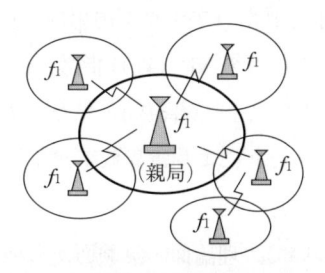

図5.7 SFN

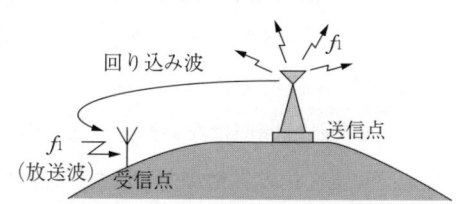

図5.8 SFNの実施時に生じる送信波の受信アンテナへの回り込み

回り込み波を抑えるためには，中継局の受信点と送信点を分離して距離による減衰を利用するとともに，地形による遮へいも用いる方法が有効である。

[†1] 親局（都市部のタワーなどに設置され，大電力で広いエリアをカバーする局）などからの放送波を利用できない場合は，新たにマイクロ波回線を敷設する必要がある。
[†2] 回り込みがある場合，本来平坦である周波数スペクトルにディップ（レベルの落ち込み，dip）が生じる[6]。ディップが発生する点では誤り率は大きく上昇するため，帯域内の全周波数における平均誤り率は劣化する。

また，SFN 局の場合，アナログ放送で実施されていたように変換アンプにより受信点でいったん低い周波数（中間周波数，19 MHz 帯）に変換して同軸ケーブルで伝送する方式を採用することは困難である。これは，SFN においては周波数偏差を 1 Hz 以下に抑えなければならず[6]，受信側で周波数精度のきわめて高い局部発振器（各波ごと）が必要となるためである。

また，変換用の周波数を受信点に送ることで対応しようとしても，受信波ごとの周波数を用意しなければならない。加えて，前に述べたように，このような送受分離局においては，送受信所間が同軸ケーブルのような導体でつながれている場合，送受信所あるいは伝送路に落雷があれば，送受信所間に大きな電位差が生じ，装置に障害が生じやすい。

上記アナログ放送用に開発したシステムを SFN 局用として使用すれば，受信側に電源が不要となり，しかも伝送線として低損失の光ファイバが使用できるため，送受間を自由に分離できる。このことからディジタル放送用として使用することが求められたが，ディジタル放送においては，コスト削減のため，多波（8 波）の OFDM（orthogonal frequency division multiplexing）信号（◆記事参照）の一括伝送が可能であることが要求された（アナログ局用は，1 波が基本）。また，従来のアナログ放送用はシステムの NF（雑音指数，noise figure）が 10 dB 程度であり，入力レベルが標準以上（60 dB μV すなわち 1 mV 以上）であれば問題はないが，フェージングなどにより電界低下が生じたような場合は CN 比の劣化が生じるなどの課題もあった。

そこで，システムの高感度化・広帯域化について，理論面・実験面から検討を行い，LN 光変調器の動作点の最適化，光給電方式の採用（ヘッドアンプを用い，その電源としてレーザ光を電力変換して利用），複同調回路の採用などにより，広帯域性（約 50 MHz，6 MHz（地上テレビ放送の帯域）×8 波）を保ちつつ，NF を 4 dB 程度（本システムは多段接続されることもあり，要求仕様は 5 dB 以下）に低減させることができた。この結果，等価 CN 比劣化量（システムが挿入されることにより生じる CN 比劣化量，equivalent CNR degradation）は 0.043 dB 以下となり，無視できる値となった。

5.1 送受分離テレビ中継局用無給電光伝送システム

また,フェージングに対応できるよう入力の広ダイナミックレンジ化について検討するとともに,低コスト化・省電力化・小型化を図るため従来の固体レーザに代えて光源の半導体レーザ化を行った。

これらの対策により,SFN 局用として十分使用できるシステムを実現できる。

◆ **地上ディジタルテレビ放送で用いられている OFDM 信号**

日本の地上ディジタルテレビ放送で用いられている OFDM 信号の時間領域信号波形を図 5.9 に示す。シンボル長は 1.134 ms で,有効シンボル長 T_u は 1.008 ms,遅延波の影響をなくすためのガードインターバル T_g は 126 μs である。基本周波数 $f_0\,(=1/T_u)$ は 0.992 kHz,キャリヤ数 N は 5 617 本である。雑音状の波形となっており,ある時間確率で瞬時的に平均電力の 10 倍以上のピーク電力が現れる。すなわち PAPR(ピーク電力の平均電力に対する比,peak power to

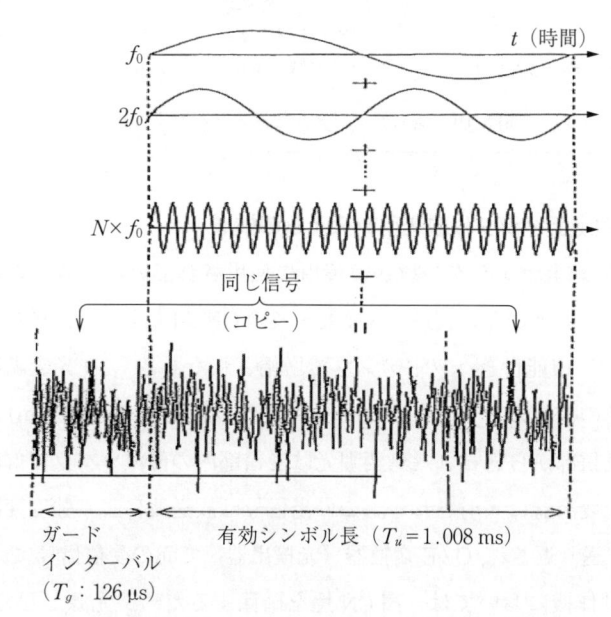

f_0(基本周波数)= 0.992 kHz, N(キャリヤ数)= 5 617

図 5.9 地上ディジタル放送の時間領域における OFDM 信号波形(1 シンボル分)

average power ratio）が大きく，相互変調あるいは波長分散によるひずみが発生しやすい．すなわち，受信電力（平均電力）が同じでも，OFDM 信号のほうが CW（無変調連続波，continuous wave）信号に比べて劣化が生じやすいため，光伝送においても各部での直線性の確保などに十分に留意する必要がある．

図 5.10 にスペクトル構造を示す．約 5.6 MHz の帯域は 13 のセグメントに分割されている．帯域中央部の 1 セグメント（ワンセグ放送用）は QPSK (quadrature phase shift keying) で，12 セグメント（ハイビジョン放送用）は 64 QAM (quadrature amplitude modulation) で変調されている．

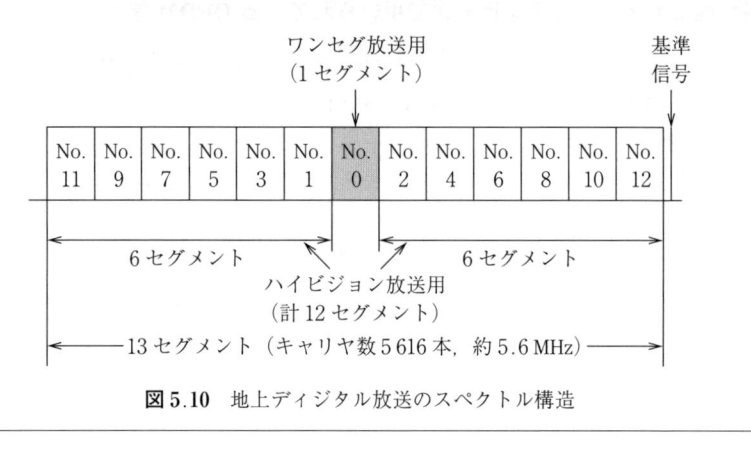

図 5.10　地上ディジタル放送のスペクトル構造

5.1.4　地上ディジタル放送用システムの構成

図 5.11 に地上ディジタル放送で実用に使用されているシステムの構成を示す．受信アンテナからの放送波（最大 8 波の OFDM 信号）は，AGC（automatic gain control）機能付きヘッドアンプで増幅されたあと，LN 光変調器に入力される．各波の標準入力レベルは 60 dB μV（電力で表せば −47 dBm）である．

一方，送信部から送られた無変調光は受信部内の偏波カプラで偏波分離されたあと各光変調器に入射される．この光信号は放送波により強度変調されたあと送信部に送り返され，O/E 変換器（光検出器）で元の受信信号に復元される．

初期の試作機においては，高 CN 比を確保するため，光源として 1.3 μm 帯の高出力（100 mW）固体レーザ（solid state laser, LD-YAG など）を使用されたが，実用機においては消費電力とコストの低減を図るため，3 台の半導体

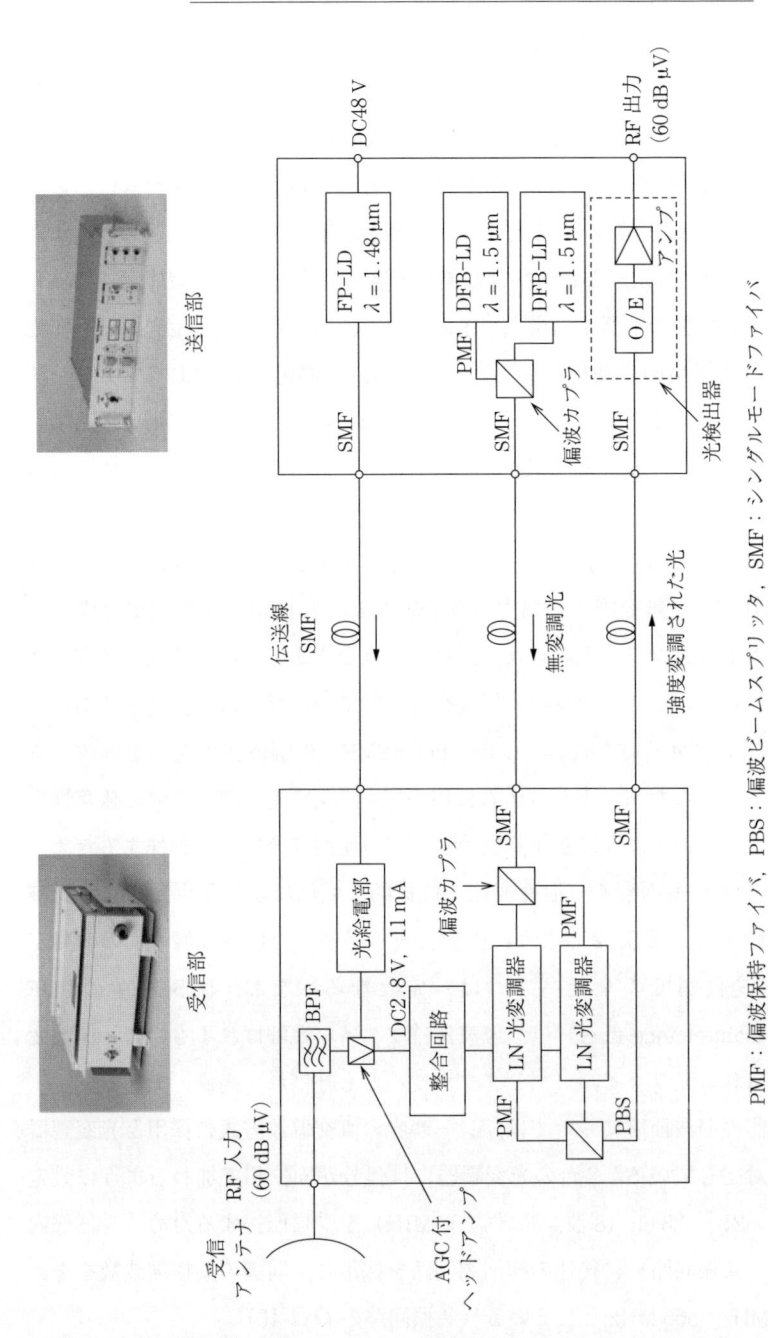

5.1 送受分離テレビ中継局用無給電光伝送システム 155

図 5.11 地上ディジタル放送用システムの構成

PMF：偏波保持ファイバ，PBS：偏波ビームスプリッタ，SMF：シングルモードファイバ
FP-LD：ファブリ・ペロー半導体レーザ，DFB-LD：分布帰還型半導体レーザ

レーザを用いる方式としている。

すなわち，光変調用としては光通信で汎用的に使用され，低雑音で高出力化が図られている 1.5 μm 帯半導体レーザ（distributed-feedback laser diode，DFB-LD，出力 50 mW）2 台の合成方式を採用している．本システムにおいては自局回り込み対策を主目的とし，伝送距離は数 km のため波長分散（chromatic dispersion）などの影響は無視できる．また，AGC 機能追加に伴ってヘッドアンプ部の消費電力増大が予測されたため，電力生成用光源として光アンプなどで汎用的に使用されている 1.48 μm 帯高電力 FP-LD（ファブリ・ペローレーザダイオード，Fabry-Perot lazer diode，300 mW）が用いられている．光給電素子への光入力は 175 mW 以上とし，30 mW 以上の電力生成を行っている．

送信部の 1.5 μm 帯半導体レーザから伝送光ファイバを通り受信部へ送られた出力 200 mW の無変調光（出力 100 mW の 2 台の DFB-LD を直交合成）は受信部内の偏波カプラに入射され，たがいに直交する二つの偏波成分に同一強度で分離される．ここで，レーザを直交合成している理由は，伝送線であるシングルモードファイバ（single mode fiber，SMF）の偏波面の変動を補償するためである．すなわち，本システムに用いている LN 光変調器は偏波依存性を有し，図 5.6 に示すように結晶基板の z 方向の偏波成分に対し動作するため，SMF 伝送中の偏波面変動（温度変化，機械的な変位により発生）により光パワーが変動する．**図 5.12** のように直交合成で送信した場合は偏波面の変動が生じても受信側での全光パワーは一定となる．なお，図 5.11 中の PMF（polarity maintenance fiber）は，偏波保持ファイバと呼ばれるもので，偏波変動が抑えられる光ファイバ（パンダファイバとも呼ばれ，高価）である．

光変調器の偏波補償については，レーザ光の直交偏波方式の採用と光変調器の 2 台で対応している．2 台の光変調器には信号が同位相で加わるように設定している．21 〜 28 ch（8 波，帯域約 50 MHz）を受信伝送するため，受信部内整合回路（共振回路）に後述の複同調回路を採用し，同調の共振周波数をそれぞれ 518 MHz，566 MHz としている（共振回路の Q は 10）．

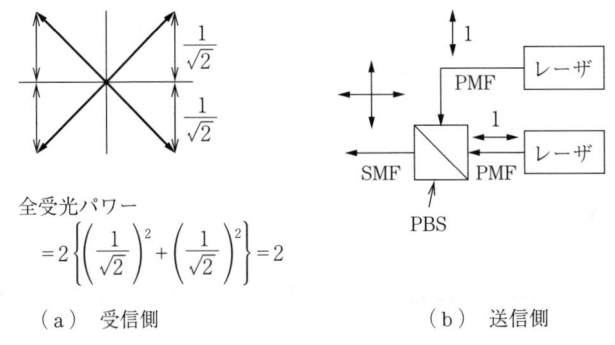

図 5.12 直交合成方式による SMF ファイバ光偏波面変動の補償（変動が 45°の場合）

(a) 受信側   (b) 送信側

全受光パワー
$$= 2\left\{\left(\frac{1}{\sqrt{2}}\right)^2 + \left(\frac{1}{\sqrt{2}}\right)^2\right\} = 2$$

5.1.5 高感度化・広帯域化に向けての検討

実用に供されているシステムは光源として半導体レーザを用いているが，試作段階では固体レーザを用いていた。この項におけるデータは固体レーザを用いた構成で取得したものである[4]。

〔1〕 **変調動作点最適化による NF の改善** 式 (5.1) においては議論を単純化するため，光変調器の変調動作点電圧 V_b を 0（感度が最大となる点）としたが，NF（雑音指数，noise figure）の最良点は必ずしもこの点と一致しない。そこで，NF が最良となる変調動作点電圧について検討を行った。

式 (5.5) から光変調度 M は次式で表される。

$$M = \frac{\pi \Delta V}{2 V_\pi} \cos \frac{\pi V_b}{V_\pi} \tag{5.10}$$

すなわち，$V_b = 0$ V のとき，変調度は最大となり，$V_b = \pm V_\pi/2$ のとき最小となる。また，ヘッドアンプを除いたシステムの NF_{opt} は次式で表される。

$$NF_{\text{opt}} = \frac{N_0}{G_{\text{opt}} kTB} = \frac{I_p^2 \text{RIN} + 2eI_p + i_r^2}{G_{\text{opt}} kT} \tag{5.11}$$

ここで，N_0 は雑音出力，k はボルツマン定数 (1.381×10^{-23} J/K)，T は絶対温度，B は帯域幅である。また，I_p は無変調時の光電流 ($= \eta P_D\{1 + \sin(\pi V_b/V_\pi)\}$，$\eta$ はフォトダイオードの受光感度（responsibility），P_D は受光

パワー),RIN はレーザの相対強度雑音,e は電子電荷(1.6×10^{-19} クーロン),i_r は熱雑音電流である。G_{opt} はヘッドアンプを除くシステム電力利得であり,i_p を $V_b=0$ ときの I_p 値($=\eta P_D$),R_L を負荷抵抗($50\,\Omega$),V_s を入力電圧(実効値),R_s を入力抵抗とすれば,次式で表される。

$$G_{opt} = \frac{i_p^2 M^2 R_L / 2}{V_s^2 / R_s} \tag{5.12}$$

また,トータル利得 G_t は G_{LNA} をヘッドアンプの利得とすれば,次式で求められる。

$$G_t = G_{LNA} G_{opt} \tag{5.13}$$

通常,LN 光変調器を電波の受信用センサとして使用する場合,変調動作点は変調度 M が最も高く,直線性の良い光出力パワー最大値 P_0 の中点に設定される(式(5.1))。しかしながら,UHF 帯(470〜770 MHz)受信の場合,三次相互変調ひずみ IMD_3 のみを考慮すればよく,また,光変調器の三次相互変調ひずみは変調動作点に依存しないため[8],雑音指数 NF が低くなる位置に設定することが可能となる。

図 5.13 に変調動作点に対する NF_{opt} と G_{opt} の測定値および計算値(式(5.11),(5.12)による)を示す。NF_{opt},G_{opt} ともほぼ一致している。ここで,$V_s=1\,mV$(標準レベル),$R_L=R_s=50\,\Omega$,$RIN=-165\,dB/Hz$,$i_r=17\,pA/\sqrt{Hz}$,$T=290\,K$,$P_D=5\,mW$,$\eta=0.85\,A/W$ である。

以上の結果により,光変調器の変調動作点を $V_b/V_\pi = -0.3 \sim -0.1\,V$ に設定すれば,1〜1.4 dB の NF 改善を図ることができる。

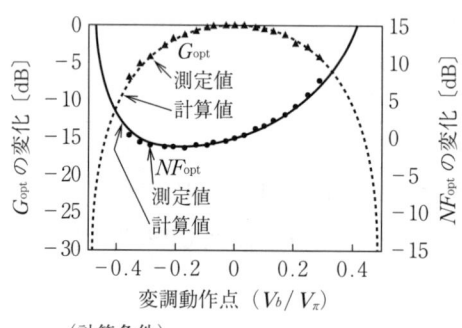

(計算条件)
$RIN=-165\,dB/Hz$,$\eta=0.85\,A/W$
$i_r=17\,pA/\sqrt{Hz}$,$T=290\,K$
$PD=5\,mW$($V_b/V_\pi=0$)

図 5.13 変調動作点に対する NF_{opt} と G_{opt} の変化

5.1 送受分離テレビ中継局用無給電光伝送システム

〔2〕 **光給電方式の採用** 　従来の光変調器に直接受信電波を入力する方式では，広い受信帯域において高い変調度を得るのは難しく，受信帯域を 48 MHz（連続 8 ch（チャネル））にした場合，システムの NF は 10 dB 程度となる．しかしながら，中継放送装置の受信系に要求される NF はフェージングなどを考慮すれば，CN 比の劣化をできるかぎり抑えることが求められている．

そこで，受信部にヘッドアンプを設置し，その電源に送信部から送られた無変調光の一部を光給電部で電力変換し，使用する方式を採用する．

光給電部の構造については，供給電圧，電力を向上させるため，InGaAs フォトダイオードを直並列（8 個直列接続したものを 2 並列）接続し，受光パワー 70 mW で供給電力 $\geq$ 12 mW（供給電圧 4 V，供給電流 3 mA）とした．一方，ヘッドアンプについては雑音指数 $NF_{LNA} = 2.5$ dB，利得 $G_{LNA} = 16$ dB の MOSFET を用いた（いずれも代表値）．

実際に使用されている光給電素子の構造（光ファイバ入力端子側から見た図）を図 5.14 に示す．材料は InP（インジウム・リン）で No.1 セルがマイナス端子，No.2 セルがプラス端子に接続され，9 個のセルが直列に接続された構造となっている．負荷（ヘッドアンプ）が接続されたときの DC 出力電圧は

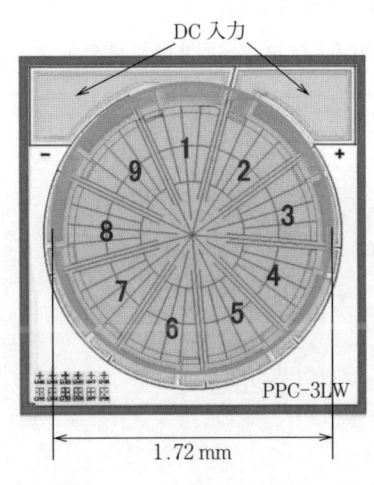

図 5.14 光給電素子の構造

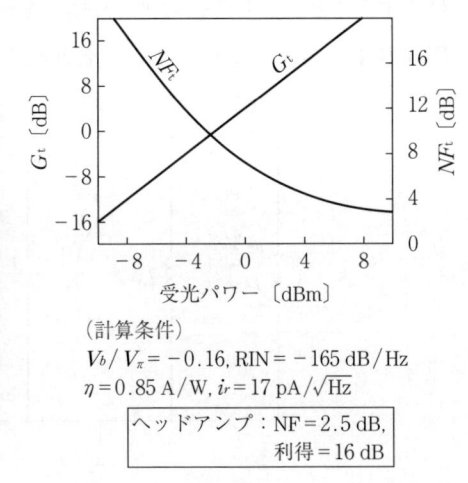

図 5.15 受光パワーに対するトータル NF (NF_t) とトータル利得 (G_t) の変化

（計算条件）
$V_b/V_\pi = -0.16$, RIN $= -165$ dB/Hz
$\eta = 0.85$ A/W, $i_r = 17$ pA/$\sqrt{\text{Hz}}$

ヘッドアンプ：NF = 2.5 dB，利得 = 16 dB

2.8 V で，変換効率として約 20%（実測）が得られている。セル部の直径は約 1.72 mm である。

図 5.15 は，ヘッドアンプを用いた場合の光検出器の受光パワーに対するトータル NF（NF_t）とトータル利得 G_t の計算値（式 (5.13) と式 (5.14)）で計算した結果である。ここで，$V_s = 1\,\text{mV}$, $V_b/V_\pi = -0.16$, $V_\pi = 8\,\text{V}$ としている。

$$NF_t = \frac{NF_{\text{LNA}} + (NF_{\text{opt}} - 1)}{G_{\text{LNA}}} \tag{5.14}$$

受光パワー +5.2 dBm 以上において $NF \leq 4\,\text{dB}$ が期待できる。

〔3〕 **複同調回路の採用**　　従来のアナログテレビ中継局用システムでは，受信感度を高めるために単共振方式を採用しているが，ディジタル局用システムでは，約 50 MHz の帯域が必要となる。単共振回路のみでは受信帯域内偏差を小さく抑えることに限度があり，複同調回路を使用する必要がある。しかしながら，広帯域化と高感度化とはトレードオフの関係にあり，ヘッドアンプも併用することとした。具体的には，受信アンテナからの RF 信号をヘッドアンプで増幅し，ヘッドアンプの RF 出力部と光変調器の変調電極で複数の共振点を構成することにより広帯域化と高感度を両立させている。

図 5.16 にヘッドアンプおよび整合回路を組み合わせた複同調回路を示す。

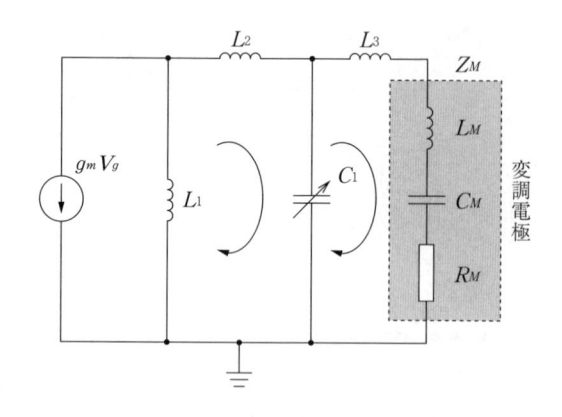

図 5.16　複同調回路

g_m を MOSFET の相互コンダクタンス,V_g を入力信号電圧とすれば,MOSFET の出力電流は $g_m V_g$ で表される.L_1,L_2 は付加インダクタンス,C_1 は可変容量,Z_M は変調電極のインピーダンスである.また,L_M,C_M,R_M は,それぞれ変調電極のインダクタンス,容量,抵抗成分である.

C_1,L_1,L_2 によって一つの直列共振回路が形成され,共振周波数 f_1 と Q_1 が設定できる.また,C_1,L_3,Z_M でもう一つの直列共振回路が形成され,共振周波数 f_2 と Q_2 が設定できる.このシステムにおいては,連続した8波(6 MHz/波)の信号を受信伝送することを目的とし,Q_1 と Q_2 を10,f_1 と f_2 との周波数差を48 MHz(f_1=518 MHz,f_2=566 MHz)とすることにより,広帯域でかつ高感度なシステムが実現できる(従来システムの回路の Q は5.7程度である).

〔4〕性　　能　図5.17にシステムの周波数特性を示す.伝送光ファイバ長2 km における伝送チャネル内の利得偏差および BPF を除く NF は,全チャネルにわたって,NF≦4.3 dB,伝送チャネル内偏差≦0.5 dB を満足している.このときの受光パワーは2.6 mW で,光変調器の動作点は V_b/V_π=−0.16である.

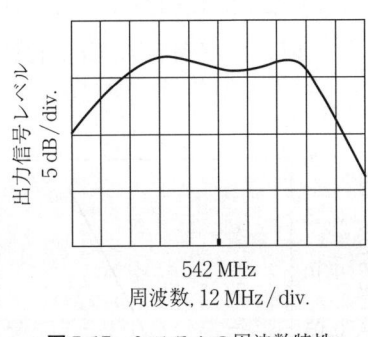

図5.17　システムの周波数特性

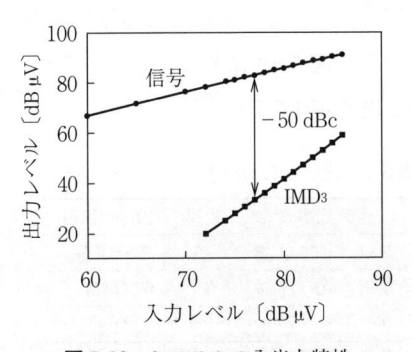

図5.18　システムの入出力特性

図5.18はこのシステムに2波を入力(542 MHz と543 MHz)したときの入出力特性(相互変調ひずみ特性,IMD(intermodulation distortion)特性)である.地上ディジタル放送ではマルチキャリヤの OFDM 変調信号が採用され

ているため，相互変調特性は重要である．入力信号レベルが 77 dB μV の入力レベル（標準入力信号レベル：60 dB μV/波）においても三次相互変調ひずみ IMD_3 は -50 dBc（信号との比）が得られた．

〔5〕 **OFDM 信号による性能確認**　測定系統は，1 台の OFDM 変調器から出力された変調信号（IF（中間周波数）：37.15 MHz）を IF 遅延分配器により 8 分配し，それぞれ 21 ch（518 MHz 〜 524 MHz）〜 28 ch（560 MHz 〜 566 MHz）の送信周波数帯に変換し，出力混合器により合成する．

つぎに，減衰器によりレベル調整し，本システムの受信部に入力する．受信部で強度変調された光は送信部で O/E 変換され，ディジタル中継放送装置に入力される．

ディジタル中継放送装置から出力されるダウンコンバート後の信号（IF：37.15 MHz）は，雑音付加装置，OFDM 復調器を通り，BER（誤り率）計に入力される．

表 5.2 に OFDM 変調信号のパラメータを示す．この実験では 21 ch（518 MHz 〜 524 MHz）〜 28 ch（560 MHz 〜 566 MHz）の連続 8 波を同時入力し，基本波 24 ch（536 MHz 〜 542 MHz）についてビタビ復号前の誤り率を一定（7×10^{-3}）にしたときの入力信号レベルに対する等価 CN 比劣化量により評価を行った．図 5.19 に 8 波伝送時の受信入力レベルに対する等価 CN 比劣化量測定結果を示す．

表 5.2　使用した OFDM 信号のパラメータ

伝送チャネル	21 〜 28 ch
モード	モード 3
変調方式	64 QAM
ガードインターバル	252 μs*
畳込み符号化率	7/8*
RS（リードソロモン）符号	off

* 現在運用中のパラメータのガードインターバルは 126 μs，畳込み符号化率は 3/4

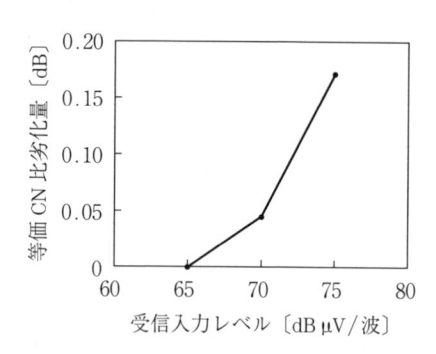

図 5.19　8 波一括伝送時の受信入力レベル（24 ch）に対する等価 CN 比劣化量

入力信号レベル40〜70 dBμV/波において等価CN比劣化量は0.043 dB以下であり，劣化は無視できる値を得た．なお，等価CN比劣化量は，測定系所要等価CN比（equivalent CNR）[†]をA〔dB〕，被測定装置所要等価CN比をB〔dB〕とすれば，次式で定義される[6]．

$$\text{等価CN比劣化量} = -10\log(10^{-A\text{〔dB〕}/10} - 10^{-B\text{〔dB〕}/10}) \tag{5.15}$$

ここで，測定系所要CN比とは，被測定装置をすべてスルーにしたときのビタビ復号前のBER（誤り率）が7×10^{-3}になるときの信号電力Cと雑音電力Nの比（この値は22 dBであるが，現在運用中のパラメータでは20.1 dB（畳込み符号化率が3/4となったため））である．また，被測定装置所要CN比とは，被測定装置（本システムとディジタル中継放送装置）を挿入したときのBERが7×10^{-3}になるときのCN比（測定値22.043 dB）である．

なお，75 dBμV/波以上の入力におけるCN比劣化はヘッドアンプのIMD特性が高レベルでは支配的となるため，次項（入力の広ダイナミックレンジ化）で対策を述べる．

5.1.6 入力の広ダイナミックレンジ化と光源の半導体レーザ化

システムの高感度化と広帯域化については実現できたが，実用化するためには，フェージングによる受信入力レベルの変動対策と光源の低コスト化（大型で高価格な固体レーザの半導体レーザ化）が必須である．本項ではこれら課題の解決法について述べる．

〔1〕 **入力の広ダイナミックレンジ化** 地上ディジタルテレビ中継装置においては，放送波中継における電波フェージングなどを吸収するため広いダイナミックレンジ（40〜80 dBμV/波）が要求される．また，隣接するチャネルに妨害を与えないようにするため，IMD_3は-50 dBc以下であることが必要である．

このシステムはこの中継装置の前段（多段中継の前段）に使用するものであ

[†] **等価CN比** 種々の雑音やひずみ・干渉がビット誤り率に与える影響を白色ガウス雑音に置き換えたときのCN比をいう．

り，CN 比劣化をできるだけ少なくするため，システム NF を 5 dB 以下[4]にする必要がある。このためには，標準受信入力レベル 60 dB μV/波において光変調度は 3.6%/波（受光パワー，+2 dBm のとき）以上が必要である[4]。このことから，RF 受信入力レベルが 80 dB μV/波（標準レベル+20 dB）においては光変調度が 36%/波以上となる。n_c 波一括伝送ではさらに $\sqrt{n_c}$ 倍となることが考えられ，LN 光変調器の IMD_3 により信号劣化を生じる。

そこでヘッドアンプに AGC アンプ（利得可変アンプ）を適用し，受信入力が高い場合においても光変調度を 10%以下とし，システムの IMD_3 を −50 dBc 以下に抑えた。

試作したヘッドアンプの特性を表 5.3 に示す。NF（雑音指数）は 2.0 dB（代表値）のものを使用している。図 5.20 に AGC 回路を示す。OFDM 信号の場合，AGC の時定数（time constant）によっては CN 比が劣化することが報告されており[9]，時定数（CR）を 500 ms とすることにより AGC による劣化をなくしている。また，多波で広帯域（約 50 MHz）である信号に対して AGC を帯域偏差なく安定動作させるため，検波回路の周波数特性の平坦化を図っている。

表 5.3 ヘッドアンプの特性

NF	2.0 dB*
電力利得	−5 〜 20 dB
消費電力	28 mW (2.8 V, 10 mA)*

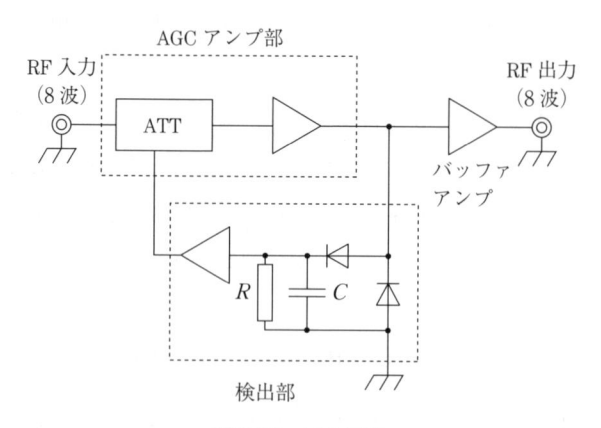

* 代表値

図 5.20 AGC 回路

CW（無変調連続波，continuous wave）信号（542 MHz, 543 MHz）を1波および2波を入力した場合の AGC 回路の特性を**図 5.21** に示す。25 dB μV～95 dB μV にわたって IMD_3 は -67 dBc 以上が得られている。

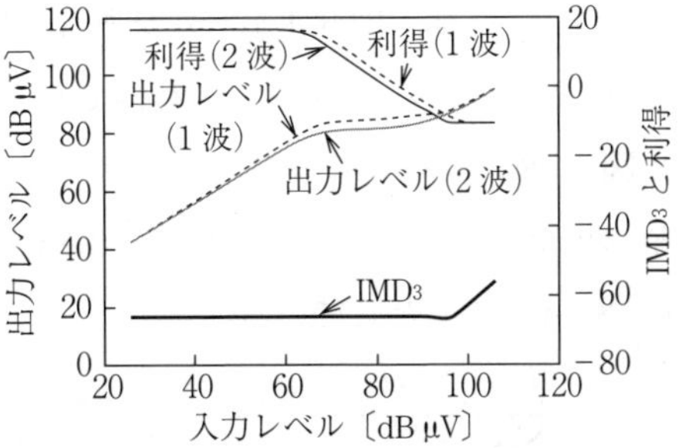

図 5.21 AGC 回路の特性

〔2〕 光源の半導体レーザ化

従来の半導体励起固体レーザ（LD-YAG など）[1)~4)] に換えて 1.5 μm 帯半導体レーザ（DFB-LD）を適用する場合，レーザの相対強度雑音 RIN を十分考慮しておく必要がある。このシステムにおけるヘッドアンプを除く光系の雑音指数 NF_{opt} とシステムとしてのトータル雑音指数 NF_t は，それぞれ式 (5.16)，式 (5.17) で表される。

$$NF_{opt} = \frac{N_0}{G_{opt}kTB} = \frac{I_p^2 \text{RIN} + 2eI_p + i_r^2}{\frac{i_p^2 M^2 R_L / 2}{(V_s^2 / R_s)} \cdot kT} \tag{5.16}$$

$$NF_t = NF_{LNA} + \frac{NF_{opt} - 1}{G_{LNA}} \tag{5.17}$$

ここで，式 (5.16) の M（光変調度）は次式で表される。

$$M = \frac{\pi \Delta V}{2 V_\pi} \cos \frac{\pi V_b}{V_\pi} \tag{5.18}$$

式 (5.16), (5.17) において，N_0 は雑音電力，G_{opt} は光系の利得，k はボルツマン定数（1.381×10^{-23} J/deg.），T は絶対温度，B は帯域幅である。I_p は無変調時の光電流で，V_b を変調動作点電圧，V_π を半波長電圧，P_D を $V_b / V_\pi = 0$ のときの受光パワー，η をフォトダイオードの受光感度とすれば，$I_p = \eta P_D \{1 + \sin(\pi V_b / V_\pi)\}$ で表される。RIN はレーザの相対強度雑音，e は電子電荷（1.6×10^{-19} クーロン），i_r は熱雑音電流である。また，i_p は ηP_D，R_L は負荷抵抗，R_s は入力抵抗，V_s は入力電圧（実効値），ΔV は変調電極に印加され

る電圧 (p-p 値, 図 5.4 参照) である. NF_{LNA} はヘッドアンプの雑音指数 (2.5 dB), G_{LNA} はヘッドアンプの利得である.

図 5.22 にレーザの RIN をパラメータとした受光パワーに対する NF の計算結果を示す. ここで, $\eta = 0.85$ A/W, $M = 0.46$ %, $V_b/V_\pi = -0.16$, $i_r = 8$ pA/$\sqrt{\text{Hz}}$ としている.

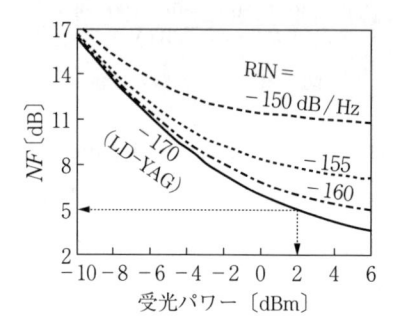

図 5.22 受光パワーに対するシステム NF (計算値)

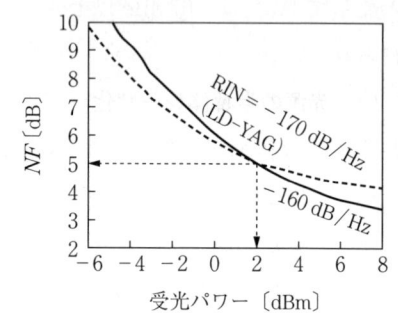

図 5.23 ヘッドアンプ利得を改善した場合の受光パワーに対するシステム NF (計算値)

従来システムで用いているレーザの RIN は -170 dB/Hz であり, ヘッドアンプの利得改善 (従来 18 dB → 20 dB) により, 図 5.23 に示すとおり定格受光パワー (+2 dBm) において RIN = -160 dB/Hz で同等の性能 ($NF = 5$ dB) が期待できる.

DFB-LD をこのシステムに用いた場合の, もう一つの課題として光出力パワーが挙げられる. 通信用半導体レーザで固体レーザと同一強度を得ることは困難である. そこで, 従来システムと同レベルの受光パワーを実現させるため, 図 5.12 に示すように, 光の偏波を LN 光変調器出力で合成する方式を採用した. これにより, 光強度変調

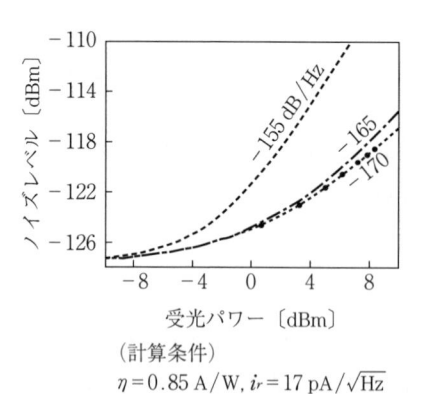

図 5.24 受光パワーに対するノイズレベル

(計算条件)
$\eta = 0.85$ A/W, $i_r = 17$ pA/$\sqrt{\text{Hz}}$

に有効な光パワーは従来システムと同様に 100 mW が得られた。

図 5.24 に 1.5 μm 帯 DFB-LD（出力 50 mW）2 台を使用（直交合成）した場合のノイズレベルの測定値を示す。固体レーザを用いた場合と同程度の RIN が得られている。ここで，計算値については式 (5.16) の N_0 により算出した。

5.1.7 実用システムの性能

〔1〕 **基本性能**　図 5.25 に，光ファイバ長 3 km において過入力（80 dB μV）とし，AGC 動作をさせたときのシステム周波数特性を示す。周波数偏差（21 〜 28 ch）は 0.9 dB 以下に抑えられている。**表 5.4** は，同じ光ファイバ長 3 km におけるシステムの性能である。システムの NF は 4.4 dB 以内，IMD_3 は −51 dBc（89 dB μVの2 波入力時）であり，当初の目標どおりの特性が得られている。消費電力については従来装置の約 2/3 の 45 W（周囲温度 60℃時）に低減できた。

図 5.25　システムの周波数特性

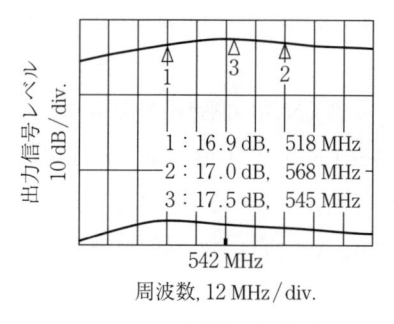

1 : 16.9 dB, 518 MHz
2 : 17.0 dB, 568 MHz
3 : 17.5 dB, 545 MHz
542 MHz
周波数, 12 MHz / div.
出力信号レベル 10 dB / div.

表 5.4　システムの性能

項目	性能
受信チャネル	21 〜 28 ch
NF（BPF 除く）	4.4 dB (max)
IMD_3（三次相互変調ひずみ）	−51 dBc（89 dBμV, RF キャリヤ 2 波入力）
帯域内周波数特性	0.9 dB (max)

以上のように DFB-LD の採用により大幅な低廉化が図れたほか，放熱板を小さくできたため，従来に比較して，小型・軽量な（重さ：約 5 kg（従来は 9 kg））送信部が実現できた。

〔2〕 **OFDM 信号伝送実験**　本システムに実際に地上ディジタル放送波（OFDM 信号）を通した実験を実施した。OFDM 変調器から出力された信号（IF（中間周波数）信号，37.15 MHz）を IF 遅延分配器により 8 分配し，それぞれ 21 〜 28 ch に送信変換し，出力混合器により合成する。合成された RF 信

号を減衰器によりレベル調整し,本システムの受信部に入力する.受信部でE/O変換された光は送信部でO/E変換され,MER(変調誤差比,modulation error ratio:ガウス雑音時においてCN比に相当[6])測定器に入力される.

表 5.5 に OFDM 信号のパラメータを示す.実験では,21～28 ch の連続 8 波を同時入力し,測定対象波を 24 ch とし,入力信号レベルに対する MER により評価を行った.なお,このとき用いた入力信号の MER は 46.5 dB である.

表 5.5 OFDM 信号のパラメータ

伝送チャネル	21～28 ch
モード	モード 3
キャリヤ変調方式	64 QAM
ガードインターバル	252 μs*
畳込み符号化率	7/8*
RS(リードソロモン)符号	off

* 現在運用中のパラメータのガードインターバルは 126 μs,畳込み符号化率は 3/4

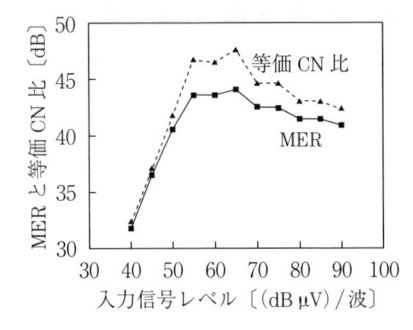

図 5.26 入力信号レベルに対する MER と等価 CN 比

図 5.26 に入力信号レベルに対する MER,等価 CN 比の測定結果を示す.入力信号レベル 50～90 dB μV/波において等価 CN 比 ≧ 40 dB 以上が確保できており,多段中継回線に使用した場合でも信号劣化をきわめて小さく抑えることが可能となる.また,入力信号レベル 50 dB μV/波以下についてはシステムの NF によるものと考えられる.

図 5.27 は標準受信入力レベル(60 dB μV/波)におけるシステム出力スペクトル波形である.帯域外の IMD は -50 dBc 以上であり,良好な値が得られている.

図 5.28 は過入力レベル(80 dB μV/波)時の出力スペクトル波形である.標準入力レベル(60 dB μV)時と同様に,IMD は -50 dBc 以上が確保されており,良好な結果が得られている.また,周波数特性も問題はない.

以上,多チャネル(多波)で一括伝送されてきた OFDM 信号に対応できる AGC 方式を採用するともに,光源部への半導体レーザ(DFB-LD)使用によ

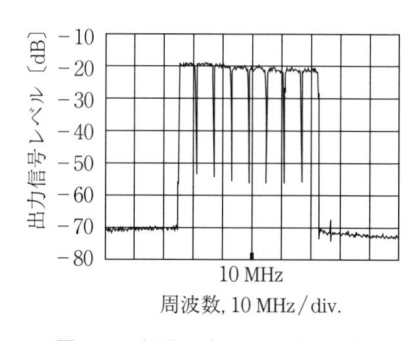

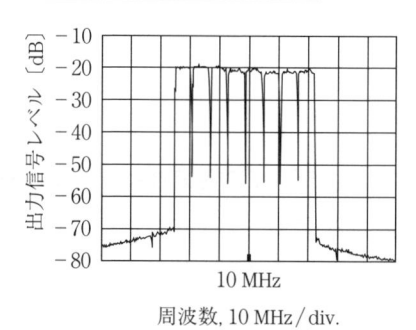

図 5.27 標準入力レベル時の出力スペクトル波形

図 5.28 過入力（+20 dB）時の出力スペクトル波形

り，当初の目標どおりの低廉化，小型化・軽量化が実現できた．本システムは，SFN 局を中心に多数の局で稼働している．

5.2 テレビ中継局用 LN 光変調器の耐雷性評価

前節で述べたようにニオブ酸リチウム（$LiNbO_3$）の電気光学効果を利用した LN 光変調器は，原理上電力を必要とせず，以下のような特長を持つため，特に受信所と送信所が分離されているテレビ中継放送所への適用に有効である．

① 受信所への電力供給が不要であり，したがって停電対策なども必要とせずきわめて簡略な受信所が構築できる．

② 光ファイバによる信号伝送のため，伝送損失がきわめて低く，受信 VHF/UHF 信号（多波）を周波数変換することなく直接，長距離伝送（約 6 km）できる（光ファイバの低損失性，広帯域性を利用）．

③ 受信所と送信所間を電気的に分離できるので，双方を結ぶ電線（銅線）が不要で，雷による誘導がない．また，一方への落雷の影響が他方へ影響することがない（無誘導性を利用）．

特に③の耐雷性にすぐれていることから，雷害に対して大きな効果が得られているが，それでも試験運用時において，光変調器に異常が検出されたこと

があった。そこで，光変調器の耐雷性・故障モードを調査し，実験および数値解析により，原因究明を行うとともに対策を実施した[10], [11]。

5.2.1 デバイス構造およびシステム構成

図5.29に本システムで用いられるLN光変調器の構造を示す。前述したように，光導波路が形成されるLN結晶基板には電気光学効果があり，印加電圧に比例して光導波路の屈折率が変化する。これにより，光導波路を通過する光の位相速度が変化し，2本の光導波路を通る光に位相差が生じる。この結果，光の干渉が生じ，光強度が変化する。

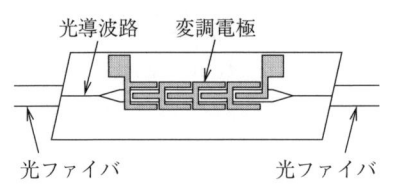

図5.29 LN光変調器の構造

本システムの場合，無バイアス（バイアス電圧なし）で使用することを前提としており，変調電極に印加される信号電圧ΔVがV_πに比べ十分小さいときの光変調度MはV_πを半波長電圧とすれば，式(5.19)で表される。ここで，V_bは変調動作点電圧（図5.4参照）である。

$$M = \frac{\pi \Delta V}{2 V_\pi} \cos\left(\frac{\pi V_b}{V_\pi}\right) \tag{5.19}$$

また，システムのCN比（搬送波電力/雑音電力）は次式で表される。

$$\text{CN比} = \frac{i_p^2 M^2 / 2}{\left(i_p^2 \text{RIN} + 2ei_p + i_r^2\right) B} \tag{5.20}$$

ここで，i_pは光検出器の光電流，RINはレーザの相対強度雑音，eは電子電荷，i_rは熱雑音電流，Bは帯域幅である。

すなわち，本システムの出力信号は光系の雑音を一定とすれば，光検出器の光電流i_p，光変調器の光変調度Mにより決定される。

前述したように本システムは，光変調器側に一切の給電線（銅線）が必要なく，伝送線も絶縁体（光ファイバ）であるため，落雷による影響はきわめて受けにくい。唯一考えられる故障モードとしては，アンテナに雷サージが侵入した場合に，変調電極に対して加えられる雷サージの影響である。具体的には，

変調動作点（V_b/V_π）の変動および変調電極の絶縁破壊が挙げられる。

5.2.2 変調動作点変動要因の調査

変調動作点は，2本の光導波路の位相差（長さ）により決まる。動作点がずれる要因としては以下のように考えられる。

〔1〕 **焦電効果による LN 結晶での電荷の蓄積（温度変化により発生）**

本システムに使用している LN 結晶は焦電結晶であり，温度変化により表面に正負の電荷が現れ，位相差が発生し変調動作点が変化する。この現象は直接雷サージと関係しないが，対策として，結晶表面に高抵抗膜（MΩ 程度）を形成し，電荷発生をキャンセルする方法を採用している[11]。

焦電効果による変調動作点変化は，急峻な温度変化により顕著に表れる。そこで，温度 −10 〜 45℃，昇温降温時間 1℃ / 分の条件で試験を実施したが，挿入損失，変調動作点に変化はなく，初期値と一致した。

〔2〕 **雷雲などにより筐体，受信アンテナに誘導された電位による LN 結晶での電荷の蓄積**　　雷雲により筐体内に電位が誘導され，この影響により光変調器内に電荷が蓄積する可能性が考えられる。このため，**図 5.30** に示すように静電気発生器を用い，アースから浮かせた受信部ユニット筐体に直接，高電圧（25 kV）を印加し，筐体の電位を上昇させたが変調動作点に変化は見られなかった。

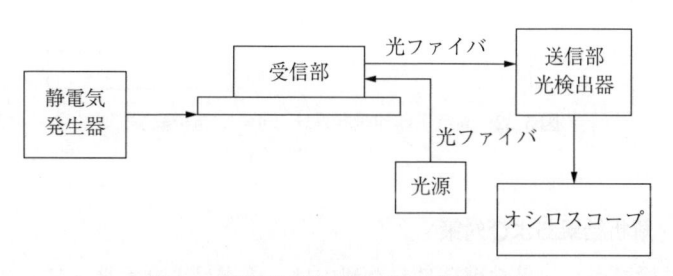

図 5.30　静電気印加試験系統（筐体関連）

受信アンテナに電位が誘導され，影響を与えた場合も考えられる。そこで，**図 5.31** に示すように受信アンテナ（八木アンテナ）の上（直近）にアースか

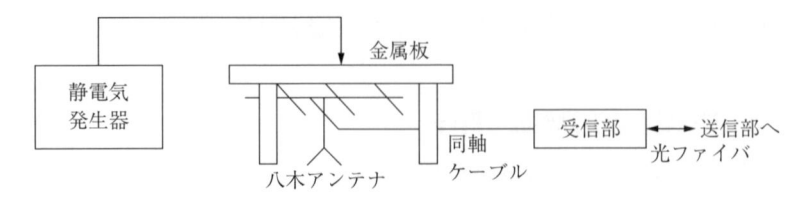

図 5.31 静電気印加試験系統（受信アンテナ関連）

ら浮かせた金属板を置き，高電圧（30 kV）を 30 分間印加したが，変調動作点の変化は見られなかった。

〔3〕 **雷サージ電流による LN 結晶での電荷の蓄積**　　上記の〔1〕と〔2〕は静的な影響であり，雷サージ電流が流れた場合を想定していない。そこで，実際にサージ電流が流れた場合の影響を調査した。

図 5.32 に試験系統を示す。受信部ユニット筐体をアースに接続した状態で静電気発生器をユニットに直接接続し，サージ電圧（300 V ピーク）を 50 回印加することにより，サージ電流を流した。ここで本試験ではばらつきを考慮し，サンプル数を 12 とした。この結果，1 サンプルに関し，半波長電圧（8 V）に対し 13%（0.6 V）の変調動作点の変動を生じた。

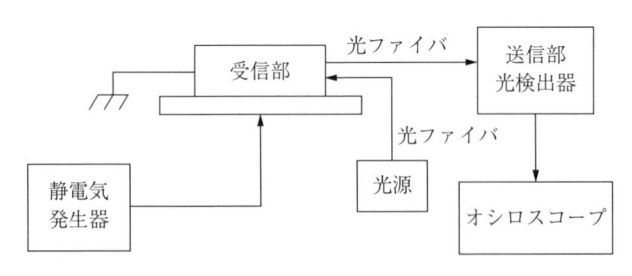

図 5.32　高電圧印加試験系統（サージ電流試験）

5.2.3　解析結果および対策

以上の検討から，異常が発生した理由は，落雷により大地（アース）に雷サージ電流が流れ，その 1 部がアースされている筐体に流れ込んだためと推測できる。この対策として，図 5.2 に示したように受信部の RF 信号入力端子に

BPF を挿入し，雷サージ電流を BPF 入力部でアースにバイパスさせることにより，直接変調電極に雷サージ電圧が加わらない構成とした．この結果，図 5.33 に示す 500 V（ピーク）のサージ電圧を印加したとき，挿入前は図 5.34 のように，V_π を数十倍超える電圧が光変調器に印加されているが，BPF 挿入後はトリガーレベルを最大感度（50 mV）としても，波形振幅はまったく見られなくなった．

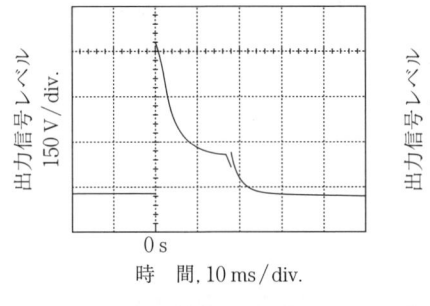

| 図 5.33　入力サージ波形 | 図 5.34　光変調器出力波形（BPF なし） |

5.2.4　サージ試験による雷耐量の確認

前項で説明したように，目視では容易に判別できない異常が雷サージによって生じる可能性があることが明らかになった．変調電極は受信アンテナと直接接続されており，また変調電極は図 5.29 に示したように，数十 μm のギャップで形成されたくし型電極構造をしているため，最も雷サージの影響を受けやすい．このため，サージ試験を実施し，同様の異常が再現できるかを検証するとともに，これら新しい故障モードを含めた場合の光変調器の雷サージ耐性について評価を行った．

雷サージ試験器として，雷サージを模擬したインパルス波形（1.2/50 μs）で波高値 500〜1 000 V を光変調器の変調電極に直接印加して，印加前後における特性比較を行った．ここで，雷サージ試験器のコンデンサ容量は 20 μF である．

表 5.6 に試験結果を示す．この表における異常とは，光系の特性には変化が

表5.6 サージ試験結果

No.	印加電圧（波高値）				
	500 V	600 V	750 V	900 V	1 000 V
1	異常なし	異常なし	異常なし	異常なし	異常なし
2	異常なし	放電破壊	—	—	—
3	異常なし	異常なし	異常あり	異常あり	放電破壊
4	異常なし	異常なし	異常なし	放電破壊	—

なく，システム利得が高周波で低下する現象のことである．各サンプルで値のばらつきはあるものの最終的には放電による破壊が生じている．放電破壊の一例を図5.35に示す．電極ギャップ間で放電を起こし焼損していることがわかる．雷サージ試験により光変調器単体では約500 Vの耐圧があることが確認できた．BPFの減衰特性も加味すると，装置全体では50万Vの耐雷性があることに相当する．

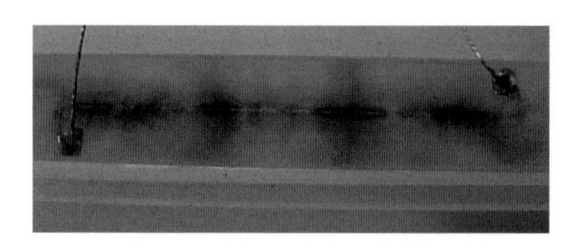

図5.35 放電破壊の例

これまでは本装置は原理的に雷害に強いということで，アース線の引き回しなどは特に考慮していなかった．アース線には幅広の銅板を用い，かつ最短距離で受信所側のアースと接続するなど，配線，引き回しについても十分注意し，装置に雷サージ電流ができるだけ流れ込まないようにすることが重要である．

なお，この対策を実施して以来，落雷による故障・異常現象は見られていない．

5.3 地上ディジタルテレビ放送波の長距離光ファイバ伝送

　地上ディジタルテレビ放送波を電波の届きにくい山間地域に低コストで普及させるためには，既存の光通信網を活用することも有効な手段と考えられ，自治体の通信インフラ（長距離光ファイバ網）などを利用したシステムの提案・伝送実験が活発に行われてきた[12]~[16]。

　これらのシステムを伝送面から見て比較したものを**表5.7**に示す[17]。RF（radio frequency）伝送方式は，地上ディジタル放送波をそのまま光ファイバで伝送するため，加入者との接続性・親和性が高いが，長距離伝送においては信号品質が劣化しやすい。IP（internet protocol）伝送方式は，既存のIPネットワークをそのまま活用することで設置・運用コストを低減できる。またディジタル信号であるため，誤り訂正を利用すれば信号劣化をなくすことも可能で長距離伝送に適している。ただし，信号の揺らぎ，パケットロス，遅延などの問題があり，OFDM（orthogonal frequency division multiplexing）変調器も新たに必要となる。さらに山岳地域にIP回線が敷設されていない場合はその建設コストもきわめて多額となる。

表5.7　各伝送システムの比較

伝送方式	概　要	特　徴
RF	RF信号（ディジタル放送波：OFDM変調波）を直接光伝送	加入者への接続性・親和性が非常に高い（OFDM変調器が不要）が，信号品質が劣化しやすい。
IP	既存のIPネットワークを活用して伝送	ディジタル伝送のため，誤り訂正が可能。ただし，OFDM変調器が必要で，揺らぎ・遅延・パケットロスなどあり。
TS	ベースバンドディジタル信号を専用回線で伝送	誤り訂正が可能。ただし，OFDM変調器，専用回線が必要。

　TS（transport stream）伝送方式は，地上ディジタル放送のベースバンド信号（TS信号）を伝送する方式で，IP伝送方式同様長距離伝送時においても信号劣化をなくすことができる。ただし，専用回線が必要であることに加え，

OFDM変調器も必要であることから高コストとなる．以上から山岳地域を含め，地上ディジタル放送をできるだけ低コストで配信するためには，RF伝送方式が最も有効と考えられる．そこで，課題である信号劣化の問題をクリヤするためのシステム検討を行うとともに，フィールド実験により十分実用が可能であることを実証した．図5.36に本システムのイメージを示す．

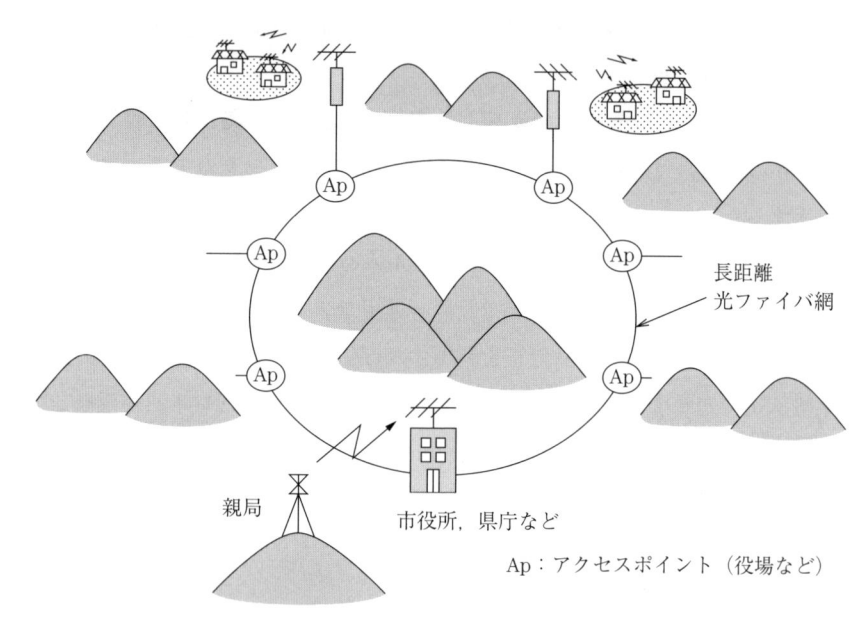

図5.36 本システムのイメージ

5.3.1 検討の経緯

長距離光ファイバ網においては，光増幅器（optical amplifier，以下光アンプと呼ぶ）の適用が可能な1.55 μm帯が広く用いられているが，既存のファイバ網は，ほとんどの場合1.31 μm帯零分散光ファイバ（zero-dispersion optical fiber）が使用されており，光源のチャーピング（chirping）[†]と光ファイバの波長分散に起因する伝送特性劣化の影響を受けやすい．このため上記伝送実験に

[†] **チャーピング** 光強度と同時に発振波長も微妙に変わる現象である．動作電流の変化により共振器内に屈折率の変化が生じるために発生する．

おいては，外部変調方式が使用されているが，地上ディジタル放送波を低コストで伝送するためには，より安価な伝送方式が望ましい．

そこで，低廉化システムの実現を目指し，LD 直接変調器（LD direct modulator）を用いた長距離光ファイバ伝送システムについて室内実験を行い，光変調度，光ファイバの波長分散が IMD に与える影響，最小限の補償量検討および実用システムにおいて重要な入力電波 CN 比を考慮した設計を行うとともに，実際の光ファイバ網（340 km）を用いて地上ディジタル放送波の多チャネル（9 波）一括伝送実験を実施した．この結果，OFDM 信号伝送においても低コストで高 CN 比を得るための光変調度の設定，最小限の波長分散補償などを行うことにより，LD 直接変調方式では困難とされていた長距離光ファイバ伝送における信号劣化をきわめて小さく抑えることができ，システムとして実用性能を十分満足する約 40 dB の等価 CN 比を得た．

5.3.2 設計・検討のためのシステムモデル

図 5.37 は，フィールド実験に先だって実施した室内実験のシステムモデル系統である．総伝送距離は 360 km で，光アンプへの光入力パワーは -10 ～ -3 dBm，光出力パワーは $+13$ dBm とし，最大 23 dB の伝送損失（光ファイバ伝送損失 0.4 dB/km×40 km + 分散補償ファイバ（dispersion compensation fiber，DCF）挿入を考慮（損失 7 dB））を補償するため，40 km ごとに 9 台の光アンプを配置している．各県内での配信においては，ループ状に光回線が構築されている場合もあるため，上記のような 300 km を超える長距離での検討を行った．また，システムの低コスト化（低い受光パワーで高 CN 比を実現させる）を目指すため，低出力（$+13$ dBm）の光アンプを適用している．

光送信部には，光波長 1.55 μm 帯，出力 $+8$ dBm の LD 直接変調器（図 5.38）を用い，最大 9 波（チャネル）のディジタル放送波を 1 本のファイバで一括伝送することにより，チャネル当りのコストを低く抑えることが可能となる．想定した光通信網は，1.31 μm 帯零分散ファイバが多く使われるものと予想されるため，各アクセスポイント（Ap）においては，波長分散による信号

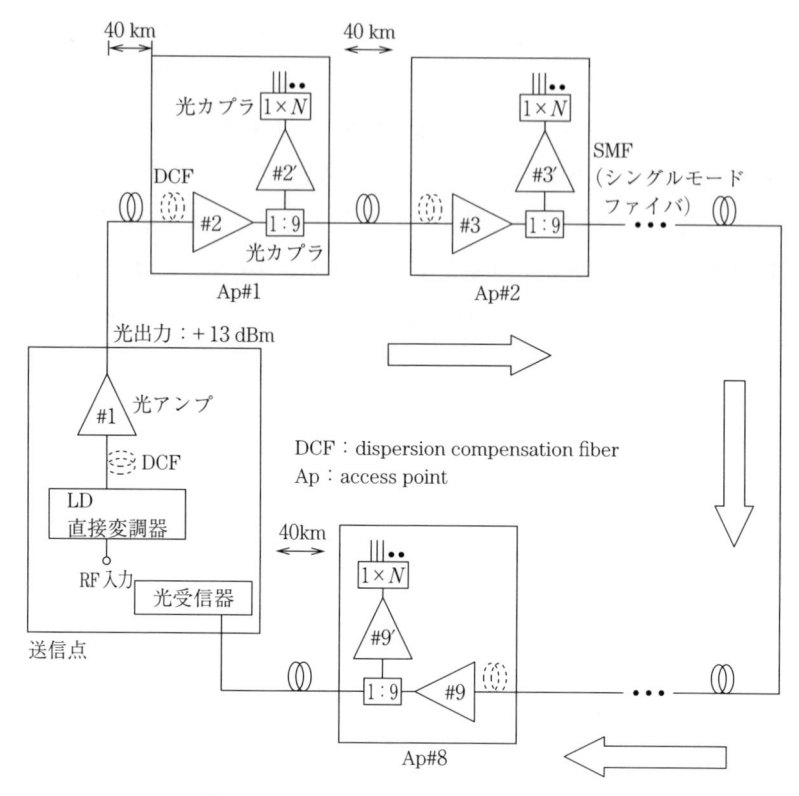

178   5. 地上ディジタル放送ネットワークへの応用

図 5.37 システムモデル系統（室内実験用）

幅：480 mm，高さ：49 mm，奥行：350 mm

図 5.38 LD 直接変調器の外観

劣化補償用の分散補償ファイバが配置可能な構成としている。

また，各 Ap で回線の光信号の一部を分岐増幅することにより，Ap ごとに地上ディジタル放送波の配信が可能である。配信された光信号の復調（光／電気変換）には，光多分岐伝送を考慮した FTTH (fiber to the home) ネットワークで使用される汎用的な光受信器（visual-optical network unit, V-ONU）を適用することとし，その最低受光パワーである $-8\,\mathrm{dBm}$ で検討を行った。

5.3.3 システム設計

システム通過後の出力等価 CN 比は，家庭への直接配信，CATV 局への配信および親局電波が届かないエリアへの再送信サービスへの適用を考慮すると実際の伝送距離である 360 km 伝送後の IMD による劣化を含めて 35 dB 以上確保する必要がある[12]。

本システムのような長距離光伝送におけるおもな信号劣化要因は

① 光アンプなど構成機器で発生するガウス雑音・IMD
② 長距離光ファイバ網で生じる信号劣化（IMD）

であり，これらに対して検討を行った。さらに，光ファイバの非線形光学現象が信号伝送に与える影響についても確認を行った。

〔1〕 **光アンプなど（光ファイバを除く）で発生するガウス雑音・IMD の検討と光変調度の設定**　　実際のシステムにおいては，入力親局電波の劣化状況を考慮しなければならない。この場合，所要等価 CN 比（C/N_{req}）は次式で表すことができる。

$$C/N_{\mathrm{req}}\,[\mathrm{dB}] = -10\log(10^{-B\,[\mathrm{dB}]/10} - 10^{-A\,[\mathrm{dB}]/10}) \tag{5.21}$$

ここで，A [dB] は親局電波の等価 CN 比（= 38 dB（規定値）），B [dB] はシステム出力で必要とされる等価 CN 比（= 35 dB）である。

なお，親局電波の雑音成分は IMD_3（三次相互変調ひずみ）が支配的であり，以下の式から等価 CN 比 = 38 dB は，$C/\mathrm{IMD}_3 \fallingdotseq 40$ dB に相当する。ここで，C/IMD_3 は，中心周波数から ±3.3 MHz 離れた周波数における IMD_3 電力 / 帯域内の任意のキャリヤ電力（帯域内では一定）である[6]。

$$C/\mathrm{IMD}_3\,[\mathrm{dB}] \fallingdotseq 等価 CN 比\,[\mathrm{dB}] + 2.1\,\mathrm{dB} \tag{5.22}$$

A [dB] = 38 dB，B [dB] = 35 dB を式 (5.22) に代入すれば，C/N_{req} = 38 dB となり，本システムに要求される等価 CN 比は 38 dB 以上でなければならない。

理想信号（入力信号の CN 比が無限大）を用いた場合，本システムのガウス雑音のみ（IMD_3 を除く）を考慮した CN 比は次式で表される。

$$\text{CN 比} = \frac{i_p^2 M^2/2}{\left(i_p^2 \text{RIN} + 2ei_p + i_r^2\right)B} \tag{5.23}$$

ここで，i_p は光受信器の光電流，M は1波当りの光変調度，RIN は光源の相対強度雑音，i_r は光受信器の熱雑音電流，B は帯域幅，e は電子電荷である．

光アンプを適用したこのシステムの RIN は，光アンプを接続することによる劣化が1段ごとに加算されるので，n 段接続後の RIN（$\text{RIN}_{n\text{ out}}$）は次式で表される．

$$\text{RIN}_{n\text{ out}} = \text{RIN}_{n-1\text{ out}} + \frac{2h\nu \text{NF}_A}{P_{\text{in}}} + \frac{\left(h\nu \text{NF}_A\right)^2 B_f}{P_{\text{in}}^2} \tag{5.24}$$

ここで，右辺の第2項は信号光と ASE（amplified spontaneous emission[†]）間のビート雑音，第3項は ASE-ASE 間のビート雑音を表している．また，h はプランク定数，ν は信号光の周波数，NF_A は光アンプの雑音指数，P_{in} は光アンプへの入力光パワー，B_f は光アンプの増幅帯域幅である．

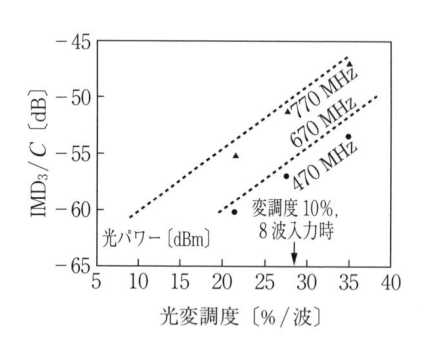

システムの低コスト化のためには，低い受光パワーでのシステム構築が重要であり，光送信器における変調度は IMD の影響を受けない範囲でできるだけ高く設定することが望ましい．そこで，2トーン信号を用いて光変調度に対する IMD_3/C を測定した結果を図 5.39 に示す．実効光変調度 M_e が 28%（$M=$

図 5.39　2トーン信号を用いた場合の光変調度に対する IMD_3/C

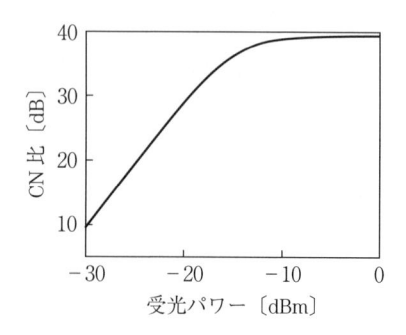

図 5.40　光受信器受光パワーに対する CN 比（計算値）

[†] **ASE**　光アンプは信号光が入ってこない状況でも光を放出しているが，この自然光は光アンプ自体で増幅されて雑音となる．

9.3%/波で9波一括伝送時は，$\sqrt{9} \times M$ までは IMD_3/C は $-52\,dB$ 以上（式(5.22)から等価 CN 比に換算すると $50\,dB$ 以上）となっている．この値は所要等価 CN 比（$35\,dB$）に比べ十分大きいと考えられるため，$M_e = 28\%$ と仮定して以下の設計を行い，OFDM 信号伝送時に生じると予想される IMD による過剰劣化については，実験で確認することとした．

式(5.23)と式(5.24)を用い，図 5.37 のシステムモデル（光アンプ 9 段接続）における光受信器受光パワーに対するガウス雑音のみを考慮した CN 比の計算結果を図 5.40 に示す．ここで，$RIN = -150\,dB/Hz$，$NF_A = 6\,dB$，$P_{in} = -10\,dBm$，η（光受信器の受光感度）$= 0.95\,A/W$，$i_r = 8\,pA/\sqrt{Hz}$，$B = 5.6\,MHz$，$B_f = 3.77 \times 10^{12}\,Hz$ とした．

受光パワーを $-13\,dBm$ 以上とすれば，目標値の CN 比 $\geq 38\,dB$ が得られる．汎用的な光受信器を用いた場合，その最低受光パワーは $-8\,dBm$ であり，目標値を十分満足する CN 比 $= 39.3\,dB$ が期待できる．

〔2〕 **光ファイバにおける非線形光学現象の確認** 長距離光伝送においては，光ファイバの非線形光学現象が与える影響を把握しておくことも重要なポイントと考えられるため，実験により以下の確認を行った．

（1） **誘導ブリルアン散乱の影響** 本システムに使用している LD 直接変調器（DFB-LD）のように，光スペクトル幅が狭い（約 6 MHz）光を低損失で長距離のシングルモードファイバで伝送した場合，誘導ブリルアン散乱（stimulated Brillouin scattering, SBS）を考慮する必要がある．

SBS とは，光ファイバの中で発生する非線形光学現象で，入射光の強度が増加してある値（しきい値）を超えるとあらゆる方向に散乱していた散乱光の強度が急激に増加して，入射光と同程度になるとともに，その向きが入射と反対方向になることをいう．すなわち，SBS が起こると入射光は後方散乱され，光ファイバに入らなくなる．通常，入射光が 5 mW 程度を超えると SBS が顕著になるといわれている[18]．

SBS は光スペクトル幅と強度に依存するため，光ネットワーク回線に光信号を入力するときの重要なファクタとなる．そこで，室内実験により確認を行っ

た。図 5.41（a）に無変調時の光ファイバ 52 km 伝送におけるファイバ入射光パワーに対する透過光パワーおよび戻り光パワーを示す。無変調状態では，10 mW の入力が可能である。

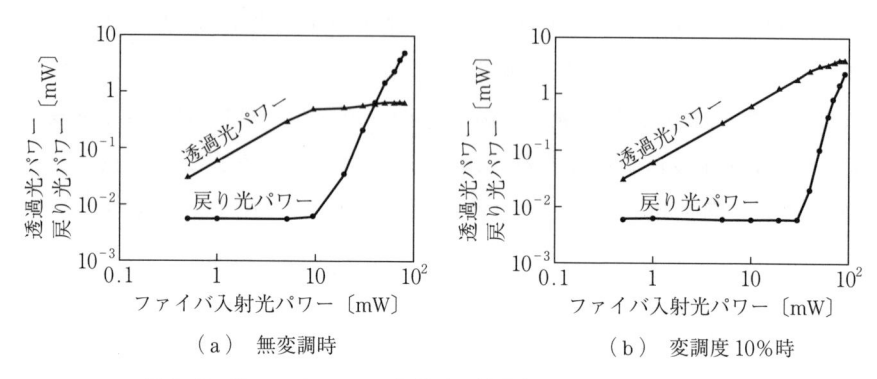

図 5.41 光ファイバ 52 km 伝送時の透過光パワーと戻り光パワー
（a）無変調時　　（b）変調度 10％時

図（b）は，500 MHz のキャリヤを光変調度 10％で変調したときのファイバ入射光パワーに対する透過光パワーおよび戻り光パワーを示す。無変調時に比べて約 3 倍改善されている。SBS は，このように変調をかければ大きく改善されるため，10 mW 程度の光入射パワーにおいて，50 km 程度の長距離光伝送を行っても大きな問題はない。

（2）光波長分散の影響　　波長分散は媒質の物理特性が波長によって異なる現象で，光ファイバでは，光信号の伝搬時間が信号中の異なる波長成分（変調およびレーザの光スペクトル広がりによる異なる波長成分）に対して一定でないことによる信号波形ひずみが発生する。電力通信網などで多く利用されている光ファイバ（ダークファイバ[†]）は信号波形ひずみが 1.3 µm 帯で最小となるが，1.55 µm 帯の光を伝送すると波長分散により信号ひずみが発生する。ただし，分散は可逆的な現象であるので，伝送光ファイバと逆の分散特性を持つ光ファイバ（分散補償ファイバ）を直列に接続すれば，合計分散量を零にすることは可能である。

[†]　**ダークファイバ**　　電気通信事業者や，鉄道事業者などが敷設している光ファイバのうち，その事業者などが使用せず空いている線である。

図5.42に伝送光ファイバ長に対するIMD$_3$/Cを示す。ここで，光波長は1550 nmで，光変調度28%／波のUHF放送帯（668 MHz，669 MHz）を2波入力している。なお，実験に用いた光ファイバのカットオフ周波数は1260 nm，モードフィールド径（光強度が中心部の$1/e^2$（$e=2.718$）となる直径）は10.4±0.5 μm，零分散波長は1313 nmである。

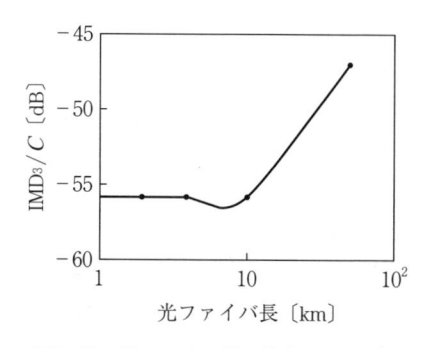

図5.42 光ファイバ長に対するIMD$_3$/C

また，伝送距離50 km以下では，IMD$_3$/C≦−45 dBであり，50 km程度までは，分散補償ファイバにより分散補償を行わなくても，システム構築が可能である。

（3） **長距離光ファイバ網における信号劣化（IMDによる劣化）** 光ファイバの高分散波長域での長距離光ファイバ伝送では光源のチャーピングと波長分散に起因するCSO（二次ひずみの集合体，composite second order）劣化が生じる。地上ディジタル放送の周波数は470〜710 MHz（UHF帯）であり，伝送帯域幅は1オクターブ以内（周波数の2倍以内）に収まっているため，直接二次ひずみが自帯域に影響を及ぼすことはなく，三次相互変調ひずみ（IMD$_3$）のみを考慮すればよい。

このシステムでは，低コスト化を図るため市販のLD直接変調器を用いているが，LD直接変調器を適用する場合はチャープ特性（光パワーと同時に発振波長が微妙に変わること）により，光スペクトル幅が広がるため，波長分散の影響により信号ひずみが生じる。これは光変調度に関係しており，LD直接変調方式の場合，トータル変調度を把握し，制御することが重要である。特に，OFDM信号は，数千本以上のマルチキャリヤ信号であるため，自チャネル内にもひずみ成分が発生し，等価CN比に与える影響は大きい。

波長分散によるひずみは，分散補償を行えば低減されることはよく知られているが，本システムにおいては，分散補償ファイバをできるだけ使用しない，

より安価なシステム構築を目的としており,波長分散量とIMDの関係は重要であるため調査を行った.

(4) OFDM信号伝送時の波長分散量に対するIMD　変調信号としてOFDM信号およびCW(無変調連続波,continuous wave)信号を用い,ダミー光ファイバを使用し,図5.37のシステム系統[DCF(分散補償ファイバ)は不使用]で室内伝送実験を実施した.本実験においては,光ファイバ長を変える(0.01〜346.6 km)ことにより波長分散量を制御し,信号劣化を測定した.**表**5.8は使用した光ファイバの諸特性である.

表5.8　光ファイバの諸特性

損失〔dB/km〕	モードフィールド径〔μm〕	カットオフ波長〔nm〕	ゼロ分散波長〔nm〕	分　散〔ps/(nm·km)〕	分散スロープ〔ps/(nm²·km)〕
0.19*	10.4±0.5	1 260	1 315	17*	0.057

* 代表値

図5.43に波長分散量に対するC/IMD_3(キャリヤ電力/三次相互変調ひずみ)の測定結果を示す.実験においては,入力信号として526 MHzと527 MHzの2トーンCW信号およびOFDM信号(22 ch)を使用し,それぞれトータル光変調度を28%(1波の変調度を9.3%として9波を一括伝送したときの変調度)として測定を行った.ここで,OFDM信号のC/IMD_3については,中心周波数から3.3〜3.5 MHz離れた範囲の最大レベルを測定値としている.

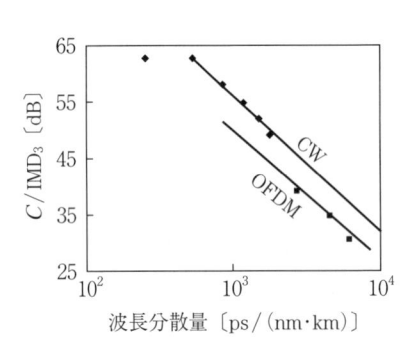

図5.43　光変調度28%時の波長分散量に対するC/IMD_3

また,光送信器には,波長1 549.2 nmのDFB-LD直接変調器(しきい値バイアス電流8.2 mA,バイアス電流97.9 mA,スペクトル幅は6 MHz)を用い,光ファイバ損失を補償するため,9台の光アンプによる中継伝送としている.各光アンプの動作条件は+13 dBm一定出力とし,光入力パワーは光減衰器に

5.3 地上ディジタルテレビ放送波の長距離光ファイバ伝送

より$-10\,\mathrm{dBm}$に調整した。

OFDM信号伝送においてもC/IMD_3は波長分散量により直線的に劣化している。また、2トーンCW信号に比べOFDM信号では、約6 dBの過剰劣化が見られる。これは、OFDM信号の場合、多数のキャリヤ（5617本）が加算された信号であるため、瞬時ピーク電力が平均電力に比べ約10 dB高いことによる劣化と考えられる。

IMD_3による劣化を含めた所要等価CN比(C/N_req)は、式(5.21)の$A\,[\mathrm{dB}]$に39.3 dB（ガウス雑音のみを考慮したCN比）、$B\,[\mathrm{dB}]$に38 dB（システムで要求される等価CN比）を代入すれば、$C/N_\mathrm{req}=44\,\mathrm{dB}$となる。

以上および式(5.22)から、OFDM信号の場合のC/IMD_3は46（44+2（C/IMD_3を等価CN比に換算するときの補正値））dB以上、CW信号の場合は、52（44+2+6（OFDM信号伝送過剰劣化量））[dB]以上確保することが必要である。

図5.44には、光変調度28%のときの346 km光ファイバ伝送後のOFDMスペクトル波形（22 ch）およびMER（変調誤差比，modulation error ratio、ガウス雑音の場合はCN比に相当）[6]を示す。

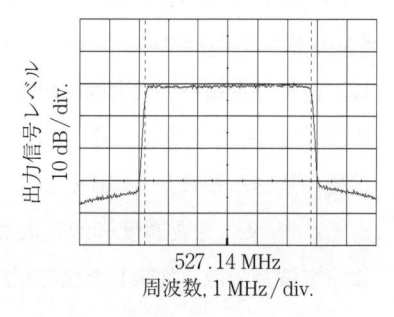

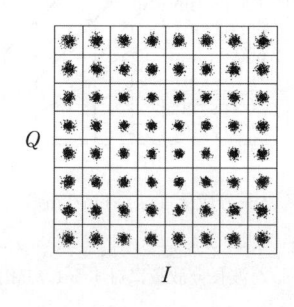

（a）出力スペクトル波形　　　　（b）出力 MER

図5.44 光変調度28%時の出力OFDMスペクトル波形および出力MER（346 km伝送時）

図5.45は光変調度10%のときの346 km光ファイバ伝送後のOFDMスペクトル波形（22 ch）およびMERである。MERは36.6 dBとなり、光変調度28

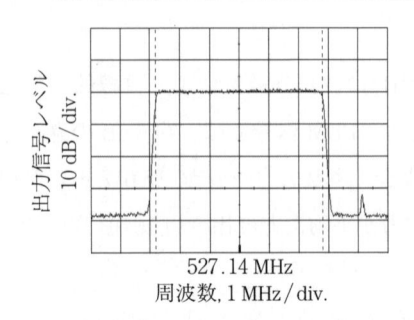

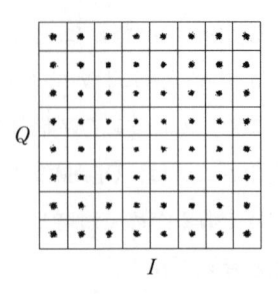

(a) 出力スペクトル波形　　　　　　(b) 出力 MER

図 5.45 光変調度 10%時の出力 OFDM スペクトル波形および出力 MER

%で同距離伝送した場合（図 5.44，MER＝28.9 dB）と比較すると，約 8 dB の差があり，変調が深くなることにより光スペクトルが広がり，波長分散の影響を大きく受けていることがわかる．

（5）　光変調度をパラメータとしたときの伝送波数に対する IMD　　図 5.46 にトータル光変調度をパラメータ（10～28%）とした，すなわち，伝送波数を変えたときの波長分散量に対する C/IMD_3 の測定結果を示す．

OFDM 信号発生器自体の C/IMD_3 は 50 dB 程度であるため，本測定においては CW 信号を用いて光変調度が浅い場合の測定精度を高めた．必要な C/IMD_3 は先に述べたとおり 52 dB とした．

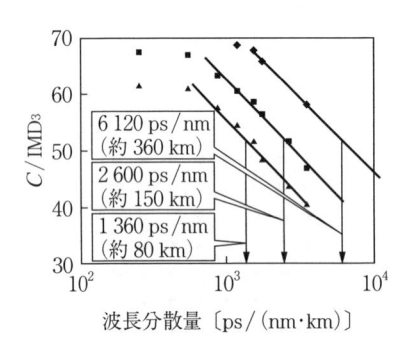

図 5.46 トータル光変調度をパラメータとした波長分散量に対する C/IMD_3

その結果，光変調度（伝送波数）によって波長分散を加味した伝送距離は大きく異なり

光変調度 10%（単波）伝送では，約 360 km（総分散量 6 120 ps/nm）

光変調度 20%（4 波一括伝送相当）では約 150 km（総分散量 2 600 ps/nm）

光変調度 28%（8 波一括伝送相当）では約 80 km（総分散量 1 360 ps/nm）

が可能であることを確認できた．

このことは，トータル光変調度（伝送波数）と伝送距離による IMD_3 の波長分散による劣化を明らかにしたものであり，地域ごとに異なる伝送波数に対するシステム構築・設計に有用であると考えられる．

5.3.4 実際の光ファイバ網を使用したフィールド実験

〔1〕**実 験 系 統**　以上の検討に基づき，図 5.47 に示す全長 340 km の実際の光ファイバ網を使用した地上ディジタル信号（OFDM 信号）の多波（9 波）伝送実験を実施した．チャネル配置については，実験を行った地域のチャネルに合わせている．

本実験では，光回線 340 km の総分散量 5 626.3 ps/nm に対し，8 箇所の Ap に配置した分散補償ファイバ（DCF）により 260 km 相当（−4 420 ps/nm）の補償を行い，前項の確認実験を行った．また，光アンプなど構成機器で発生する信号劣化と波長分散により生じる IMD を切り分けて検証するため，光受信器の手前にさらに分散補償ファイバを配置し，残留分散量を零としたときの性能評価を合わせて行った．

図 5.48 に光レベルダイヤグラムを示す．送信点の光出力パワーは +13 dBm，光回線通過後の受信点への到達光パワーは +3 dBm である．

〔2〕**フィールド実験結果および考察**　測定信号チャネルは 21 ch とし，光変調度 9.3 %/ch（トータル光変調度：28 %）として，光受信器への受光パワーに対する MER を測定した．表 5.9 と表 5.10 に，使用した OFDM 信号と光送信器（LD 直接変調器）の特性を，表 5.11 に光ファイバの特性を示す．

図 5.49 に 340 km 伝送後（残留分散量 +1 200 ps/nm）の MER（出力 MER, 21 ch）の測定結果を示す．340 km 伝送において MER = 37.9 dB が得られており，実用上問題ない信号品質が確保されていることがわかる．

図 5.50 に実験に用いた OFDM 信号の入力信号スペクトル波形とその入力 MER の測定結果を示す．図 5.49 と図 5.50 の MER の測定値から入力信号の影響を除くため，式 (5.21) を用いて本システムの等価 CN 比を算出した結果，OFDM 信号 9 波の 340 km 伝送（残留分散量 +1 300 ps/nm）において，受光

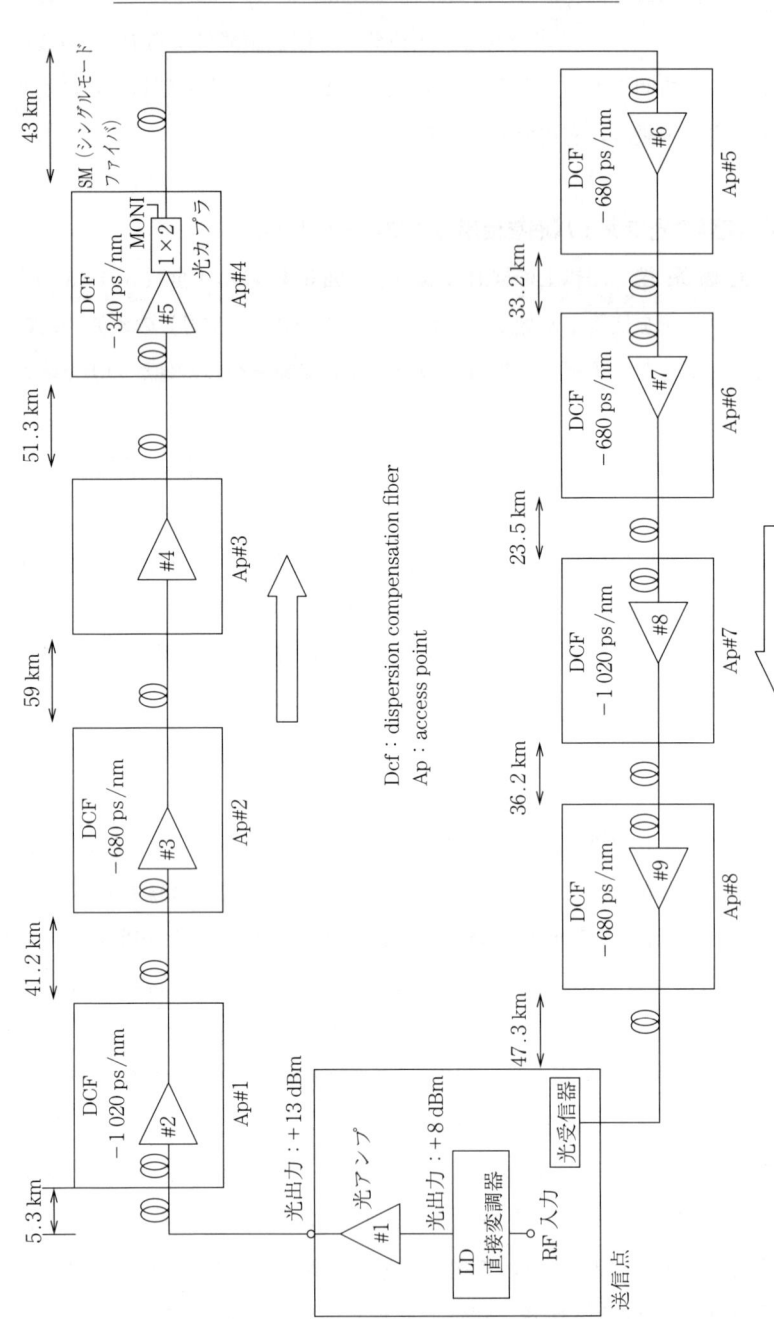

188 5. 地上ディジタル放送ネットワークへの応用

図 5.47 OFDM 変調信号伝送フィールド実験系統（総距離：340 km）

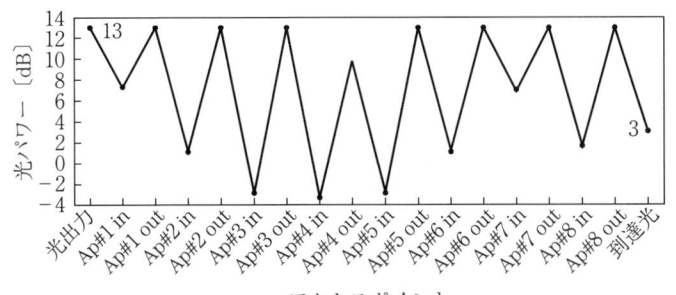

5.3 地上ディジタルテレビ放送波の長距離光ファイバ伝送

図 5.48 光レベルダイヤグラム

表 5.9 OFDM 信号の諸特性

送信チャネル	13, 14, 15, 16, 18, 20, 21, 37, 38
送信モード	モード 3
キャリヤ変調方式	64 QAM
ガードインターバル	252 μs*
畳込み符号化率	3/4
RS（リードソロモン）符号	off

* 現在運用中のパラメータのガードインターバルは 126 μs

表 5.10 光送信器（LD 直接変調器）の諸特性

波長 [nm]	1 550.12
RIN [dB/Hz]	−150
出力光パワー [dBm]	+8
スペクトル線幅 [MHz]	10

表 5.11 フィールド実験で使用した光ファイバの特性

損失 [dB/km]	ゼロ分散波長 [nm]	分散 [ps/(nm·km)]	分散スロープ [ps/(nm²·km)]	長さ [km]	トータル分散 340 km [ps/(nm·km)]
0.25*	1 320*	16.5*	0.057	340.6	5 626.3

* 代表値

パワー −8 dBm で信号劣化のきわめて少ない等価 CN 比 = 39.7 dB が確認できた。ここで，式 (5.21) の A [dB] としてシステム入力信号の MER = 43.3 dB, B [dB] として 340 km 伝送後のシステム出力 MER = 37.9 dB を用いている。

実験結果は，前節の実験結果とよく一致している。また，実用上必要とされる CN 比は，前記のように 38 dB 以上であればよく，LD 直接変調方式による

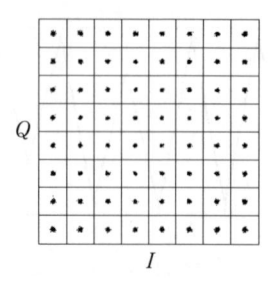

図 5.49　出力 MER (残留分散量：+1 200 ps/nm)

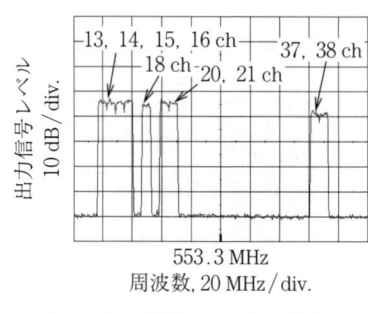

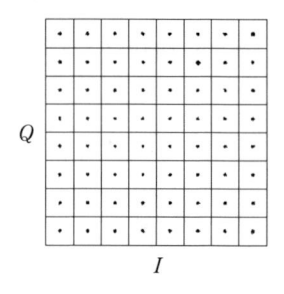

(a) 入力信号スペクトル波形　　　(b) 入力 MER

図 5.50　入力信号スペクトル波形および入力 MER

長距離光伝送が十分可能であることを実証できた。

図 5.51 には，光レベルダイヤグラムと式 (5.23) に基づき計算した受信器の受光パワーに対する CN 比の計算結果と，本実験の残留分散量零における入出力 MER 測定値から求めた本システムの等価 CN 比の計算結果を示す。ここで，i_p は光電流 (P_D を受光パワーとすれば ηP_D, η (光受信器の受光感度) = 0.95 A/W)，光波長 λ = 1 550.12 nm, RIN = -150 dB/Hz, 1 波当りの光変調度 M = 9.3%/波, NF_A (光アンプの雑音指数) = 6 dB,

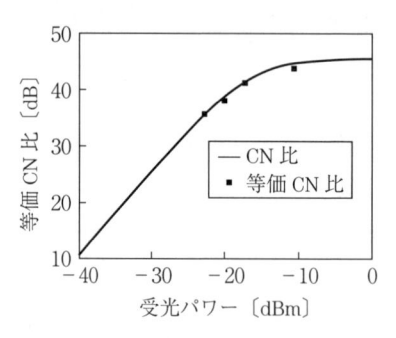

図 5.51　受信器の受光パワーに対する等価 CN 比の計算結果

i_r（光受信器の熱雑音電流）$= 8\,\text{pA}/\sqrt{\text{Hz}}$），$e$ は電子電荷，B（帯域幅）$=5.6$ MHz である．

図において等価 CN 比計算値とガウス雑音のみを考慮した CN 比の計算値が一致する結果は，本システムにおいて OFDM 信号時においても，信号劣化の主原因はガウス雑音であり，光アンプなど構成機器による IMD 劣化は無視できることを示している．

IMD による劣化は波長分散によるもののみを考えればよいことから，図 5.43，図 5.46 を利用すれば，所要の等価 CN 比が指定された場合の最低限の残留分散量を知ることができ，実用的でかつ安価なシステムの実現に有用である．

5.4 ファイバラマン増幅器を用いた長距離無中継光伝送

前項で述べたように，地上ディジタル放送の山間地域への伝送システムを低廉に実現するために，マイクロ波，放送波中継の予備回線として光ファイバの補完的利用が考えられる．ダークファイバを用いれば低廉な伝送路が期待できる反面，敷設時期の古い損失の大きな光ファイバが含まれていることも多く，回線設計上都合の良い位置に中継増幅器を設置することが難しい場合がある．このような受光パワーが不足する場合に，ファイバラマン増幅技術を用いることで CN 比の改善を図ることができる．本節ではこのファイバラマン増幅（以下，ラマン増幅と呼ぶ）を用いた多チャネルの地上ディジタル放送波の 300 km 無中継伝送実験[19]について述べる．

ラマン増幅は，光ファイバに強い励起光を入射すると，励起光よりも約 100 nm 長い波長帯の信号光を増幅する現象である．光増幅器として一般的な EDFA（erbium doped fiber amplifier）とラマン増幅器を比較して**図 5.52** に示す．EDFA は数百 m の Er 添加ファイバに信号光を通すことで高い増幅率が得られるので，光送信器の終段や光受信器の初段で集中的な増幅器として用いられる．一方，ラマン増幅器は EDFA より効率は悪いが，既存のシングルモー

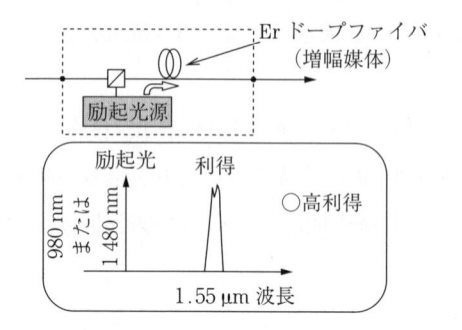

図5.52 EDFAとラマン増幅器の比較

(a) EDFA（Erドープファイバ増幅器）
- 励起光：980 nmまたは1 480 nm
- 利得：1.55 μm 波長
- ○高利得
- ・集中型増幅
- ・すでに広く利用されている
- ×特殊ファイバが増幅媒体（伝送路に挿入）

(b) ラマン増幅器
- 励起光、利得：約100 nm
- ○広帯域
- ○低雑音
- ・分布型増幅
- ・近年の励起レーザの高出力化で実現
- ○既設のファイバが増幅媒体（途中の伝送路に特殊な装置不要）

ド光ファイバを増幅媒体とした分布線路的な増幅が可能である。励起光を光受信器側から信号光と逆方向に入射させることで受光パワーを20 dB以上補償することができる。

1.3 μm帯で零分散となるシングルモードファイバで300 km伝送した場合の光ファイバ長に対する光パワーと波長分散を**図5.53**に示す。光受信器（O/E）の入力に分散補償光ファイバを挿入して波長分散をほぼキャンセルし，2台のEDFAで光ファイバの伝送損失と分散補償光ファイバの挿入損失を補償している。ラマン増幅器の励起光パワーが零すなわち光ファイバが増幅媒体となっていない場合には，光パワーは点線のように光ファイバの損失により－50 dBmまで下がってしまう。こうなると，EDFAで増幅しても受信信号の性能は大きく劣化してしまう。一方，ラマン増幅器の励起光パワーを1.3 Wとした場合には，この地点の光パワーを実線のようにラマン利得に相当する28 dB大きくすることができるため，受信信号の性能を改善することができる。

25波の地上ディジタル放送波を多重光伝送したときのラマン増幅器の励起光パワーに対するCN比を，150～300 kmの各ファイバ長をパラメータとして，**図5.54**に示す。ファイバ長を変えると波長分散と伝送損失が変化するの

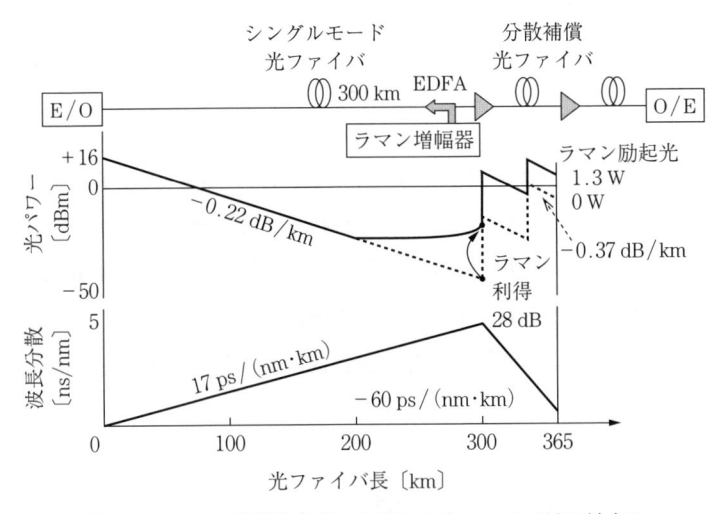

図 5.53 ラマン増幅器を用いた場合の光ファイバ長に対する光パワーと波長分散

で，距離に相当した分散のキャンセルをするとともに，受光パワーを一定として実験した。この図からラマン増幅による CN 比の改善効果は距離が長いほど大きくなることがわかる。300 km 伝送時の CN 比はラマン増幅をしない場合には 10 dB であるが，ラマン励起光パワー 1.3 W において 22 dB となり，良好に受信することができる。一方，伝送距離が短い場合（250 km

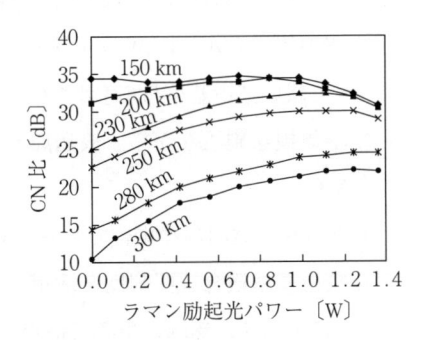

図 5.54 光ファイバ長をパラメータとしたラマン励起光パワーに対する地上ディジタル放送波の CN 比

以下）では大きなパワーの励起光を入射させると CN 比が劣化している。これは励起光の増加により二重レイリー散乱[20]の雑音パワーが増加するためと考えられる。実設計ではファイバの伝送距離や損失に応じて，CN 比が最適となるように EDFA とラマン増幅器の利得を配分することが重要である。

5.5 地上ディジタルテレビ放送用ギャップフィラー

ギャップフィラー（gap filler, GF）は，山間部，ビル陰，地下街など地上ディジタル放送が届きにくいエリアを小規模な無線設備でカバーするシステムである。山間部における GF は共同受信施設と同様に，山上など電波を良好に受信できる場所で受信したテレビ信号を同軸ケーブルや光ファイバにより麓（ふもと）まで伝送する。その後，簡易な無線送信装置により信号を加入者に分配するので，無線共聴とも呼ばれている。

5.5.1 ギャップフィラーの位置付け

GF は主に地上ディジタル放送の難聴解消のための一手法として用いられており，普及のためにつぎの制度が整備されている。

① 空中線電力が 50 mW/ch 以下の極微小電力局の扱いとなり，放送局と比べて緩い技術基準†が適用される[21]。

② 小規模な施設ながら，放送局と同じ地上ディジタル放送の電波を送出できる。

③ 市町村や共同視聴組合でも導入できる。

④ 技術基準適合証明制度を活用することで，免許手続の簡素化が図れるともに運用時に無線従事者資格が不要となる。

難視聴地域における地上ディジタル放送の提供方法を表 5.12 に示す。2011 年の地上アナログ放送終了後も地上ディジタル放送が受信できない世帯は衛星を利用した再送信（衛星によるセーフティネット）番組を受信している。これは時限措置で，2015 年 3 月までに地上系で対策を講じなければならない。GF は有線のみの共聴施設よりも安価に構築が可能で，保守性にもすぐれているためセーフティネットの代替として期待されている。また，老朽化した同軸ケー

---

† 周波数の許容偏差，空中線電力の許容偏差およびスペクトルマスクなど。

5.5 地上ディジタルテレビ放送用ギャップフィラー

表 5.12 難視聴地域における地上ディジタル放送の提供方法

対策手法	対策の概要
共同受信（有線共聴）	地上ディジタル放送を良好に受信できる場所で受信し，各戸に同軸ケーブルや光ファイバで配信
ギャップフィラー（無線共聴）	地上ディジタル放送を良好に受信できる場所で受信し，送信設備により各戸に電波で配信
ケーブルテレビ（CATV）	ケーブルテレビが再送信サービスを提供
電気通信役務利用放送	通信会社がIPマルチキャスト方式，RF方式で再送信サービスを提供
衛星セーフティネット	BSディジタル放送を使ったNHK（総合，教育），東京キー局の再送信

ブルの共聴設備の更新策としても有力視されている．GFの導入実績が最も高いNHKアイテックの調べによると，GFは2008年に兵庫県香美町に初めて導入されて以来，全国で整備が進められ，2013年3月現在で送信局数が720局になっている．また，GFから再送信される番組は携帯電話やカーナビなどのワンセグ受信機でも受信できるので，固定受信の難視解消だけでなく，移動端末への防災情報等の伝達にも役立つものと期待されている．

5.5.2 ギャップフィラーの構成

GFシステムはヘッドアンプと送信機から構成される．小規模な施設ではヘッドアンプと送信機を一緒にした一体型の装置が用いられる．一体型は安価であるが，送信した電波が受信アンテナで受信されて発振を起こす「回り込み」と呼ばれる現象を防止する注意が必要で，設置環境に対する制約が多い．ヘッドアンプと送信機を同軸ケーブルや光ファイバで接続した装置を分離型という．分離型は，建物や地形を利用することで回り込みの影響を受けにくくすることができる．光ファイバで接続した装置は割高であるが，回り込み対策が不要で，大規模な施設でも安定に動作する．光ファイバを用いたGFシステムの構成を**図 5.55**に示す．受信された地上ディジタル放送波はヘッドアンプのOFDMチャネルプロセッサでチャネルごとに伝送帯域外の不要成分の除去と，自動利得調整回路によりレベル補償が行われる．レベルがそろえられた地上

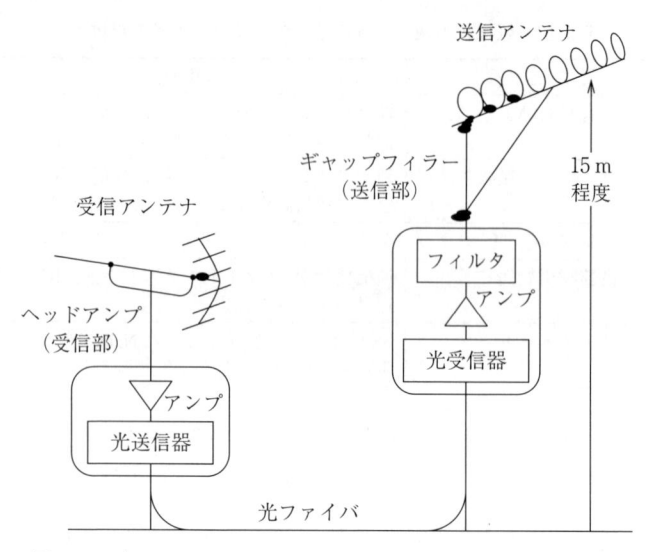

図5.55 光ファイバを用いたギャップフィラーシステムの構成例

ディジタル放送波は多重されて，LDで光信号に変換される．分配の規模が大きな施設では光増幅器を使えるように，1.55 μm 帯を光波長とする機器が多い．送信器で電気信号に戻された地上ディジタル放送波は，MCPA（multi carrier power amplifier）で一括増幅されて送信アンテナから放射される．規模に応じて送信電力が 1 mW，10 mW，50 mW の機器が製造されている．送信電力が 10 mW で，1 方向に放射した場合，おおむね 1 km 程度までをカバーすることができる．送信アンテナには比較的大きな電力を扱うことから，家庭用のテレビ受信アンテナよりも絶縁耐力の大きなリングアンテナなどが使われることが多い．

　GF機器の入力において再送信する地上ディジタル放送の所要 CN 比は 26 dB 以上[†]である．この所要値は，ほとんどの共聴施設が放送の無線中継ネットワークの3段目までから信号を受信していることを考慮し，マルチパス妨害などによる劣化を含めて設定されている．

　GF機器のCN比を 32 dB 以上[22]確保すれば，受信した地上ディジタル放送

　[†]　建造物遮へいなど対策用と閉塞空間対策用では 27 dB 以上である．

波を送信器から 25 dB 以上で電波を放射することができる.

　ディジタル放送のサービスエリアは電界強度が 60 dBμV/m 以上が目安とされる.サービスエリアの縁であっても,一般的に用いられている 14 素子の八木アンテナで受信する場合,テレビ受信機で約 25 dB の CN 比が得られる.受信 CN 比と受信品質の関係を図 5.56 に示す.この図から,GF 機器の CN 比が 32 dB 以上であれば良好な受信品質が得られることがわかる.ここで説明した CN 比以外の項目を含めて,JCTEA STD-019 は「ギャップフィラー機器の望ましい性能」を規定している.

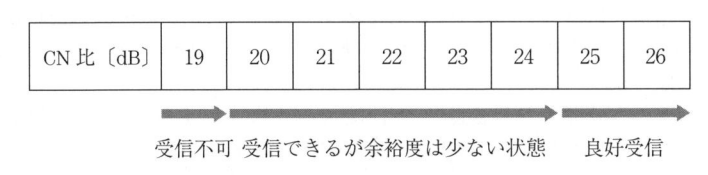

| CN 比〔dB〕 | 19 | 20 | 21 | 22 | 23 | 24 | 25 | 26 |

受信不可　受信できるが余裕度は少ない状態　　良好受信

図 5.56　受信 CN 比と受信品質の関係

引用・参考文献

1) 生岩量久,中 尚,鳥羽良和,戸叶祐一,佐藤由郎:導波路型光変調器を用いたテレビ電波受信システム,信学論,**J79-C-1**,7,pp.249〜255 (1996)
2) 生岩量久,竹内安弘,鳥羽良和,鳥畑成典,谷沢 亨,尾崎泰己:地上波ディジタルテレビ信号伝送用光伝送システムの開発,信学論 C,**J84-C**,8,pp.666〜672 (2001)
3) 生岩量久,竹内安弘,秋山一浩,山下隆之,鳥羽良典,鬼澤正俊,鳥畑成典:偏光無依存光変調方式を用いた地上ディジタル波受信装置の開発,映情学会論文,**56**,2,pp.212〜217 (2002)
4) 生岩量久,山下隆之,鳥羽良和,鳥畑成典,谷沢 亨,尾崎泰己:地上ディジタルテレビ波伝送用光伝送システムの高感度化の検討,信学論 C,**J85-C**,12,pp.1184〜1191 (2002)
5) 鳥羽良和,鬼澤正俊,鳥畑成典,生岩量久,山下隆之,尾崎泰己:AGC 及び半導体レーザの導入による光変調器を用いた電波受信システムの広ダイナミックレンジ化と低コスト化の検討,信学論,**J88-C**,2,pp.99〜106 (2005)
6) 生岩量久:ディジタル通信・放送の変復調技術,コロナ社 (2008)
7) 生岩量久,藤坂尚登,神尾武司,安 昌俊,鳥羽良和:マイクロ波帯 LN 光変調器の高周波化・高感度化のための最適な電極構造の検討,信学論 C,**J92-C**,1,

pp.1～10 (2009)
8) M.Nazarathy et al.：Progress in externally modulated AM CATV transmission systems, J. Lightwave Technol., **11**, 1, pp.82～105 (1993)
9) 竹内安弘, 生岩量久, 秋山一浩：地上デジタルテレビジョン中継装置の多段伝送時におけるC/N改善の検討, 映情学会論文, **55**, 7, pp.1049～1052 (2001)
10) 山下隆之, 生岩量久, 鳥畑成典, 鳥羽良和：放送波中継用光変調器の耐雷性検討, 日本信頼性学会誌論文, **27**, 1, pp.81～89, 通巻141号 (2005)
11) 竹内安弘, 生岩量久, 大沢隆二, 鳥羽良和, 近藤充和：光変調器のサージに対する信頼性改善, 第30回信頼性・保全性シンポジウム, pp.231～236 (2000)
12) 中村雅弘, 生岩量久, 鳥羽良和, 鬼沢正俊：地上ディジタル放送波の長距離光伝送実現のための一検討, 信学論C, **J88-C**, 9, pp.758～761 (2005)
13) 鳥羽良和, 小谷孝, 尾崎泰己, 生岩量久：地上デジタル放送波の長距離光ファイバ伝送実現のための検討およびフィールド実験, 映情学誌, **62**, 6, pp.924～930 (2008)
14) 富田勲, 村上浩隆, 伊藤良成, 山本恭太, 大森昭, 堀越淳, 原義男：岐阜情報スーパーハイウェイを利用した地上デジタル放送の長距離実験, 映像学技報, **28**, 60, pp.1～4, BCT2004-105 (2004)
15) 中戸川剛, 前田幹夫：いばらきブロードバンドネットワークを利用した地上デジタル放送の光波長多重伝送実験, 2005信学会春全大会, B-10-17 (2005)
16) 前田幹夫：「招待論文」地上デジタル放送の光ファイバ伝送技術, 信学技報, MWO03-1, pp.1～8 (2000)
17) 鈴木裕司：続・アナログ停波への道, 放送研究と調査, **56**, 7, pp.16～29 (2006)
18) http://www5f.biglobe.ne.jp/tateda/school/tateda020529.files/Brillouin.htm (2013年7月現在)
19) 中戸川剛, 前田幹夫, 小山田公之：光ラマン増幅を用いた地上デジタル放送の長距離光伝送実験, 2004映情メ学年大, 15-3 (2004)
20) 乗松誠司, 広瀬孝昭：線形領域の分布ラマン増幅における二重レイリー散乱雑音の各種変調方式に適用可能な評価法, 信学論誌B, **J90-B**, 3, pp.235～244 (2007)
21) 日本CATV技術協会：地上デジタル放送用ギャップフィラーシステムの設置ガイドライン, p.37 (2011)
22) 日本CATV技術協会：STD-019-2.0, 地上デジタルテレビジョン放送用ギャップフィラーシステムとその機器, 第3章 (2010)

6

マイクロ波・ミリ波への応用

RoF（radio on fiber）技術は，マイクロ波帯，ミリ波帯の信号を伝送するシステムにも導入されている。本章では，放送プログラムをマイクロ波帯で伝送するシステム，ミリ波帯で放送するシステムに応用した具体例について述べる。

6.1　3.4 GHz帯音声番組光伝送システム

5.1節で述べたUHF帯放送波受信・伝送用システムで用いた集中定数型光変調器[1)~6)]の上限周波数は素子容量の関係で1 GHz程度であったが，大きさ，電極構造の工夫を行えば，マイクロ波帯の電波を無給電（電源供給なし）で感度よく受信できる。

まず，スタジオから送信所に音声番組を伝送するマイクロ波回線（microwave link）に適用すべく開発された3.4 GHz帯LN光変調器とそれを用いたシステムについて述べる。この変調器はUHF帯LN光変調器の大きさ，電極構造の工夫を行い，3.4 GHz帯の音声番組伝送用マイクロ波を無給電で感度よく受信できるようにしたものである[7)]。この変調器を使用すれば，電源線の敷設が不要であるため，図6.1に示すように中波ラジオ送信アンテナなど高周波高電圧が印加されている箇所にもマイクロ波受信アンテナの取付けが可能となる（耐雷性にもすぐれており，絶縁共用器も不要）。また，導波管の代わりに光ファイバが使用でき，損失を減らすこともできる。

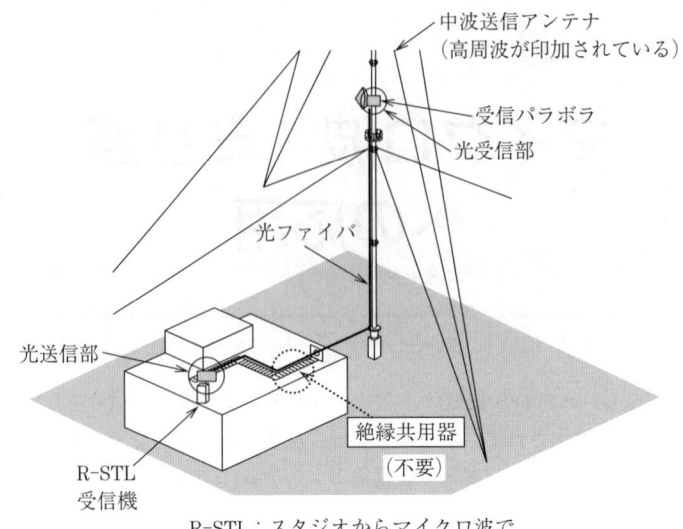

200   6. マイクロ波・ミリ波への応用

図 6.1　マイクロ波帯光変調器の適用例

R-STL：スタジオからマイクロ波で送られてきたラジオ番組を受信する装置

図 6.2 にこの変調器を用いたシステム系統を示す．前節で述べた地上ディジタル放送用光伝送システムと同様，変調度を高めるため，光給電型ヘッドアンプを使用している．

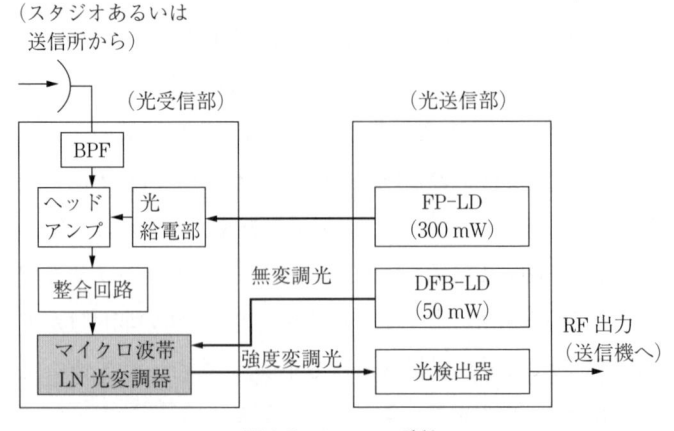

図 6.2　システム系統

6.1.1 目標仕様

目標仕様を**表 6.1** に示す。3.4 ～ 3.44 GHz の指定の 2 波（音声プログラム伝送用，帯域幅 400 kHz（FM 変調），入力レベル 60 ± 20 dB μV）を 45 dB 以上の CN 比で伝送できる仕様で検討を行っている。従来の UHF 波伝送用光変調器の上限周波数（素子共振周波数）は素子容量の関係で 1 GHz 程度であり，3.4 GHz 帯を伝送するためには，共振周波数を 3 倍以上とする必要がある。また，変調信号，変調を受ける光が電極を伝搬，あるいは通過する時間によっても帯域制限を受けることも考慮し，変調電極長，電極分割数を決定する必要がある。

表 6.1 3.4 GHz 帯音声番組光伝送システムの目標仕様

項　目	仕　様	備　考
受信周波数	3.4 ～ 3.44 GHz の指定の 2 波	音声伝送用 FM 変調波
入出力インピーダンス	50 Ω	
RF 入力レベル	60 ± 20 dB μV	
RF 出力レベル	60 ± 20 dB μV	
チャネル内偏差	1 dB 以内	
CN 比	45 dB 以上	入力レベル（標準）: 60 dB μV 帯域幅 : 400 kHz
伝送距離	300 m	
環境温度	$-10 \sim 40$ ℃	

6.1.2 光変調器の設計

変調周波数を考えれば進行波を利用できる分布定数型[8]～[10]が有利であるが，従来の集中定数型 UHF 帯用光変調器をベースに検討を行っている。この理由は分布定数型の場合は一般的に感度向上のための共振回路が使用できないためである。集中定数型であっても素子容量，浮遊容量の低減等の低減を図り，3.4 GHz 帯において高い Q が実現できれば，45 dB 以上の CN 比を確保することは可能である。

〔1〕**変調電極長**　集中定数型 LN 光変調器の変調帯域は

① 変調信号の周波数が高いため，信号が電極に一様に加わらないための影

響

② 光波の電極通過時間の影響（変調周波数が高いため，光波がデバイスを通過する間にも変調電圧が時間的に変化してしまうことによる）

③ 電極の CR 時定数（電極容量と回路抵抗によって決まる）

などにより制限される[10]。

変調信号が電極に一様に加わらないために決まる帯域 Δf_m は，電極長を E_L，基板誘電率（substrate permittivity, 35.5）を ε_r，光速を c とすれば次式で表される。

$$\Delta f_m = \frac{4}{\pi} \frac{c}{\sqrt{\varepsilon_r + 1}} \frac{1}{E_L} \tag{6.1}$$

また，光波の通過時間によって決まる帯域 Δf_0 は，N_0 を基板屈折率（substrate refractive index, 2.145）とすれば次式となる。

$$\Delta f_0 = \frac{\sqrt{2}}{\pi} \frac{c}{N_0} \frac{1}{E_L} \tag{6.2}$$

電極の CR 時定数による帯域制限 Δf_c は，次式で表される。

$$\Delta f_c = \frac{1}{\pi C_m R E_L} \tag{6.3}$$

ここで，R は回路抵抗（50Ω と仮定），C_m は単位長さ当りの電極容量である。

図 6.3 に式 (6.1) ～ (6.3) で計算した電極長に対する変調帯域を示す。ここで C_m は，UHF 帯用に開発した 4 分割構造の単位長さ当りの電極容量 0.64 pF/mm を用いている。

変調帯域は，変調信号が電極に一様に加わらないための影響，光波の通過時間によって制限され，変調帯域を 3.4 GHz とした場合，E_L（電極長）≦17 mm となる（従来の UHF 用は 25 mm）。

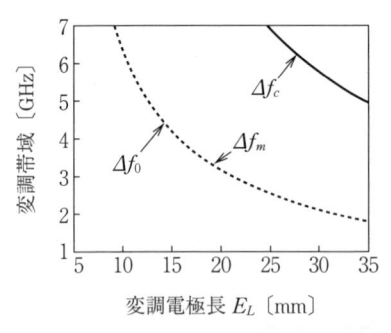

図 6.3 変調電極長に対する変調帯域

〔2〕**電極の形状**　3.4 GHz 帯の信号を劣化なく伝送するもう一つの条件として，光変調器の自己共振周波数（素子共振周波数）が 3.4 GHz 以上であることが挙げられる。光変調器の自己共振周波数 f_{res} は次式で求められる。

$$f_{res} = \frac{N}{2\pi\sqrt{L_m C_m E_L}} \tag{6.4}$$

L_m は変調電極の単位長さ当りのインダクタンス（0.91 nH/mm），N は電極分割数である。

図 6.4 に変調電極長を 17 mm とした場合の電極分割数に対する自己共振周波数を示す。電極分割数を 9 以上とすれば自己共振周波数を 3.4 GHz 以上とすることが期待できる。しかしながら，浮遊容量などの影響により変調電極長をさらに短くしなければならないことも十分考えられる。

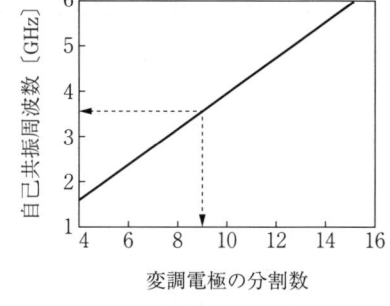

図 6.4　変調電極分割数に対する自己共振周波数

そこで，この設計においては，浮遊容量を考慮し，電極長を 10 mm，分割数を 10（従来の UHF 用は電極長 25 mm，4 分割構造）とした。また，共振による誘起電圧の向上を図るため，電極の厚膜化（10 μm）を図ることにより R_M の低減を行った。

図 6.5 に整合回路（共振回路）を示す。光変調器の変調電極容量と付加インダクタンス（L_r）を直列共振させ，電極に加わる電圧を高めている。地上ディジタル放送用光伝送システムでは複同調回路が使用されているが，マイ

V_a：アンテナ誘起電圧
R_a：アンテナインピーダンス
L_r：付加インダクタンス（共振用）
C_a：整合用コンデンサ

図 6.5　3.4 GHz 帯光変調器用整合回路（共振回路）

クロ波帯では周波数が高いため，このような単同調回路で十分な帯域が確保できる．図において容量 C_a はアンテナのインピーダンス（50 Ω）を低インピーダンス（R_M，電極抵抗）に変換し，共振回路の Q を高めるためのものである．なお，R_M は 2 Ω，L_M は 9.1 nH，L_r は約 10 nH，可変容量 C_a は $0.8 \sim 3$ pF 程度である．

〔3〕 **光変調器の試作**　以上の設計をもとに試作した光変調器の変調電極構造を図 6.6 に，外観を図 6.7 に示す．光波長については，従来 1.3 μm 帯を使用してきたが，装置価格を抑えるため，光通信で汎用的に使用されている 1.5 μm 帯とし，光導波路幅（1.18（＝1.55/1.31）倍，7 μm）および分岐結合部形状の最適化を図っている．

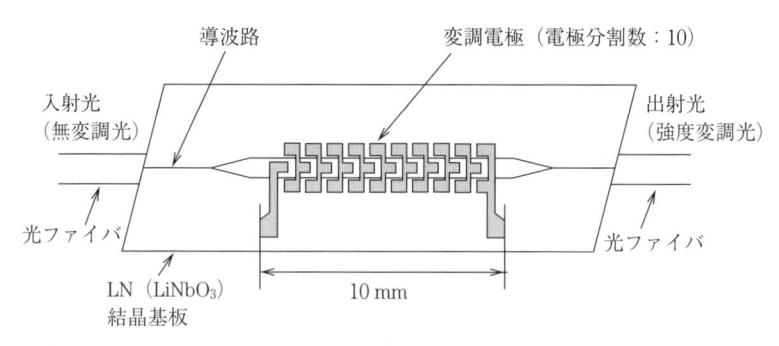

図 6.6　3.4 GHz 帯光変調器の変調電極構造

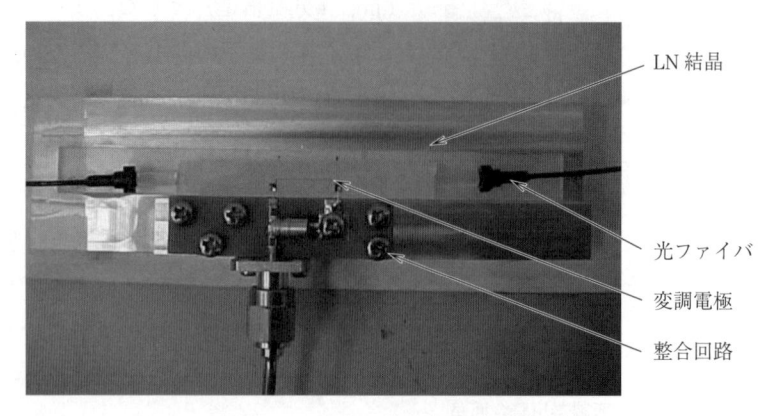

図 6.7　3.4 GHz 帯光変調器の外観

表 6.2 に試作した光変調器（サンプル数：3）の諸特性を示す。光波長 1530 nm における挿入損失は 6 〜 8 dB，消光比（光信号振幅の最大値に対する消光時の最小振幅値の比，extinction ratio）は約 30 dB，半波長電圧は約 60 V，電極容量は 0.5 pF であり，設計値をほぼ満足する結果が得られている。

表 6.2　3.4 GHz 帯光変調器の諸特性

サンプル	光波長 [μm]	挿入損失 [dB]	消光比 [dB]	V_π [V]	C_M [pF]
1	1.53	8.46	16	70	0.5
2	1.53	7.02	34	59	0.5
3	1.53	6.28	32	57	0.5

〔4〕**システム系統**　図 6.8 のシステム系統で性能評価を行った。マイクロ波帯ヘッドアンプと，共振周波数を 3.4 GHz に調整した光変調器を組み合わせて性能評価を行った。低雑音性が必要な光変調用として 1.5 μm 帯 DFB-LD，光エネルギーを電力に変換する光給電用については，光アンプなどで使用されている 1.48 μm FP-LD を用いて構成している（変換効率は短波長帯（750 〜 850 nm）のほうがよい（約 20%）が，汎用性を優先（変換効率は約 10%）している）。

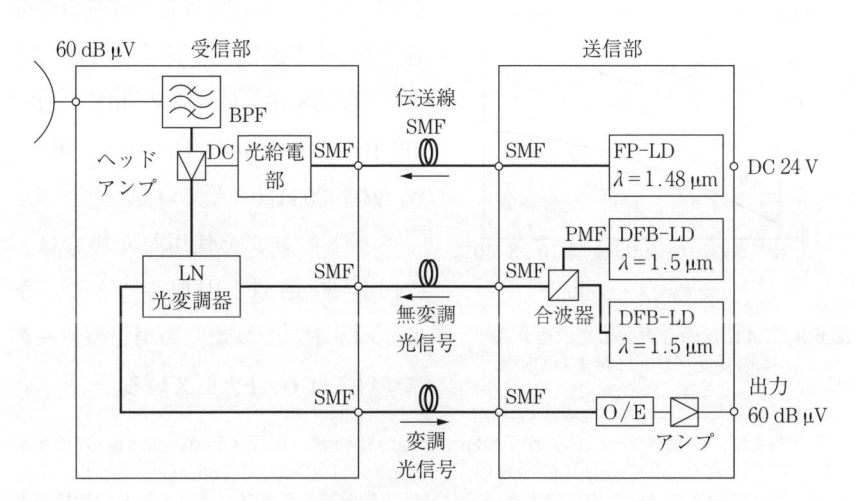

図 6.8　性能評価系統

光変調用光源については，LN 光変調器の偏波依存性を解消するため，直線編光の 2 台のレーザを直交合成して送出する方式を採用している．

ヘッドアンプとしては，マイクロ波帯をカバーでき，低電力でかつ低雑音，高利得のものが必要である．このため，増幅素子として NF 2 dB，利得 20 dB（代表値），消費電力 33 mW の GaAs FET を選定した．例えば，33 mW の電力を光給電方式により得るためには，光給電素子の変換効率，温度特性，光ファイバの伝送損失などを考慮すると約 350 mW の光を発振させればよいことになる．システムのヘッドアンプ付き CN 比は式 (5.9) から次式で求められる．

$$\text{CN 比} = \frac{i_p^2 \left(\frac{\pi\sqrt{2}\, GQV_s}{V_\pi} \right)^2 \frac{1}{2}}{(i_p^2 \text{RIN} + 2ei_p + i_r^2)B} \tag{6.5}$$

ここで，i_p は光電流（$=\eta P_D$，η は受光感度，P_D は受光パワー），G はヘッドアンプの電圧利得，Q は整合回路の電圧利得，V_s はシステムの入力電圧，V_π は半波長電圧，RIN はレーザの相対強度雑音，e は電子電荷（1.9×10^{-19} クーロン），i_r は光検出器の熱雑音電流，B は帯域幅である．

式 (6.5) に基づき，$V_s = 60\,\mu\text{V}$ 時の受光パワーに対する CN 比計算値を図 6.9 に示す[†]．ここでは電極容量の浮遊容量などを考慮し，整合回路の Q を 7.5 とし，$G = 18\,\text{dB}$，$V_\pi = 54\,\text{V}$，RIN $= -160$ dB/Hz，$i_r = 9\,\text{pA}/\sqrt{\text{Hz}}$，$\eta = 0.76\,\text{A/W}$，$B = 400\,\text{kHz}$ としている．

ヘッドアンプを使用した場合は，CN 比 = 50 dB 以上が期待できる．なお，ヘッドアンプなしの場合のデータについては $G = 1$ としている．

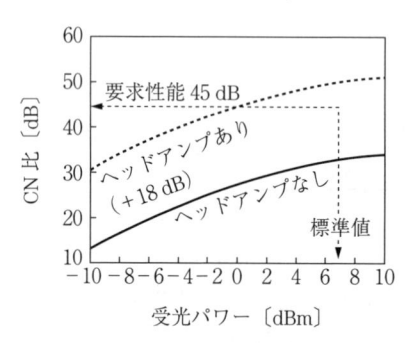

図 6.9　3.4 GHz 帯音声番組光伝送システムの受光パワーに対する CN 比

[†] 例えば，受光パワー（P_D）が 7 dBm のとき（$i_p = \eta P_D = 0.76 \times 5\,\text{mW} = 3.8\,\text{mA}$）の光系雑音（式 (6.5) の分母）の割合は，1（i_p^2RIN），1（$2ei_p$），0.056（i_r^2）である．このように受光パワーが比較的大きい場合には，光源雑音およびショット雑音の影響が大きくなる．

6.1.3 評価結果

評価結果については表 6.2 に示すサンプル 2 の光変調器を使用している。

〔1〕周波数特性 図 6.10 に共振周波数を 3.4 GHz に調整した場合のシステムの周波数特性を示す。素直な単峰特性が得られている。3 dB 帯域幅は約 64.2 MHz となっており，整合回路の Q は約 53（$=3.4\,\mathrm{GHz}/64.2\,\mathrm{MHz}$）である。ここで，測定条件は，システムの受信入力レベル $-30\,\mathrm{dBm}$，光源（DFB-LD）波長 1535 nm，光源出力 40 mW（単体），変調器損失 7.02 dB，受光パワー 2.8 dBm，ヘッドアンプ利得 22.6 dB，NF 2 dB である。また受光感度は，0.76 A/W，アンプ利得は 40 dB である。

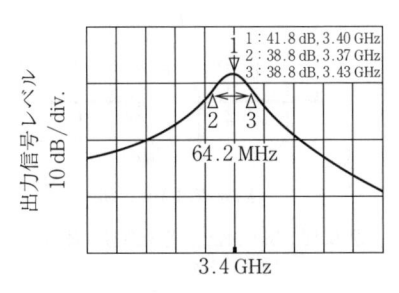

図 6.10 3.4 GHz 帯音声番組光伝送システムの周波数特性

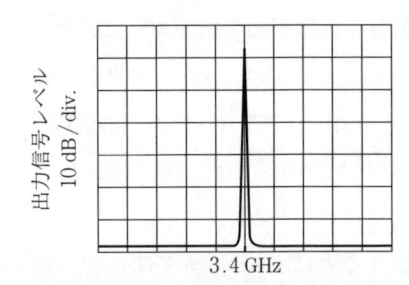

〔2〕システムの CN 比特性 図 6.11 にシステム出力の周波数特性を示す。トータル CN 比として計算結果より $+11.3\,\mathrm{dB}$ 高い 61.8 dB が得られている。これは整合回路などの浮遊容量をきわめて小さく抑えることができ，図 6.10 に示すように 3.4 GHz 帯で高い Q（約 53）が実現できたこと，ヘッドアンプ利得が高くとれたことによるものと考察される。ここで，測定条件は〔1〕項と同様である。

図 6.11 3.4 GHz 帯音声番組光伝送システム出力の周波数特性

〔3〕光変調器単体の CN 比特性 光変調器単体（図においてヘッドアンプなし）では，図 6.12 に示すように約 40 dB の CN 比が得られている。ここで，測定条件は〔1〕項と同様である。

以上のように，3.4 GHz 帯においてもきわめて高い Q を実現することによ

図 6.12 3.4 GHz 帯光変調器単体の周波数特性

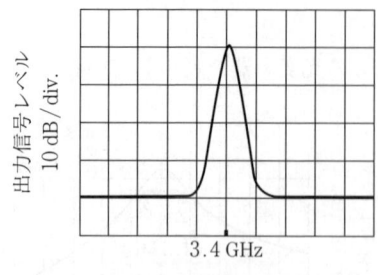

り，目標性能を十分満足する性能を得ることができる．

6.2 6〜7 GHz 帯地上ディジタルテレビ放送番組光伝送システム

前節では 3.4 GHz 帯音声伝送用回線に適用できる集中定数型光変調器について述べたが，地上ディジタルテレビ信号伝送用の周波数帯は 6〜7 GHz 帯と 10 GHz 帯が割り当てられており，この周波数帯に適用するためにはさらに高周波化を図る必要がある．また，3.4 GHz 帯音声伝送用の帯域が 400 kHz であるのに対し，地上ディジタルテレビ信号の伝送においては，STL（スタジオと送信所を結ぶ回線，studio transmitter link）で 9 MHz，TTL（送信所間の回線，transmitter to transmitter link）では 6 MHz の帯域が要求され，高い CN 比を得るためには，さまざまな技術課題を克服する必要がある．

このため，変調電極構造等を根本的に見直すことにより，6〜7 GHz 帯の電波を感度よく受信できる光変調器を試作し，6 GHz において目標値である約 25 dB の CN 比を得ることができた[11),12)]．実際のシステムにおいては，20 dB 以上の利得を持つ光給電型ヘッドアンプが前段に使用可能であるため，45 dB 以上の CN 比を得ることは十分可能である．

6.2.1 システムの系統と目標仕様

図 6.13 に 6 〜 7 GHz 帯光変調器を用いたシステムのイメージを示す。システムの系統は図 6.8 と基本的に同じである。ただし，整合回路についてはインダクタンス（コイル）を付加すると回路共振周波数（動作周波数）を高めることができない。このため，**図 6.14** に示すように容量 C_r を直列に付加することにより，共振周波数を 6 〜 7 GHz に高めている。

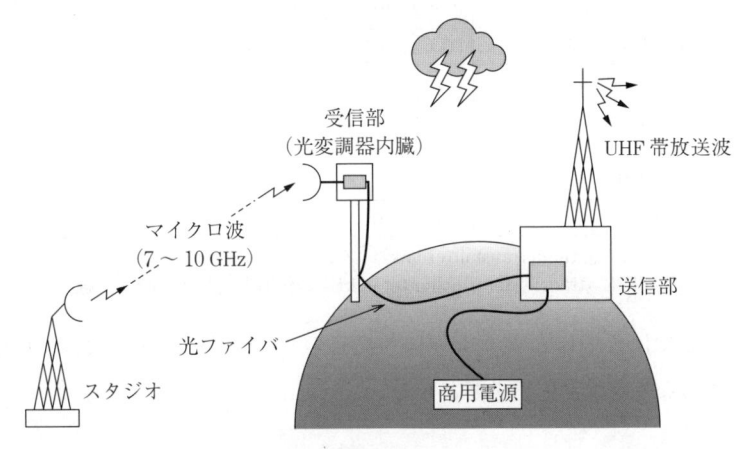

図 6.13 適用システムのイメージ

表 6.3 は目標仕様である。6 〜 7 GHz 帯の地上ディジタルテレビ放送信号（入力レベル 60 dB μV（−47 dBm））を 25 dB 以上の CN 比（システムとして 45 dB）で伝送できる仕様としている。3.4 GHz 帯で動作する音声伝送用集中定数型光変調器の上限周波数（自己共振周波数）は素子容量の関係で 3.4 GHz 程度であり，6 〜 7 GHz 帯を伝送するためには，共振周波数を 2 倍以上高める必要がある。また，帯域が STL では 9

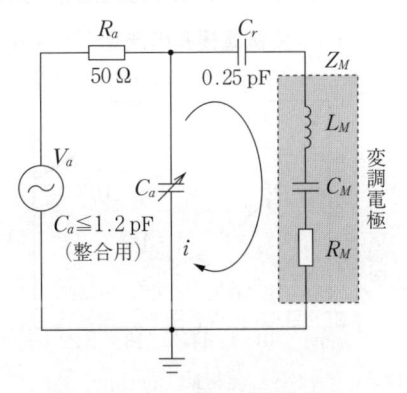

図 6.14 6 〜 7 GHz 帯光変調器用整合回路（共振回路）

表 6.3 6〜7 GHz 帯光変調システムの目標仕様

項目	仕様
受信周波数	6〜7 GHz 帯（地上ディジタルテレビ放送用）
信号帯域幅	STL[*1] 用：9 MHz TTL[*2] 用：6 MHz
変調方式	STL[*1] 用：64QAM TTL[*2] 用：OFDM 変調（放送波）
入出力インピーダンス	50 Ω
RF 入力レベル	60 ± 20 dB μV（−47 ± 20 dBm）
RF 出力レベル	60 ± 20 dB μV（−47 ± 20 dBm）
チャネル内偏差	1 dB 以内
CN 比	45 dB 以上（ヘッドアンプ付き） 25 dB 以上（光変調器単体）
伝送距離	300 m
環境温度	−10 〜 40℃

[*1] STL（studio transmitter link）：スタジオと送信所を結ぶ回線
[*2] TTL（transmitter transmitter link）：送信所と送信所を結ぶ回線

MHz，TTL では 6 MHz というように，従来の 400 kHz に比べて大幅に広がるため，さらなる高感度化が必要となる．

6.2.2 6〜7 GHz 帯光変調器の設計

〔1〕 変調電極長の決定　集中定数型光変調器において，変調信号が電極に一様に加わらないために決まる変調帯域 Δf_m，光波の通過時間によって決まる帯域 Δf_0，電極の CR 時定数による帯域制限 Δf_c を，式 (6.1)〜(6.3) により計算した結果を**図 6.15** に示す．ここで，ε_r（基板誘電率）= 35.5，N_0（基板屈折率）= 2.145，R = 50 Ω，C_m（変調電極の単位長さ当りの電極容量）= 0.64 pF/mm である．図から変調帯域を 7 GHz とした場合の E_L は 9 mm 程度となる．

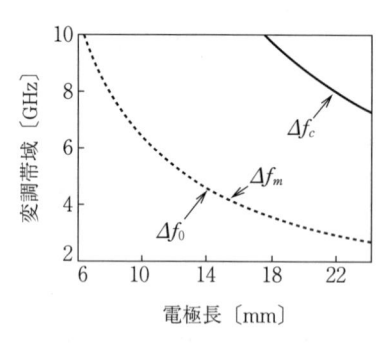

図 6.15 電極長に対する変調帯域

〔2〕 電極の形状　7 GHz 帯の信号を感度よく伝送するための条件として，光変調器の自己共振周波数を 7 GHz 以上にする必要がある．式 (6.4) を用いて電極長をパラメータとして電極分割数を変化させた場合の自己共振周波数 f_res の計算結果を図 6.16 に示す．ここで，L_m（変調電極の単位長さ当りのインダクタンス）を 0.91 nH/mm，C_m（変調電極の単位長さ当りの電極容量）を 0.64 pF/mm としている．

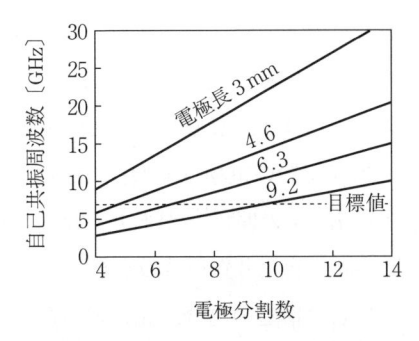

図 6.16　電極分割数に対する自己共振周波数の変化

電極長が 9.2 mm の場合，電極分割数を 10 以上にすることにより自己共振周波数 $\geqq$ 7 GHz が期待される．ただし，今後，変調周波数を 10 GHz 帯まで伸ばすことも考慮すれば，さらに電極長を小さく，かつ分割数を大きくする必要があるため，製造プロセスおよび感度面でますます厳しくなることは十分予想される．

このため，従来の透過型（transmission type）に代えて，図 6.17 に示す反射型（reflection type）光変調器を採用している．反射型は端面に装着したミラー（反射板）により光は折り返される構造となっている．構造は複雑であるが，光は電極部を 2 回通ることとなり，感度（変調度）は透過型の 2 倍となる．ミラーの角度を調整することにより，動作点の調整（光導波路長の調整）

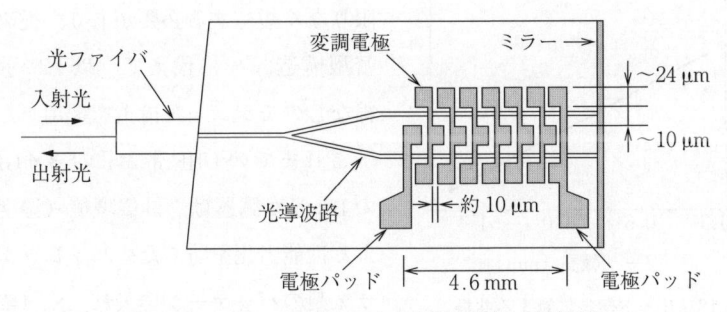

図 6.17　6〜7 GHz 帯 LN 光変調器の構造（反射型）

も容易である。

また，電極長が1/2となるため目標自己共振周波数を満足させるための電極分割数は，図6.16に示すように1/2となる。

光変調器の電極分割数Nと感度変化ΔSとの間には，Kを定数とすれば，$\Delta S = K/N$の関係[13]があり，反射型構造を適用することにより感度低下を抑え，かつ自己共振周波数を高めることが可能となる。

反射型構造の場合，先に述べたように光は電極部を2回通ることとなり，7GHzの変調帯域を満足させるための電極長は4.6 mm（=9.2 mm/2）となる。

以上から電極分割数Nは計算上5（=10/2）となるが，浮遊容量を初め，さまざまな影響を考慮して，7分割構造とした。また，電極パッド（図6.17の電極入力部）の面積も浮遊容量に大きく関係するため，小面積化（0.16 mm^2，従来は1 mm^2）したものも試作した。小面積化に伴い，回路基板への接続は困難度が増すが，ワイヤーボンディングにより対応している。

6.2.3 モジュール化の検討

マイクロ波帯において，受信入力（同軸ケーブル）を変調器基板に接続する際のリード線長の影響はきわめて大きいと考えられる。図6.18にリード線長（直径0.08 mmの線を4本より合わせたもの）に対する整合回路を含めたLN光変調器の共振周波数の変化を測定した結果を示す。図で明らかなように高周波化を達成するためには，リード線長を限りなく短くする必要があり，従来の気密型構造[1〜7]に代えて，以下に示す配線なしのモジュール構造を採用した。

これまでのUHF帯および3.4 GHz帯のLN光変調器は，外気環境（湿度）による性能劣化を防ぐためパイレックスガラス製のパッケージに入れ，N_2（窒素）ガス置換を行うことにより長期信頼性を

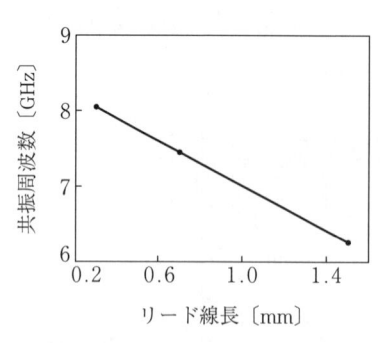

図6.18 リード線長に対する共振周波数の変化

保っている．本光変調器においては同様な構造とした場合，リード線が長くなり，高周波化が困難となる．そこで，パッケージをなくした場合，最も湿度の影響を受け，性能劣化を引き起こす可能性がある Si/SiO$_2$ 膜（シリコン／酸化シリコン膜，LN 基板を覆っている膜）部の変更を実施し，高温（60℃）・高湿（90％）試験を実施し，問題がないことを確認した（2 000 時間以上）．

図 6.19 に光変調器の断面構造を示す．LN 結晶は焦電効果があるため，温度変化などにより電荷が蓄積し，変調動作点変動を引き起こす．Si（高抵抗）膜は，この蓄積電荷を放電するために使用しているが，湿度により抵抗値が増加し，蓄積電荷の放電が不十分となる．試作では事前実験で Si/SiO$_2$ と同様な効果が確認されている別材料の ITO（indium tin oxide）／パイレックスガラス混合膜（誘電率：約 3，厚さ：300 nm）を帯電防止膜として適用した．この材料は湿度の影響が小さいと考えられている．

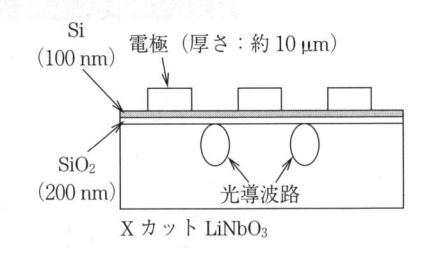

図 6.19 LN 光変調器の断面構造

6.2.4 6～7 GHz 帯光変調器の試作と性能評価

試作した光変調器の外観を**図 6.20** に示す．また，**表 6.4** に諸特性，**表 6.5** に電極構造および特性を示す．ここで，パターン 1 は電極長 4.6 mm，電極分割数 7，電極パッドサイズ 1 mm^2 の光変調器，パターン 2 は電極長 4.6 mm，電極分割数 7，電極パッドサイズ 0.16 mm^2 の光変調器である．なお，諸特性のばらつきは，製造ばらつきによるものと考えられる．

〔1〕 **共振周波数**　DFB-LD（分布帰還型半導体レーザ）の出力を＋17 dBm とし，二つのパターンの光変調器をそれぞれ 6 GHz および 7 GHz に共振させ，周波数特性を測定した．**図 6.21** はパターン 1 の変調器の周波数特性である．共振周波数は 6.04 GHz で，このときの回路 Q（先鋭度）は約 20 である．既開発の 3.4 GHz 帯光変調器の場合の Q は約 53 であり，このような高い

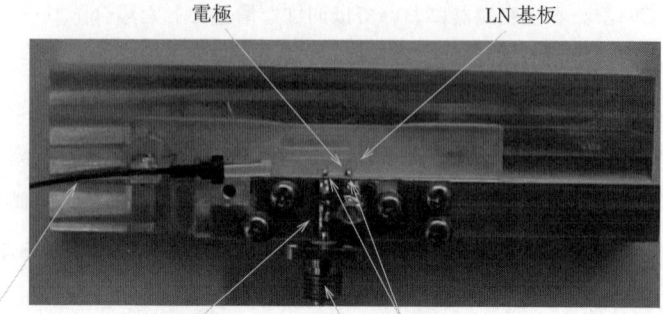

電極　　　　　　　LN 基板

光ファイバ　　整合回路　RF 入力コネクタ　電極パッド

図 6.20　6〜7 GHz 帯 LN 光変調器の外観

表 6.4　光変調器の諸特性

パターン	半波長電圧 (V_π) 〔V〕	挿入損失 〔dB〕	V_b/V_π 〔%〕
1	43	6.9	30
2	48	7.7	35
3.4 GHz 帯光変調器 (従来型)(代表値)	58	6.5	30

表 6.5　光変調器の電極構造および特性

パターン	電極長 (E_L) 〔mm〕	電極分割数	電極パッドサイズ 〔mm²〕	共振周波数 〔GHz〕	Q
1	4.6	7	1	6.04	19.5
2	4.6	7	0.16	7.18	10.1

周波数においては，浮遊容量の影響が非常に大きい．**図 6.22** はパターン 2 の光変調器の周波数特性である．共振周波数は 7.18 GHz で，このときの回路 Q は約 10 である．パターン 1 と 2 を比較した場合，電極パッドの浮遊容量などの影響がこのように顕著に見られ，共振周波数に約 10% の影響を及ぼすことが判明した．

〔2〕**CN 比特性**　パターン 1 の変調器については，CN 比＝25 dB（受光パワー：+2 dBm），パターン 2 については 17.5 dB が得られた．このデータはヘッドアンプがないときの値であり，実際のシステムにおいては，20 dB 以

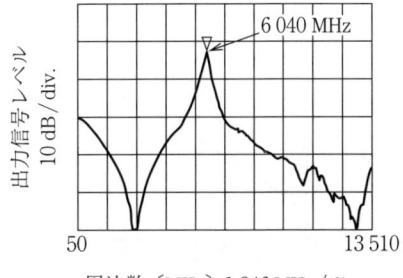

6.2　6～7 GHz帯地上ディジタルテレビ放送番組光伝送システム

図6.21　パターン1の6～7 GHz帯LN光変調器（E_L（電極長）=4.6 mm，分割数（N）=7，パッド面積=1 mm^2）の周波数特性

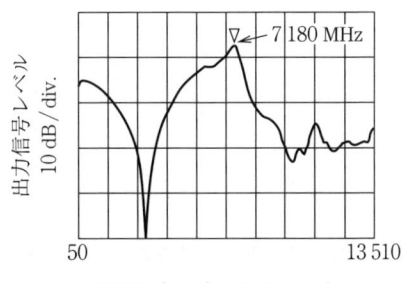

図6.22　パターン2の6～7 GHz帯光変調器（E_L（電極長）=4.6 mm，分割数（N）=7，パッド面積=0.16 mm^2）の周波数特性

上の利得を持つヘッドアンプが挿入される。

本システムのCN比は，入力信号のCN比が十分高い場合，光変調器への入力信号電圧すなわち光変調度により決定される。これを考慮すればパターン1の光変調器についてはヘッドアンプを含めたシステムとして，目標どおりの45 dB以上のCN比を得ることは十分可能と考えられる。なお，上記の値はスタジオから送信所に信号を伝送するSTL回線（帯域9 MHz）を対象としたものであるが，送信所から送信所へ放送波（OFDM（orthogonal frequency division multiplexing）信号）のまま伝送するTTL回線の場合は，帯域が6 MHzであるため，CN比は約2 dB向上し，27 dB程度となる。

6.2.5　理論検討および考察

パターン2の変調器については，共振周波数は高く取れているにもかかわらず，CN比は17.5 dB程度に留まっている（TTLの場合のCN比は約19.5 dB）。この値の妥当性を確認するため，式(6.5)と表6.4および表6.5の値を用いて，受光パワーに対するCN比を算出し，**図6.23**と**図6.24**に実測値とともに示した。ここで，RIN = −165 dB/Hz，$i_r = 17$ pA/$\sqrt{\text{Hz}}$，$B = 9$ MHz，$V_\pi = 48$ V，$V_s = 1$ mV，$G = 1$ としている。

図においてCN比の測定値はQ，V_π（半波長電圧）を考慮した計算値とほぼ

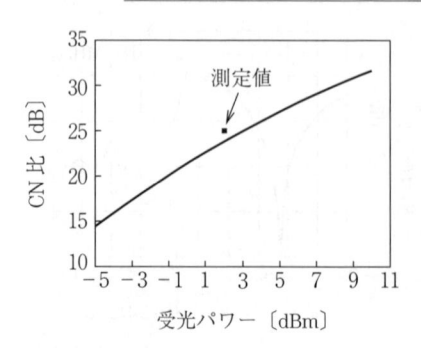

図 6.23 6.04 GHz における受光パワーに対する光変調器の CN 比（パターン 1）

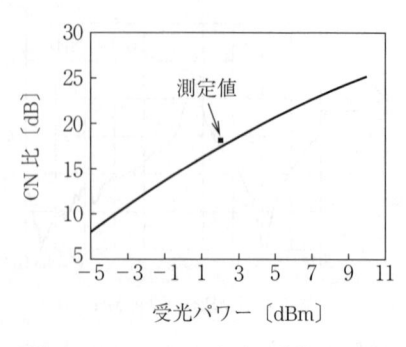

図 6.24 7.18 GHz における受光パワーに対する光変調器の CN 比（パターン 2）

一致しており，妥当な値といってよい．しかし，他の条件が同じならば理論的には Q は周波数に反比例して低下するはずであるが，周波数が 6 GHz から 7 GHz に 17%しか変化していないのに，7 GHz のときの Q と CN 比は大きく低下（Q は約 1/2（表 6.5），CN 比（式 (6.5)）から Q^2 に比例）は 6.5 dB 低下）している．この原因としては，浮遊容量の増大に加えて，電極に十分電圧が印加されていない可能性も考えられる．次節ではこれらの原因について，電磁界シミュレーションを用いた解析により，原因究明と対策を行う．

6.3　10 GHz 帯光変調器実現に向けての検討と試作

前節で述べたように 7～10 GHz 帯で高感度動作する光変調器を実現するためには，7 GHz 以上において高周波化・高感度化を阻んでいる根本的な原因を明らかにする必要がある．そこで電磁界シミュレータ（electro-magnetic field simulator，アンソフト社：HFSS Ver. 11.2）を用いて，変調電極パッドの影響を調査するとともに，変調電極長，電極分割数，SiO_2 バッファ層の厚さ，LN 基板の厚さ・幅など考えられるパラメータすべてについて電磁界シミュレーションを行い，LN 基板幅が高周波化を阻んでいる主原因であることなどを明らかにした．また，電極パッドをできるかぎり小さくすること，LN 基板の厚さを減少させることが高感度に有効であることを示した．さらに，これらの結

6.3 10 GHz 帯光変調器実現に向けての検討と試作

果をもとに 10 GHz 帯光変調器の試作を行い，目標どおりの性能を得た．

6.3.1 電磁界シミュレータによる 10 GHz 帯光変調器実現に向けての検討

〔1〕 **高周波化・高感度化の検討** シミュレーションを行った光変調器構造（パターン 1 からパターン 4 までの 4 種類）の諸元を**表 6.6** に示す．**表 6.7** はシミュレーションにおける共通諸元である．ここで，表 6.6 のパターン 1 については実測値と比較するため，既開発の 6～7 GHz 帯光変調器の構造・諸元を採用しており，これらの値を基準値としてシミュレーションを行っている．

表 6.6 変調電極構造の諸元

タイプ	電極長 E_L [mm]	電極分割数 N	信号入力部からのずれ ΔL [mm]	基板幅 W [mm]	基板厚さ t [mm]	バッファ層厚さ B_t [μm]	電極パッドサイズ [mm²]
パターン 1	4.6	7	1.4	2.8	0.5	0.3	0.16
パターン 2	4.6	10	1.4	2.8	0.5	0.3	パッドなし
		7	0.7/0.9/1.4	2.8	0.5/0.3/0.1	0.3/0.6/0.9	
		7	0.7	1.4/2.8/5.8	0.5	0.3	
		4	1.4	2.8			
パターン 3	3	7	1.4	2.8	0.5	0.3	
パターン 4	2	7	1.4	2.8	0.5	0.3	

表 6.7 シミュレーションにおける共通諸元

LN 基板誘電率	電極材質 / 厚さ	バッファ層材質	ワイヤ材質 / 線径
28	Au / 8 μm	SiO_2	Au / ϕ0.25 mm

また，**図 6.25** は上記パラメータについての概要を示したものである．

以下のシミュレーションにおいては，電極長 E_L は 4.6 mm，電極分割数 N は 7，SiO_2 バッファ層の厚さ B_t は 0.3 μm，基板厚さ t は 0.5 mm，基板幅 W は 2.8 mm，信号入力部から電極までの距離 ΔL は 1.4 mm を基準値として取り扱っている．

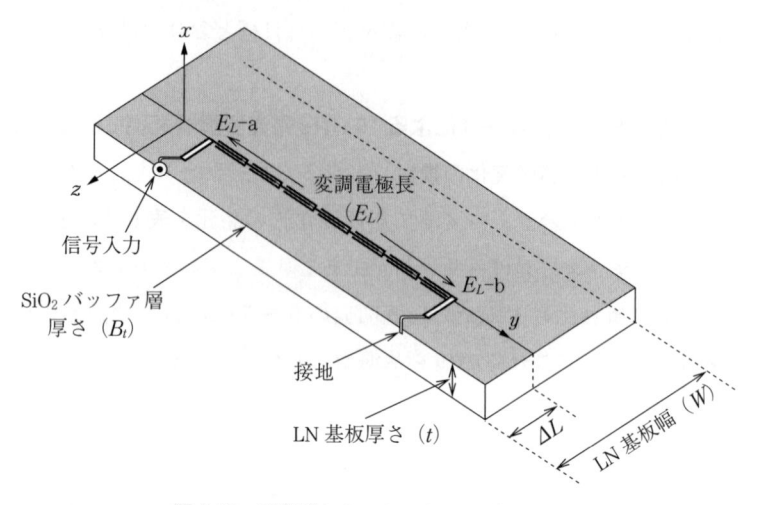

図 6.25　電磁界シミュレーションパラメータ

〔2〕 光導波路上の電界強度分布　　本シミュレーションの対象であるX-cut LN 光変調器においては，LN 結晶基板が持つ電気光学効果の異方性により，光導波路に印加される電界のうち基板幅方向への電界が最も光変調感度に影響する。このことから，まず入力信号に対する変調電極のリターンロス（return loss）と光導波路近傍に印加される基板幅方向の電界強度 E_z について考察を行った。

図 6.26 に，光変調器を自由空間に配置し，入力信号位相をパラメータとしたときの変調電極位置に対する E_z のシミュレーション結果を示す。ここで，入力信号周波数は 6.95 GHz である。

6.95 GHz のような高周波帯においては変調電極上に均一に（同位相で）電界が印加されず，位相のずれが生じていることがわかる。すなわち，変調電極が分布定数的な回路になっていると考えられ，光変調特性が変調電極の周波数特性と異なる可能性があることと同時に，共振周波数がより低くなることを示唆している。

入力信号周波数に対する変調電極のリターンロスと $E_{z\,\mathrm{max}}$ を図 6.27 に示す。ここで $E_{z\,\mathrm{max}}$ は E_z を変調電極長の各区間（図 6.26）で位相ごとに平均化し，

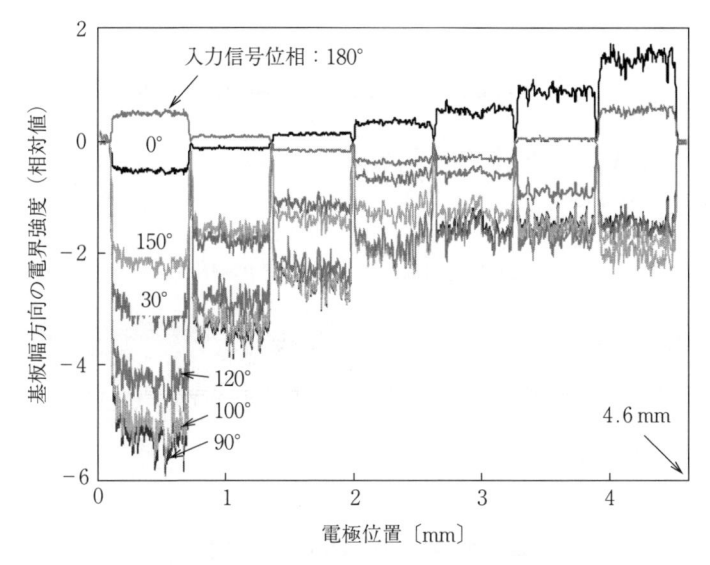

6.3 10 GHz 帯光変調器実現に向けての検討と試作

図 6.26 基板幅方向の E_z の分布（入力信号周波数 6.95 GHz）

その最大値を表したものである（給電方式は後出の図 6.28）。

図 6.27 より，リターンロスの共振周波数は 6.95 GHz であるのに対し，$E_{z\,max}$ の共振周波数は 6.5 GHz となり，前記のとおり低周波側へずれていることが確認された。

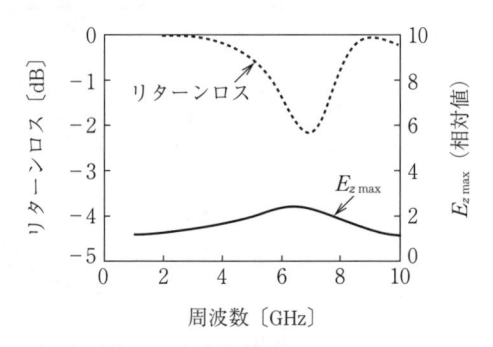

図 6.27 リターンロスおよび基板幅方向の最大電界強度 $E_{z\,max}$ の周波数特性

〔3〕 電極パッドの影響

電極パッドの影響を調べるため，図 6.28 に示す電極パッドありと，図 6.29 の電極パッドなしの双方について，入力信号周波数に対するリターンロスと $E_{z\,max}$ の変化を求めたものを図 6.30 に示す。実線は電極パッドがない場合，破線は電極パッドサイズが 0.16 mm^2 での特性である。

リターンロスが最も小さいところが共振周波数と考えられるが，電極パッドを除去することによりリターンロス共振周波数が 6.95 GHz より 7.2 GHz に向

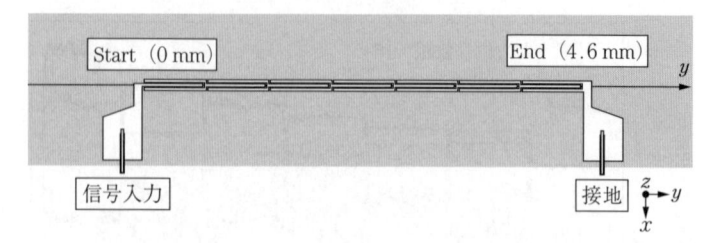

220   6. マイクロ波・ミリ波への応用

図 6.28 給電方式（電極パッドあり）

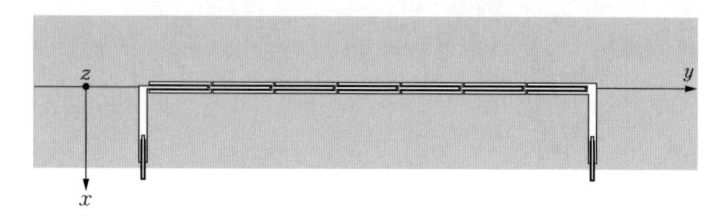

図 6.29 給電方式（電極パッドなし）

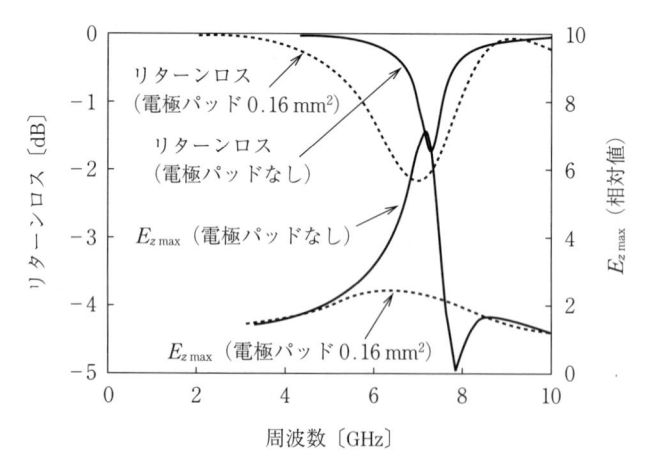

図 6.30 電磁界シミュレータによる電極パッドあり，なしでのリターンロスと $E_{z\,max}$ の周波数特性

上していることがわかる。これは，給電位置による共振周波数の差に相当するものと考えられる。

同様に，$E_{z\,max}$ の共振周波数も 7.15 GHz と高くなっており，かつ共振周波数での電界強度は約 2.8 倍（2.5 ⇒ 7.0）と大幅に増加している。これについて

は電極パッドの除去により電極の浮遊容量が減少し，回路の Q が高まることにより生じているものと推測される．

これまで電極パッドについては限りなく小さくすれば，高周波化に大きな効果があると考えられていたが，以上のように取り除いた場合でも共振周波数は 10 GHz を大きく下回ることから，電極パッドの有無は 10 GHz 帯光変調器を実現する上でのキーポイントではないことがわかった．このため，以下においては，電極長，電極分割数などさまざまなパラメータを変化させて高周波化・高感度化のための検討を行っているが，いずれも電極パッドなしの給電方式でシミュレーションを行っている．

図 6.30 において，もう一つ注目すべき点は，7.8 GHz 付近において LN 基板の共振によるものと思われる電界が急激に低下している点（以後，反共振点と呼ぶ）が存在していることである．この反共振点近辺では電界が大きく低下するため，高周波化・高感度化のネックになるものと考えられるため，後述の項でこの対策について述べる．

〔4〕 **電極長の影響**　10 GHz 帯の信号を感度良く伝送するためには，光変調器の自己共振周波数を 10 GHz 以上にする必要がある．LN 光変調器の自己共振周波数 f_{res} は，L_m を電極の単位長さ当りのインダクタンス，C_m を単位長さ当りの電極容量，N を電極分割数，E_L を電極長とすれば，次式で表される．

$$f_{\text{res}} = \frac{N}{2\pi\sqrt{L_m C_m} E_L} \quad (6.6)$$

図 6.31 に電極長に対するリターンロスの共振周波数と $E_{z\,\text{max}}$ の共振周波数の変化について電磁界シミュレーションと式 (6.6) による計算値（L_m =0.91 nH/mm，C_m=0.64 pF/mm，N=7）を比較したものを示す．電極長が比較的長い（共振周波数が低い領

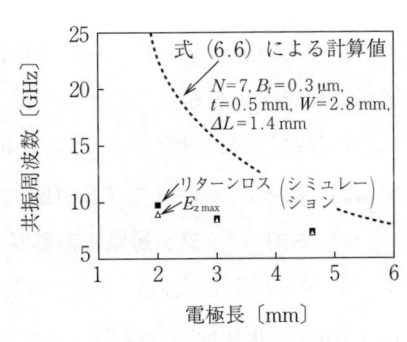

図 6.31　電極長に対する共振周波数の関係

域) 場合, 例えば 3.4 GHz 帯あるいは UHF 帯光変調器 (電極長はそれぞれ 10 mm と 25 mm) の場合は式 (6.6) で近似できるが, 電極長が短い場合は, その差異が電極長に対し大きくなることが確認された. このことから, 高周波数領域においては自己共振周波数を制限する要因は電極長以外のものが支配的になっているものと推察される.

上記と同条件での電極長に対する $E_{z\,max}$ の反共振周波数 (レベルが最低となる周波数, 図 6.30 参照) の変化については, 共振周波数と同様に電極長を変えても変化は小さかった. 反共振周波数付近においては, 信号レベルが大きく低下し, 高感度および高周波数化を阻害する大きな要因と考えられるため, 十分な注意が必要である.

〔5〕 **電極分割数の影響**　図 6.32 に電極分割数に対するリターンロスと E_z の共振周波数の変化を, 式 (6.6) による計算値 ($L_m = 0.91\,\text{nH/mm}$, $C_m = 0.64\,\text{pF/mm}$, $E_L = 4.6\,\text{mm}$) と比較して示す. 計算値と比較して低くなっているものの, 電極分割数の増加とともに高まっている. このシミュレーション値は, $L_m = 1.1\,\text{nH/mm}$, $C_m = 1.2\,\text{pF/mm}$ (従来の 2 倍) とした場合の計算値とほぼ同じとなっており, 信号入力用のボンディングワイヤや変調電極などの浮遊成分が要因となっている可能性がある.

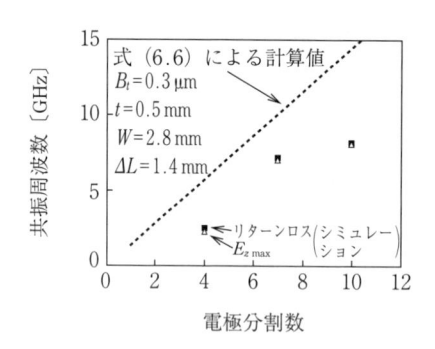

図 6.32　電極分割数に対する共振周波数の変化

電極分割数 N に対する $E_{z\,max}$ の反共振周波数の変化は分割数に比例して直線状に高くなった ($N = 4$ で 7.5 GHz, $N = 7$ で 8 GHz, $N = 10$ で 8.2 GHz).

〔6〕 **SiO_2 バッファ層厚さの影響**　バッファ層の厚さ B_t が増すに従いリターンロスの共振周波数, $E_{z\,max}$ の共振周波数とも上昇傾向となった (電極長は 4.6 mm, 電極分割数は 7). これは, バッファ層の誘電率 (4 としている) が LN 基板の誘電率よりも低いことから電極実効誘電率が低下し, 電極容量が

減少したためと考えられる．このようにバッファ層を厚くすることは高周波化に有効である．バッファ層の厚さに対する $E_{z\max}$ の反共振周波数は，ほとんど変化がなかった．

$E_{z\max}$ はバッファ層の厚さを増すに従って低下し，厚さ $0.9\,\mu\mathrm{m}$ では $0.3\,\mu\mathrm{m}$ 時と比較して約 2/3 に低下した．これはバッファ層厚さの増加に伴い光導波路と変調電極との距離が離れていくためと考えられる．以上からバッファ層を厚くすることは高周波化には有効であるが，高感度化には逆効果となる．

〔7〕 **基板厚さの影響** LN 基板が薄くなるに伴い，リターンロスの共振周波数，$E_{z\max}$ の共振周波数とも高くなった．これは，大きな誘電率を持つ基板が減少することにより電極容量が低下したためと考えられる．LN 基板厚さに対する $E_{z\max}$ の反共振周波数の変化は共振周波数と同様な傾向であった．また，基板を薄くすると $E_{z\max}$ の共振周波数が向上するとともに最大電界強度が増加した．これは，光導波路と変調電極との距離が変化していないことと，基板厚さの減少により印加電界が光導波路部へ集中したためと考えられる．すなわち，LN 基板を薄くすることは高周波化・高感度化に有効である．

〔8〕 **基板幅の影響** 従来の基板幅である $2.8\,\mathrm{mm}$ では，リターンロスの共振周波数，$E_{z\max}$ の共振周波数ともに $8.2\,\mathrm{GHz}$ 程度に留まっているが，その半分の $1.4\,\mathrm{mm}$ では約 $10\,\mathrm{GHz}$ が得られた．ただし，基板幅を変えてもリターンロスの共振周波数，$E_{z\max}$ の共振周波数とも約 $0.2\,\mathrm{GHz/mm}$ 程度しか変化しなかった．

一方，$E_{z\max}$ の反共振周波数については**図 6.33** のように大きく変化し，基板幅が $5.8\,\mathrm{mm}$ の場合には共振周波数以下（約 $4.8\,\mathrm{GHz}$）に現れている．この反共振周波数付近においては信号レベルが大きく低下することから，高周波化を阻害する大きな要因であると考えられ，できるかぎり高くすることが望ましい．すな

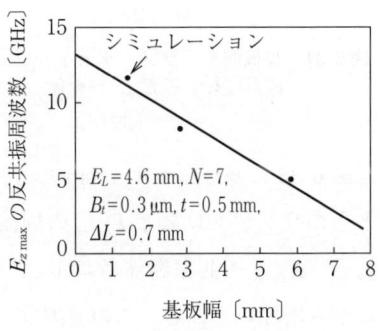

図 6.33 基板幅に対する $E_{z\max}$ の反共振周波数の変化

わち，基板の幅方向での共振が $E_{z\,max}$ の反共振周波数に影響を及ぼし，高周波化への制限要因となっていると考えられるため，基板幅はできるだけ短いほうが望まれる。

なお，信号入力部から電極までの距離 ΔL の共振周波数への依存性については，ΔL を短くすることにより高周波側にシフトする。例えば，現状の ΔL = 1.4 mm 時における電界の共振周波数は 7.15 GHz であるが，ΔL = 0.7 mm と半分にすれば 8.6 GHz に上昇した。そこで，以後のシミュレーションにおいては，ΔL を 0.7 mm と固定し，基板幅のみを変化させている。

図 6.34 は基板幅をパラメータとして周波数に対する $E_{z\,max}$ を示したものである。基板幅が 1.4 mm の場合は，$E_{z\,max}$ の共振周波数は 9.7 GHz に向上し，さらにレベルも大幅に上昇していることがわかる。

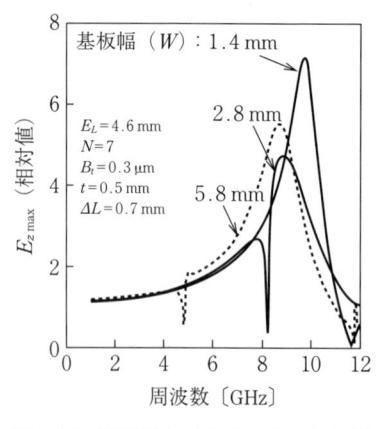

図 6.34 基板幅をパラメータとした周波数に対する $E_{z\,max}$ の変化

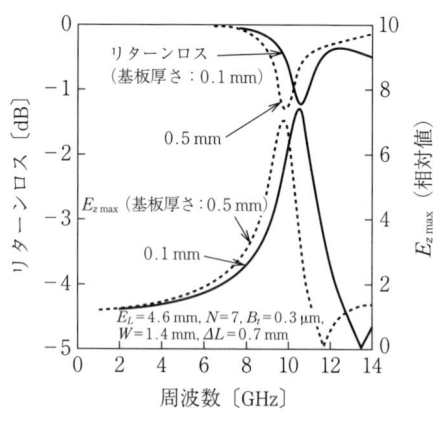

図 6.35 基板幅 1.4 mm で基板厚さをパラメータとしたときの周波数に対するリターンロスと $E_{z\,max}$ の変化

図 6.35 に基板幅を 1.4 mm とし，基板厚さを 0.5 mm および 0.1 mm としたときのリターンロスと $E_{z\,max}$ の周波数特性を示す。基板厚さを 0.1 mm にした場合，$E_{z\,max}$ の共振周波数は 10.45 GHz に向上するとともに $E_{z\,max}$ 値もわずかながら増加している。この要因は，基板を薄くしたことによる実効誘電率の低下と光導波路部への電界の集中によるものと考えられる。

6.3 10 GHz 帯光変調器実現に向けての検討と試作

以上から，基板幅を 1.4 mm とし，基板厚さを 0.1 mm とすれば目標とする共振周波数 10 GHz を十分にクリアできるとともに感度面も満足させることが可能である．

〔9〕 検討結果のまとめ

（1） **光導波上の電界強度分布**　基板幅方向へ印加される電界強度（E_z）の分布を調べた結果，光変調に寄与する電界は分布定数的に分布し，電極の共振周波数以下で変調特性の共振が発生することがわかった．このことから，光変調特性の高周波化を図るためには電極の共振周波数を所望の変調周波数より 0.5～1 GHz 程度高くする必要がある．

（2） **基板および電極構造による高周波化と高感度化**　表 6.8 にシミュレーション結果をまとめて示す．まず，高周波化については，基板幅を小さくすることが最も効果的である．例えば基板幅を 1.4 mm とし，基板厚さを 0.1 mm とすれば共振周波数は 10.45 GHz に向上するとともに，感度面においても従来（基板幅，2.8 mm）に比べて高感度になることが示された．

表 6.8　高周波化および高感度化のまとめ

項　目	高周波化	高感度化
電極長を短小化する	○ 8.8 GHz（max）	― 測定せず
電極分割数を増加する	○ 8.3 GHz（max）	― 測定せず
バッファ層を厚くする	○ 7.4 GHz（max）	× 感度が大きく低下
基板を厚くする	○ 8.1 GHz（max）	○ 感度が少し向上
基板幅を広げる	◎ 10.45 GHz（max）	◎ 感度が大きく向上

基板幅を従来の 2.8 mm から 1.4 mm とした場合，モジュール製作が困難になるように思われるが，現在光ファイバとの接続用フェルール（ferule）は 1.25 mm のものがあり，大きな問題はない（従来は結合強度維持のみを考え 2.8 mm を使用していた）．また，基板厚さについては，0.3 mm 程度であれば

製造上の問題はなく，この場合でも図 6.35 から共振周波数は 10 GHz 以上が得られる見込みである．なお，光変調特性の高周波化には，電極長を短くすること，電極分割数を増やすことも有効であるが，これについては半波長電圧（V_π）の増加，すなわち変調感度の低下を招くので注意する必要がある．次項ではこの結果をもとに実際に 10 GHz 帯光変調器の試作した結果について述べる．

6.3.2　10 GHz 帯 LN 光変調器の試作結果

前節での電磁界シミュレータによるデータから，共振周波数の向上には，Au ワイヤの長さ，すなわち基板側面（RF 信号入力部）から電極までの距離 ΔL と基板構造が大きく影響することを確認できた．この結果を元に，基板幅（W）を 1.4 mm，ΔL を 0.7 mm，基板厚さ（t）を 0.3 mm として試作した．

図 6.36 に 10 GHz 帯光変調器の電極構造を示す．また，図 6.37 に周波数に対する共振利得を示す．予想どおり目標とした周波数 10 GHz を満足する 10.1 GHz を得ることができている．共振利得として共振周波数が 10.1 GHz のときに 9.8 dB（CN 比に換算すれば，約 20 dB（目標値，利得 20 dB のヘッドアンプを挿入すれば 40 dB の CN 比が実現可能）を得た．

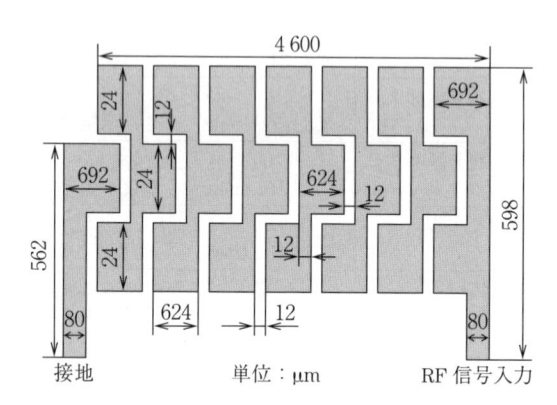

図 6.36　10 GHz 帯 LN 光変調器の電極構造（電極長 4.6 mm，電極分割数 7）

これらから，LN 光変調器の高周波化・高感度化には基板の厚さや幅を小さくすることが有効であることを実証できた．

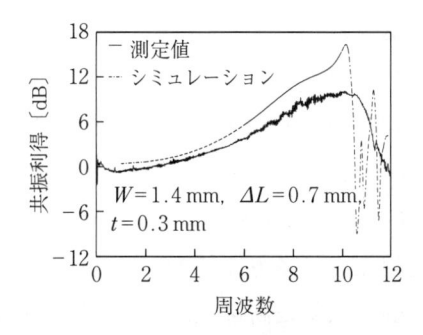

図 6.37 10 GHz 帯 LN 光変調器の周波数に対する共振利得の変化

6.4 放送素材信号伝送システム

放送において取材現場からの番組素材は,受信基地局を介して放送局のスタジオまで伝送される。取材現場と受信基地局は移動無線回線 (field pick-up unit, FPU) で結ばれる。FPU の代表的な使用例としては報道,スポーツ中継などが挙げられる。

FPU の伝送方式は,搬送波を一つだけ用いる 64QAM (直交振幅変調, quadrature amplitude modulation) 方式と多数のキャリヤを高密度に配置する OFDM (直交周波数分割多重, orthogonal frequency division multiplexing) 方式が使用され,電波帯域としてはおもにマイクロ波帯 (5.85〜13.25 GHz) が用いられている (**表 6.9**)。

表 6.9 FPU の周波数割当て

バンド	周波数〔GHz〕
B	5.850〜5.925
C	6.425〜6.570
D	6.870〜7.125
E	10.250〜10.450
F	10.550〜10.680
G	12.950〜13.250

この FPU の受信基地局とスタジオを結ぶ回線 (transmitter to studio link, TSL) などに,マイクロ波帯を直接光信号に変換して伝送する RoF (radio on fiber) 技術が導入されている[14]。光ファイバは,無線中継と比べて耐災害性は低いものの,電波フェージングなどの影響を受けないという特徴があり,無線回線の冗長系としての利用が検討されている。

6.4.1 TSL用光伝送システム

従来の光回線を使用したTSLは、受信マイクロ波をTS（transport stream）信号[†]や130 MHz帯のIF（intermediate frequency）信号に変換したのち、光伝送する方式が用いられていたが、HDTV（high definition television）化に伴う設備増大の対策（スペースおよび運用コスト対策）として、受信マイクロ波を直接、光信号に変換し伝送する方式が開発・実用化されている[15]。この方式は従来受信基地局に配置していた高周波部・制御部を放送局側に配置できるため、基地局設備の簡素化や、メンテナンス性の向上が可能となる。

図6.38にTSL用光伝送システムの構成を示す。受信点ユニット、光ファイバおよび復調ユニットから構成される。

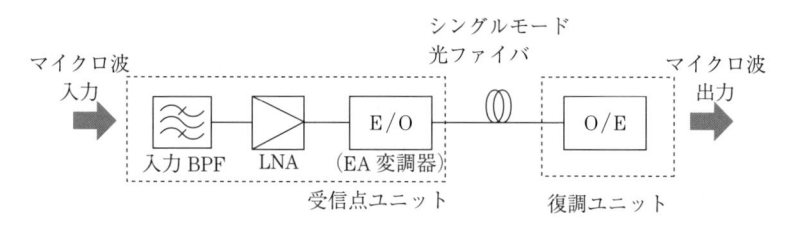

図6.38 TSL用光伝送システムの構成

受信アンテナから入力されたRF信号は、入力BPF（band pass filer）を通過し、LNA（low noise amplifier）に入力される。LNAに入力されたRF信号は増幅され、E/O変換器に入力されたのち、光信号に変換される。E/O変換器によって光強度変調を受けた信号光は、光ファイバでO/E変換器まで導かれ、受信RF信号に復調される。復調されたRF信号は既存設備（FPU受信機）に入力される。E/O変換器には、半導体レーザと光変調器が集積された半導体レーザ集積型EA（electro-absorption, 電界吸収型）変調器が使用され、受信点ユニットの小型が図られている。表6.10に使用した半導体レーザ集積型EA変調器の性能を示す。光波長は1 550 nm帯、RIN（相対強度雑音, relative intensity noise）は−155 dB/Hz、変調帯域は12.6 GHzである。

[†] **TS信号**　　放送プログラム伝送用パケット信号の総称である[16]。

表 6.10 半導体レーザ集積型 EA 変調器の性能

光波長	1 550 nm 帯
RIN	-155 dB/Hz
変調帯域	12.6 GHz

表 6.11 要求仕様

入力信号周波数	5.850 ～ 10.68 GHz の指定バンド
RF 入力電力	-60 ～ -20 dBm
NF	6 dB 以下
C/IMD_3	37 dB 以上

TSL では，表 6.11 に示すように低雑音性と広いダイナミックレンジが要求される．低雑音化には，高利得で低 NF の LNA を適用することにより達成可能である．一方，システムのダイナミックは，おもに EA 変換器の非線形性により決定される．ここで非線形により発生するひずみについては，信号帯域が 1 オクターブ以内に収まっているため，直接二次ひずみが自帯域に影響を及ぼすことはなく，三次相互変調ひずみ（3rd order intermodulation distortion）のみを考慮すればよい．これら課題の解決策として，本システムでは LNA に AGC（自動利得制御，auto gain control）機能を持たせることにより低雑音・広ダイナミックレンジを実現している．図 6.39 に信号の入出力特性を示す．入力電力 -40 dBm 以上では出力電力が一定（LNA 出力が一定）となっており，ひずみが抑制されることがわかる．その結果，NF（noise figure）= 4.3 dB，C/IMD_3（キャリヤ電力/三次相互変調ひずみ）= 40.2 dB（-20 dBm 入力時）という良好な性能が得られている．

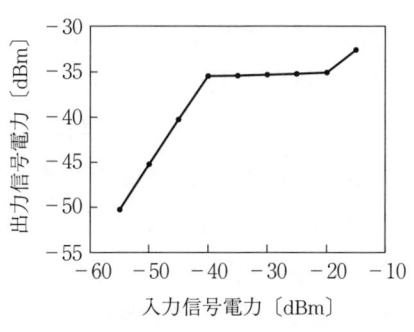

図 6.39 信号の入出力特性

本システムの許容光損失は 3 dB であり，約 6 km の伝送が可能となる．また，光増幅器を用いることにより，数十 km 以上の伝送も可能である．図 6.40 に TSL への適用イメージを示す．

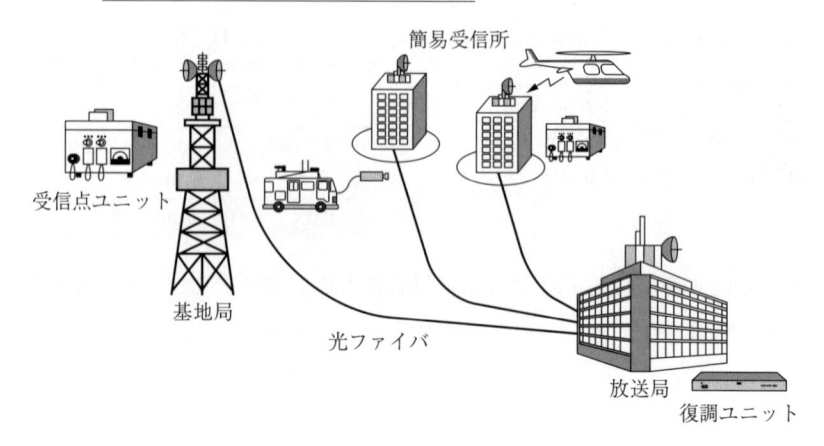

図 6.40　TSL への適用イメージ

6.4.2　ロードレース中継への適用

　マラソン，駅伝などのロードレース中継用として，ダークファイバ（p.182 の脚注参照）を利用した RoF システムが開発・実用化されている。このシステムは受信アンテナと既存受信機の数十 km 間を光回線でつなぎ，移動中継車の電波（800 MHz 帯）を直接スイッチングセンターに運ぶことができる。従来，マラソンや駅伝中継では，移動中継車からの電波（RF 信号）を受信する複数の無線基地局をビルの屋上に仮設し，スイッチングしながらスタートからゴールまで，映像・音声を伝送していた。しかし，この方式では，市街地区間などではビル影などでは電波伝搬状態が不安定になるため，無線基地局の設置場所にきめ細かな調整が必要であった。

　本システムは，受信点に先に説明した受信点ユニットを適用することにより，約 60 dB の広いダイナミックレンジが確保され，無人での運用が可能となった。さらに，本システムは小型・軽量で防水構造になっており，いままで設置が難しかった屋外の電柱などにも容易に設置することができる。

　例えば，駅伝コースなどの道路に面した電柱に設置することにより，これまで無線基地局では受信が困難であったエリヤまでカバーすることが可能となっている。

6.4 放送素材信号伝送システム

図 6.41 にロードレース中継用光伝送システムの概要を，表 6.12 に諸元を示す。光波長 155 nm 帯を用い，光許容損失 17 dB（50 km 相当）を実現している。本システムでは，変調周波数が 1 GHz 以下と比較的低いため，EA 変調器（外部変調器）の代わりに LD 直接変調器（表 6.13）が使用されている。3 GHz 以下の変調周波数では，コスト面で有利な LD 直接変調器がおもに使用されている。

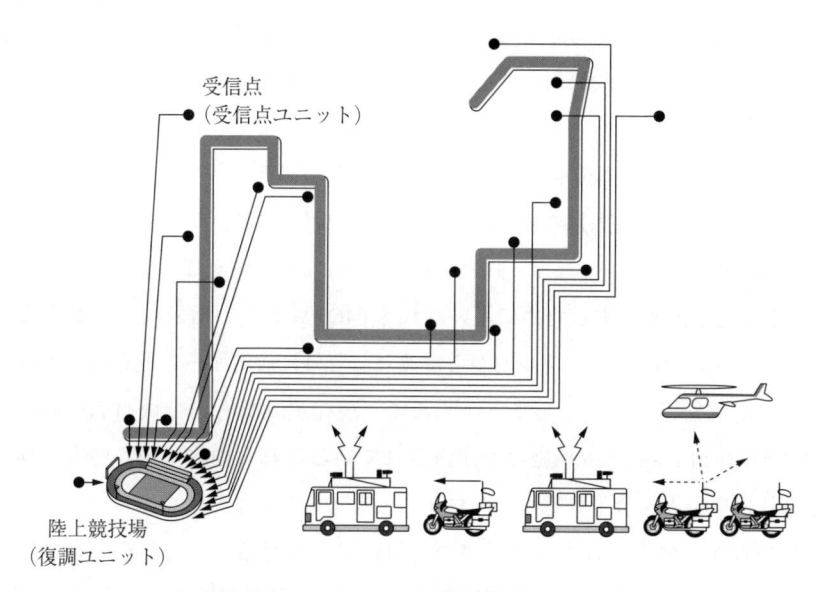

図 6.41 ロードレース中継用光伝送システム

表 6.12 ロードレース中継用光伝送システムの諸元

入力信号周波数	770 ～ 806 MHz
入力信号電力	$-70 \sim -20$ dBm
C/N	15 dB 以上
C/IMD_3	40 dB 以上
伝送距離	最大 50 km
光許容損失	17 dB (1 550 nm)

表 6.13 LD 直接変調器の性能

光波長	1 550 nm 帯
RIN	-155 dB/Hz
変調帯域	3 GHz

6.5 ミリ波を利用した放送波の再送信システム

6.5.1 開発の背景とシステムの概要

　RoFはサブキャリヤ方式により光伝送した無線信号を電波として放射するシステムで，ケーブルを敷設しにくい場所で光ファイバと組み合わせて使うと効果的である[17]。光受信器で得られた信号をそのまま増幅して放射する方式が経済的であり，この代表例として，地上ディジタル放送のギャップフィラーについて前章で説明した。ギャップフィラーはケーブルテレビのネットワークからも地上ディジタル放送波の供給を受けることができる。ケーブルテレビには地上波ディジタル放送以外に，BS 放送，CS 番組，電話，ゲーム配信用などの信号波が送られており，これらの伝送に用いられる。例えば，ケーブルテレビでBS放送を再送信するために用いられる64QAM方式の信号は，UHF帯などで伝送されるため，ケーブル内から電波として外に放射すると既存の電波サービスに混信妨害を与えてしまう。そこで，現在主流である帯域幅770 MHz のHFC（hybrid fiber coax）施設で伝送されているこれらの信号を，妨害を与える恐れのない周波数帯にそっくり移すことを考えてみよう。

　総務省から発表されている電波の利用状況[18]を見ると，この広い帯域幅を確保できそうな周波数帯を未使用となっている周波数帯から選ぶとすれば30 GHz以上のミリ波となることがわかる。総務省が（社）日本CATV技術協会に委託して実施した40 GHz帯「ケーブルテレビ網ディジタル無線分配伝送技術に関する調査検討」[19]によると，39.5～41.5 GHzを使って70～770 MHzの最大70波の下り信号を，42.0～42.5 GHzを使って10～55 MHzの最大7波の上り信号を双方向に伝送する実験を行い，有効性を検証している。

　ミリ波には広帯域性のほかに，波長が短いので小型軽量で鋭い指向性のアンテナを実現でき，装置設置場所の自由度が高いというメリットがある。BS放送やCS放送の受信用のパラボラアンテナは近年小型になったが，マンションなどのベランダにそれでも，かなりの設置面積を必要とする。ミリ波ならば数

6.5 ミリ波を利用した放送波の再送信システム

cm角程度でアンテナを実現することができる。

一方で，実用化に当たってミリ波にはデメリットが多い．まず，UHF帯などと比較すると自由空間損失が大きく，降雨，霧などによっても大きな減衰を受けるため伝送距離が制限されることである．つぎに，直進性が強いので伝搬途中に障害物があると遮へいされてしまうことである．さらに，回路部品，例えば分配器一つをとっても作るのが難しく，高価で，周波数帯によっては入手が困難なことさえある．このようにミリ波は大きな可能性を持っているが，現時点では使いにくく，未使用のままになっている周波数も存在する未成熟な周波数帯である．

しかし，光ファイバの低損失性とミリ波の電波としてのアクセスの良さという両者の「いいとこ取り」をすることで，広帯域の伝送システムを合理的なコストで実現できると考えられる．そこで，ミリ波のRoFシステムの例として提案したFTTHを補完する放送波の再送信システムについて説明する．

既存の集合住宅のなかには，配線用の管路に光ファイバなどのケーブルを追加敷設するだけの余裕がないものがある．このような場合には，インターネットサービスが建物内の既設の電話線を利用して提供されることもある．提案方式は，ケーブルテレビ局から光ファイバで伝送されているディジタル放送などを配信するための補完手段として，電柱上で光ファイバの末端をミリ波の無線伝送に置き換えて，集合住宅内の管路を用いることなく，各戸のベランダに設置したミリ波受信器に直接伝送するものである．

提案するミリ波RoFによるCATVシステム[20]の構成を図6.42に示す．このシステムの特徴は二つある．

① 光もミリ波もUHF帯などと比べると位相雑音や周波数変動が大きいので，周波数変換用の搬送波を信号と一緒に伝送する自己ヘテロダイン方式を光とミリ波の両方に採用していることである．

② 搬送周波数が高い変調波を通常の方法で光信号に変換して伝送すると，光ファイバの分散により受信信号のCN比が著しく劣化するため，分散の影響を受けない光SSB（single sideband）変調方式を採用していることである．

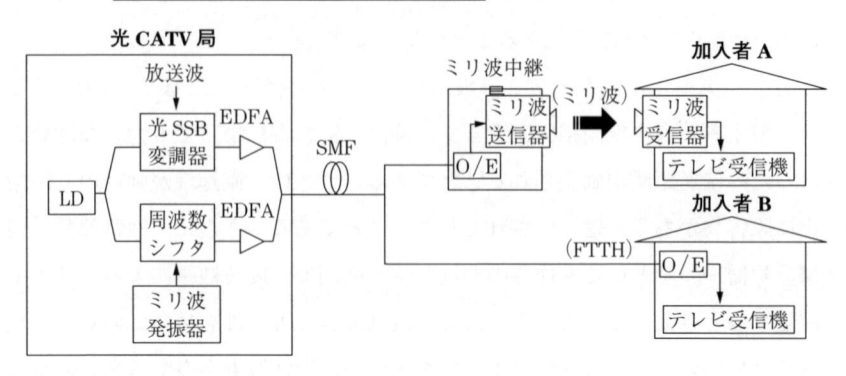

図 6.42 ミリ波 RoF による CATV システム

6.5.2 自己ヘテロダイン方式によるミリ波再送信システム

図 6.42 は，光 CATV 局で受信した地上ディジタル放送波を光 SSB 変調して FTTH ネットワークで加入者に光伝送する構成を示している。加入者 A は，ミリ波中継点でミリ波に変換された地上ディジタル放送波を受信する。加入者 B は一般の光受信器（O/E）で UHF 帯の地上ディジタル放送波を受信する。以下では光 CATV 局からの送信光信号について示した**図 6.43** を使って動作を説明する。

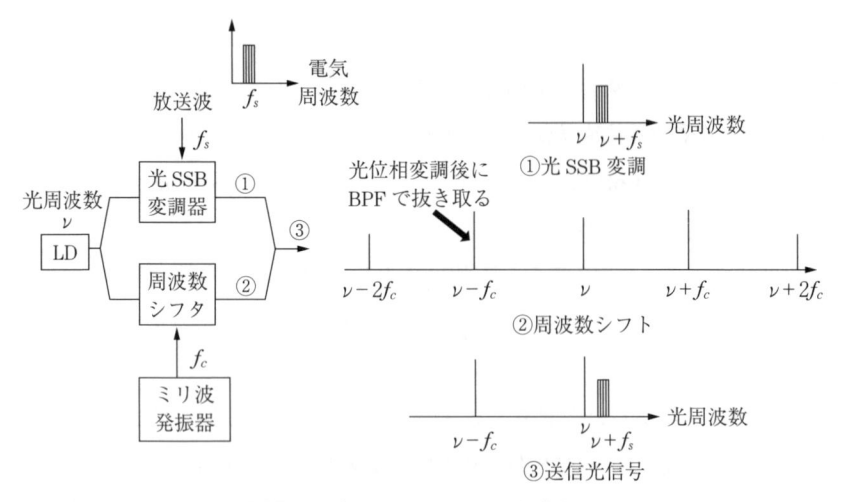

図 6.43 光 CATV 局からの送信光信号

放送波の周波数帯は UHF 帯という幅を持っているが，簡単のためにこれを f_s と書くこととする．光周波数を ν，ミリ波発振器の周波数を f_c とする．光 CATV 局では LD 光を 2 分岐し，一方を放送波 f_s で光 SSB 変調して ① のスペクトルを得る．他方をミリ波周波数 f_c で光位相変調した ② の中から $\nu - f_c$ だけを光 BPF で抜き取ることで f_c だけシフトした光を作る[†]．これと ① の信号を合成した ③ を光ファイバで伝送する．

ミリ波中継局ではこの光信号を光受信器に導く．光受信器は二乗検波器として働くので，差の周波数成分として f_c と $f_c + f_s$ および f_s の三つの成分が得られる．これらには ν が含まれていない．つまり LD の周波数に多少の変動や，発振スペクトルに位相雑音があっても，これらは光の自己ヘテロダイン検波によりキャンセルされるため影響を受けない．一般的なミリ波の伝送では，中間周波数の信号をミリ波の局発を使ってミリ波帯に周波数変換する手法が用いられる．ミリ波は周波数が高いので，屋外で周波数変換器を用いることを想定すると，局発周波数が温度変動の影響を受けないようにするための制御回路や，位相雑音を小さく保つための複雑な PLL 回路が必要である．提案システムのように，光受信器を使って超広帯域な信号や高い周波数の信号を得る手法は，一括 FM 変調[22]，前節の放送素材伝送システム[23),24] でも使われている．

光受信器で得られる上記の三つの成分のうち，f_c と $f_c + f_s$ の成分を増幅し，電波として加入者 A に向けて放射する．加入者 A では電気の自己ヘテロダイン検波により二つの成分の差の周波数 f_s を得る．ここでも検波信号に f_c は含まれていない．つまり，温度変動や位相雑音の影響を受けないで済む．

加入者 B は光ファイバで光信号を受けることができるので，普通の FTTH で用いられる UHF 帯域を受信できる狭帯域な受光器により，f_s 成分を得る．

6.5.3 搬送波を低減した光 SSB 変調器

ミリ波光伝送の CN 比を改善するには，変調の側波帯成分のパワーを増やせ

[†] 光周波数シフタは後述する SSB 変調器を利用したものも報告されている[21]．

ばよい。一般に、光増幅器は出力パワーが飽和に近い状態で用いられるので、入力した光波のパワーの和でAGCがかかる。大きな強度の光搬送波でEDFAが飽和してしまうため、側波帯成分を十分に増幅することができない。そこで、光搬送波の振幅を抑圧してから増幅すれば、側波帯成分のパワーを抑圧した分だけ増加させることができる。光受信器は、光搬送波と側波帯成分の両方を用いて検波をするので、このようにして光変調度を増やせば、CN比を改善することができる。

　光搬送波を抑圧するには、変調器出力の光搬送波に対して逆相となる光信号を光移相器で作って光搬送波をキャンセルすればよい。この操作を図6.44でベクトルを用いて説明する。両側に側波帯成分があるDSB（double sideband）変調の場合は、受光したときに上側波と搬送波の差信号と、搬送波と下側波の差信号が同相で加わる必要がある。このため、キャンセルするに当たっては図（a）のように光搬送波の位相が変わらないように、移相器出力のベクトルは光搬送波のベクトルと正確に反対でなければならない。所望の抑圧度の光搬送波を得るためには、位相だけでなく振幅も制御する必要があり、設定が難しい。

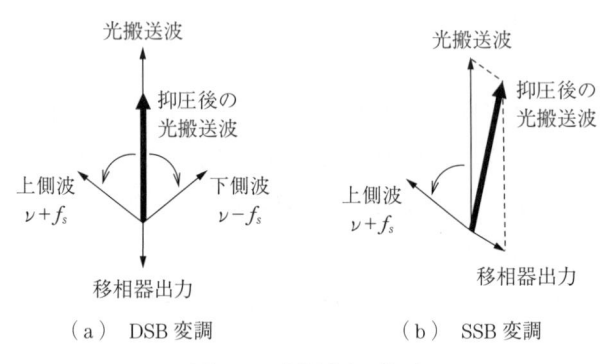

（a）DSB変調　　　　（b）SSB変調

図6.44　光搬送波の抑圧

　一方、片側にしか側波帯成分がないSSB（single sideband）変調の場合には図（b）のように、移相器出力を光搬送波に加えることで光搬送波の位相が上側波に対してずれたとしても問題が発生しない。そこで、移相器の移相量を調

整すれば所望の抑圧度の光搬送波を容易に得ることができる。以上の理由から光 SSB 変調を採用した。

光 SSB 変調器の構成[25]を**図 6.45** に示す。LiNbO$_3$ 結晶上に作成したマッハツェンダー変調器（以下 MZ と略す）で，主となる MZ$_C$ の二つの光導波路にそれぞれ，副となる MZ 構造（MZ$_A$, MZ$_B$）を持っている。それぞれの電極に加える直流バイアス電圧（DC$_A$, DC$_B$, DC$_C$）によって導波路の位相差を調整することができる。このうち MZ$_A$ と MZ$_B$ の電極に UHF 帯の放送波を $\pi/2$ の位相差をつけて加え，各バイアス電圧を適切に選ぶことにより光 SSB 変調信号を得ることができる[26), 27)]。

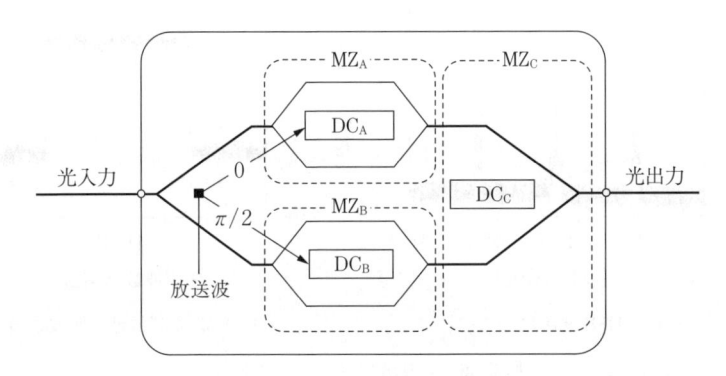

図 6.45 光 SSB 変調器の構成

光伝送後のミリ波信号のスペクトルを**図 6.46** に示す。図（a）は光 SSB 変調，図（b）は光 DSB 変調，図（c）は図（a）の側波帯の拡大スペクトルである。図（a）の光 SSB 変調では光搬送波を 10 dB 抑圧していて，光変調度は 11 % /ch である。

一方，図（b）の光 DSB 変調における光変調度は 3.5 % で両者の差は 10 dB である。このとき理論的には，光搬送波を抑圧した分の 10 dB と，DSB → SSB への変換分である 6 dB との和の 16 dB，CN 比が改善される。図 6.46 の図（a）と図（b）の上側波の電力を比較すると，ほぼ理論値と一致していることがわかる。

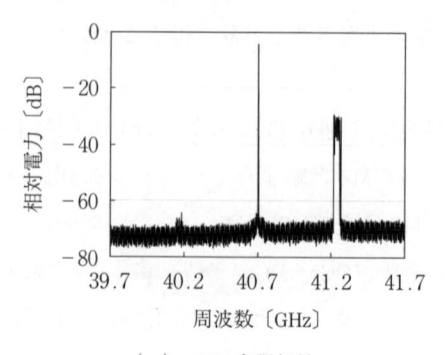

(a) SSB 変調信号

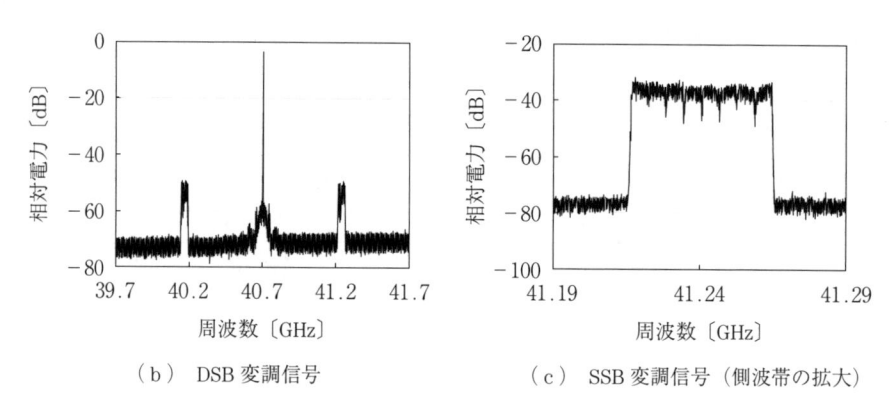

(b) DSB 変調信号

(c) SSB 変調信号（側波帯の拡大）

図 6.46 ミリ波信号のスペクトル

6.5.4 高感度ミリ波受信機[28]

　試作したミリ波受信機を従来のミリ波受信機と比較して**図 6.47**に示す。従来の自己ヘテロダイン方式のミリ波受信機は，図（a）に示すように，受信信号を二乗検波する簡素な方法である。しかし，搬送波を抑圧しない従来方式では，ミリ波の送信電力を定格電力という一定値とするために，側波帯の電力を小さくする必要があり，受信機内部の雑音の影響を大きく受けて CN 比が劣化するという問題がある。

　搬送波を抑圧することで，ミリ波の送信電力が図（a）と等しいという条件では，側波の電力が増加した分，CN 比を改善することができる。ただし，検

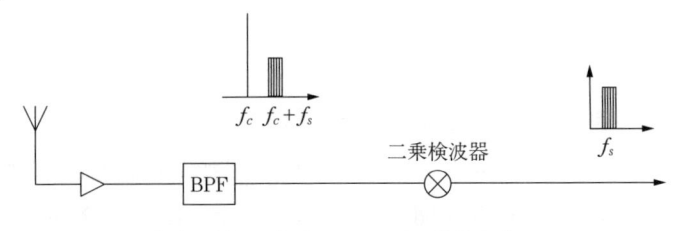

(a) 従来の自己ヘテロダイン検波方式

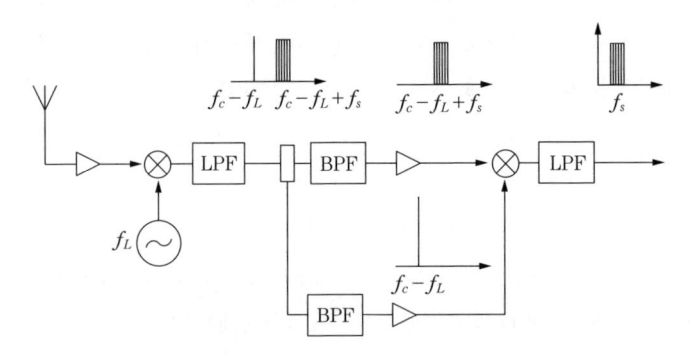

(b) 提案する自己ヘテロダイン検波方式

図 6.47 自己ヘテロダイン検波方式によるミリ波受信機

波するときに信号がひずまないように，搬送波電力を増幅する必要がある。これには搬送波と側波帯をそれぞれ BPF で抜き出して電力を調整すればよく，この操作は比帯域を考慮すると周波数を下げて行ったほうが容易である。そこで，ミリ波帯の周波数 f_L の局部周波数発振器を用意して周波数変換を行い，側波帯と搬送波の電力をアンプにより適切な関係に調整してから周波数ミキサーで周波数変換をすれば f_s 成分を得ることができる。

この方式は，図(b)に示すように，f_c と f_c+f_s 成分の両方を局発周波数 f_L で周波数変換するので，検波器出力に f_L は含まれない。すなわち，f_L の周波数変動や位相雑音の影響を受けないことがわかる。検波出力信号の CN 比は搬送波の BPF の通過帯域幅を狭くするほど改善されるが，あまり狭くすると，局部発振器の周波数 f_L の変動許容値を厳しくすることになってしまう。そこでミリ波発振器の周波数の現実的な温度変動幅を考慮して BPF の通過帯域幅

を 2 MHz としている．

6.5.5 ミリ波 RoF システムの総合伝送実験

ミリ波 RoF 伝送システムで，光送信機からミリ波中継器を通して加入者の受信機まで一貫した伝送実験の報告数は少ない．光 CATV 局に置かれる想定の 1 台の光送信機から送出された放送波を集合住宅にミリ波で分配できる実現性を検証するために，40 GHz 帯無線実験局を用いて屋外実験を行った[28]．

実験の構成を図 6.48 に，総合伝送実験の諸元を表 6.14 に示す．光送信機では UHF 帯の 8 波の地上ディジタル放送波により，光搬送波を抑圧した光 SSB 変調を行う．1 km の光ファイバと光減衰器により，屋外のミリ波中継点まで伝送し，−12 dBm で光自己ヘテロダイン方式より受光して，8 波の側波帯成分と 40.7 GHz のミリ波搬送波を得る．これを定格電力である 5 mW に増幅し，3 階の図示した地点に指向性の中心を向けて電波を放射した．

図 6.48 ミリ波伝送実験の構成

送信側のアンテナは 1 台のミリ波送信機から多くの加入者に分配ができるように広角（半値全幅 30°，利得 13 dB）の指向性のアンテナを用いた．一方，受信側には大きな利得が得られるように狭角（半値全幅 8°，利得 22 dB）の指向性のアンテナを用いた．アンテナの構造は円偏波の平面アンテナ[29]で，送

表6.14 ミリ波 RoF 伝送実験の諸元

光送信波長	1 551.0 nm
光伝送路	1.3 μm 帯零分散シングルモード光ファイバおよび光減衰器
光受光パワー	−12 dBm
ミリ波電波型式	低減搬送波単側波帯振幅変調
ミリ波搬送波周波数	40.7 GHz
ミリ波送信電力	5 mW
ミリ波受信機局部発振周波数	38 GHz
ミリ波アンテナ利得	送信:13 dB,受信:22 dB
ミリ波アンテナ指向性	送信:30°,受信:8°(半値全幅)
側波帯と搬送波の電力比 g	9 dB(側波帯のほうが大きい)
ミリ波受信機入力 CN 比	35 dB
地上ディジタル放送波	UHF20 ~ 27ch(8波)
地上ディジタル放送波所要 CN 比	21 dB

信側は 2×2,受信側は 8×8 のパッチ素子で構成されている.

ミリ波送信機をビルから 45 m,地上高 1.3 m の位置に置き,受信アンテナをベランダでの受信を想定して,ビルの 2,3,4,5 階の同じ水平位置でミリ波を自己ヘテロダイン方式で受信し,CN 比を測定した.各階における UHF 帯地上ディジタル放送波の CN 比の実験値は理論値とおおむね一致した.所要 CN 比を 21 dB として破線で示すと,3 階の指向性の中心(水平位置 0 m)から半径 10 m の円の内側ではこの値をほぼ満たしている.実験ではビルのガラス越しにミリ波を測定しており,集合住宅のベランダに伝送する場合にはガラスの損失分 2 dB だけ受信電力が大きくなることを考慮すると,1 台のミリ波送信機で 4 階程度の集合住宅 1 棟をカバーできると考えられる.

ここで説明した,搬送波を抑圧した光 SSB 変調信号を作成する技術や,高感度化を図れるミリ波の自己ヘテロダイン検波技術の用途は,放送波の再送信システムに限ったものではなく,良好な位相特性と感度を必要とする高周波の RoF システムにおいて広く応用できるものと期待する.

引用・参考文献

1) 生岩量久, 中 尚, 鳥羽良和, 戸叶祐一, 佐藤由郎：導波路型光変調器を用いたテレビ電波受信システム, 信学論, **J79-C-1**, 7, pp.249～255（1996）
2) M. Kondo, Y. Toba, Y. Tokano, K. Hayeiwa and H. Fujio：Radio signal detection system using electrooptic modulator, Microwave photonics, pp.169～172, Dec.3～5（1996）
3) 生岩量久, 竹内安弘, 鳥羽良和, 鳥畑重典, 谷沢 亨, 尾崎泰巳：地上波ディジタルテレビ信号伝送用光伝送システムの開発, 信学論, **J84-C**, 8, pp.666～672（2001）
4) 生岩量久, 竹内安弘, 秋山一浩, 山下隆之, 鳥羽良和, 鬼澤正俊, 鳥畑重典：偏光無依存光変調方式を用いた地上ディジタル波受信装置の開発, 映情学会論文, **56**, 2, pp.212～217（2002）
5) 生岩量久, 山下隆之, 鳥羽良和, 鳥畑重典, 谷沢 亨, 尾崎泰巳：地上ディジタルテレビ波伝送用光伝送システムの高感度化の検討, 信学論, **J85-C**, 12, pp.1184～1191（2002）
6) 鳥羽良和, 鬼沢正俊, 鳥畑成典, 生岩量久, 山下隆之, 尾崎泰巳：AGC及び半導体レーザの導入による光変調器を用いた電波受信システムの広ダイナミックレンジ化と低コスト化の検討, 信学論, **J88-C**, 2, pp.99～106（2005）
7) 鳥羽良和, 鬼沢正俊, 生岩量久, 山下隆之, 根岸俊裕, 村崎 出：3.4 GHz帯集中定数型光変調器の開発, 信学論, **J87-C**, 10, pp.768～773（2004）
8) 斉藤富士郎 編：超高速光デバイス, 共立出版（1998）
9) H. Haga, M. Izutsu and T. Sueta：LiNbO$_3$ traveling-wave lightmodulator/switch with an etched groove, IEEE J. Quantum Electron., **QE22**, 6, pp.902～906（1986）
10) 末田 正, 神谷武志：超高速光エレクトロニクス, 培風館（1991）
11) 生岩量久, 鳥羽良和：地上ディジタルTV放送用マイクロ波帯集中定数型光変調器の試作, 信学論C, **J89-C**, 11, pp.925～932（2006）
12) 生岩量久, 神尾武司, 藤坂尚登, 安 昌俊, 鳥羽良和：マイクロ波帯LN光変調器の高周波化・高感度化のための最適な電極構造の検討, 信学論C, **J92-C**, 1, pp.1～10（2009）
13) 戸叶祐一, 田辺高信, 村松良二, 近藤充和, 佐藤由郎：光電界センサの高感度化, 信学技報, EMCJ94-26, 1-7（1994）
14) 穂坂 怜, 富山俊一郎, 山下崇夫, 片柳幸夫, 三浦勝志：RF-光変換によるマイクロ波帯FPU遠隔受信システムの開発, ITE Technical Report, **33**, 32, pp.9～12（2009）
15) 望月 貢, 三浦勝志, 山下崇夫, 安藤茂之, 片柳幸夫：IF光伝送を利用した

FPU 受信基地局の構築, 2005 年映像情報メディア学会冬季大会, 11-5 (2005)
16) 生岩量久：ディジタル通信・放送の変復調技術, 第 4 章, コロナ社 (2008)
17) 久利敏明, 堀内幸夫, 中戸川剛, 塚本勝俊：光・無線融合技術をベースとする通信・放送システム, 信学論 C, **J91-C**, 1, pp.11〜27 (2008)
18) http://www.tele.soumu.go.jp/resource/search/myuse/use/10g.pdf (2013 年 7 月現在)
19) 日本 CATV 技術協会：CATV 用 40 GHz 帯無線伝送技術に関する調査検討報告書 (2004)
20) 中戸川剛, 前田幹夫, 小山田公之：ディジタル放送波のミリ波 Radio-on-Fiber 伝送, 信学論誌, **J91-C**, 1, pp.3〜10 (2008)
21) 川西哲也, 井筒雅之：光 SSB 変調器を用いた光周波数シフター, 信学技報, OCS2002-49 (2002)
22) K. Kikushima, H. Yoshinaga, H. Nakamoto, C. Kishimoto, M. Kawabe, K. Suto, K. Kumozaki and N. Shibata：A super wideband optical FM modulation scheme for video transmission systems, IEEE. JSAC, **14**, 6, pp.1066〜1075 (1996)
23) A. Hirata, H. Takahashi, R. Yamaguchi, T. Kosugi, K. Murata, T. Nagatsuma, N. Kukutsu and Y. Kado：Transmission characteristics of 120-GHz-band wireless link using radio-on-fiber technologies, IEEE J. Lightwave Technol., **26**, 15, pp.2338〜2344 (2008)
24) A. Hirata, H. Takahashi, N. Kukutsu, Y. Kado, H. Ikegawa, H. Nishikawa, T. Nakayama and T. Inada：Transmission trial of television broadcast materials using 120-GHz-band wireless link, NTT Technical Review, **7**, 3, pp.1〜6 (2009)
25) K. Higuma, S. Oikawa, Y. Hashimoto, H. Nagata and M. Izutsu：X-cut lithium niobate optical singlesideband modulator, Electron. Lett., **37**, 8, pp.515〜516 (2001)
26) T. Nakatogawa, M. Maeda and K. Oyamada：Optical single sideband modulator for distribution of digital broadcasting signals on millimetre-wave band based on self-heterodyne, Electron. Lett., **40**, 21, pp.1369〜1370 (2004)
27) 中戸川剛, 前田幹夫, 小山田公之：ディジタル放送のミリ波 radio on fiber 伝送, NHK 技研 R&D, No.127, pp.24〜40 (2011)
28) 中戸川剛, 前田幹夫, 小山田公之：ディジタル放送波ミリ波 RoF 伝送システムに用いる自己ヘテロダイン検波方式ミリ波受信機, 映情学誌, **61**, 1, pp.59〜66 (2007)
29) S. Nishi, K. Hamaguchi, T. Matsui and H. Ogawa：Development of millimeter-wave video transmission system —— development of antenna, Proc. Asia-Pacific Microwave Conf., 1-3, pp.509〜512 (2001)

7 通信・その他のシステムへの応用

 光技術と無線技術を融合させた RoF (radio on fiber) 技術は放送分野のみならず,通信分野にも導入されている。本章ではこれらすでに実用化されている技術に加えて,ミリ波帯に適用する場合の課題や研究開発が急速に進んでいる光コヒーレント技術を用いた超高速光ネットワークについても述べる。また,その他の応用例として電界を正確に測定できる光電界センサについても紹介する。

7.1 携帯電話用システム

 携帯電話の利用者数は近年爆発的に増加し,現在の加入者数は 1 億人以上に達しているという。これに伴い新たな携帯基地局の建設が求められ,RoF 技術を利用した経済的な建設手法の開発・導入が進められている[1,2]。
 光ファイバは,同軸ケーブルなどの導線に比べて,① 低損失性,② 無誘導性(電磁妨害に強い),③ 広帯域性にすぐれているほか,細径で軽量であるという特徴を持つ。このため,スペースの面で制約が多い屋内の伝送にも適している。
 図 7.1 に携帯電話用システムの概要を示す[1]。屋内の信号伝送については,CATV の幹線系など限られた分野で用いられていたが,レーザの高出力化と低コスト化により,伝送特性の向上と

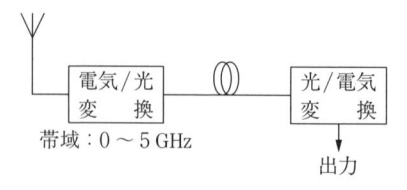

図 7.1 携帯電話用システムの概要[1]

システムコストの低廉化が進み，携帯電話などさまざまな分野への導入が進んでいる．

7.1.1 電波の不感地帯対策用システムの概要

都心部では多数の地下街や高層ビルが存在するため，携帯基地局の電波はユーザに届きにくく，電波の不感地帯が生じる．携帯電話システムに関してのRoF技術の適用は，地下街やトンネルなど電波の不感地帯対策から始まった[1]．

携帯電話システムで使用される周波数は，800 MHz～2 GHz帯と比較的低いことから，低廉なデバイスが使用できることも導入が進んでいる理由の一つである．

表7.1におもな仕様，**図7.2**にビル内での不感地帯への対策例を示す[1]．基地局はビル内の一室に設置され，そこから各階に置かれた送信アンテナまで無線信号（RF信号）を光ファイバで伝送する．各階と接続するための多数の配線が必要とされるが，光ファイバは径が細く，軽量であるため，既存のスペースを利用することが可能である．

表7.1 携帯電話用システムのおもな仕様[1]

使用周波数	2.11～2.17 GHz（下り） 1.92～1.98 GHz（上り）
帯域幅	5 MHz以下
出力レベル	37 dBm以上または 40 dBm以上
最小受信レベル	－107 dBm
最大光ファイバ長	10 km

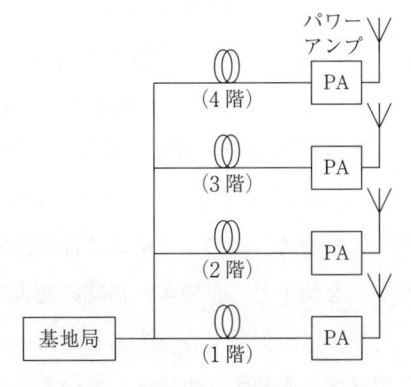

図7.2 ビル内の不感地帯対策例[1]

また，基地局設置場所のほとんどは所有者との賃貸契約が必要となるが，耐震強度との関係で高重量の基地局の建設同意が得られない場合がある．
このような場合，**図7.3**に示すように携帯事業者が所有する建物に基地局を

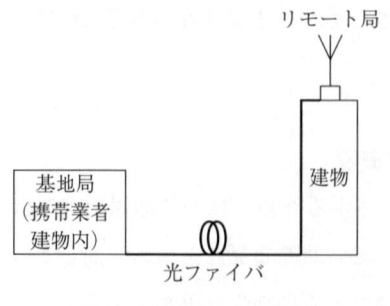

図7.3 基地局の集約化例[1]

設置し，光ファイバで伝送すれば，重量・設置スペースの問題をクリヤしやすい。また，電力消費・保守運用コストを削減できる。なお，基地局と所有者宅間の延伸距離は，無線システムでの伝搬遅延時間によって制限されることに注意する必要がある。

7.1.2 技術の特徴

伝送特性を向上させるためのポイントは，光伝送部における特性劣化を抑えること，ならびに電波を送信するためのパワーアンプ（power amplifier, PA）のひずみをよくすることであり，それぞれ以下のような対策が行われている[1]。

〔1〕**光伝送特性** 半導体レーザを用いた光伝送システムのCN比（キャリヤ電力／雑音電力）は式 (5.7) から次式で求められる。

$$\text{CN 比} = \frac{i_p^2 M^2 / 2}{(i_p^2 \text{RIN} + 2ei_p + i_r^2)B} \tag{7.1}$$

ここで，i_p は光検出器の光電流（無変調時），M は光変調度，RIN は光源の相対強度雑音，i_r は光検出器の熱雑音電流，B は帯域幅，e は電子電荷である。

光検出器の受光感度，受光パワーをそれぞれ η，P_D とすれば，$i_p = \eta P_D$ であり，P_D が低下するとその2乗でCN比は劣化する。

このため，このシステムでは高出力のDFB-LD（分布帰還型レーザダイオード）を使用し，長距離伝送時の光入力レベルの低下を抑えている。

さらに，低ひずみ受光素子を用いることにより，短距離時でも光減衰器を使用せず，直結する方式としている。

〔2〕**PAの低ひずみ化** PAのバックオフ（PAの飽和出力からの低下レベル，back-off）が大きいと効率が低下するため，消費電力も増大する。このため，大型の放熱装置が必要となり，装置のサイズ・重量が増える。

この装置ではプリデストーション方式[3]を採用し，効率を向上させている。

すなわち，PA の前段に PA のひずみと逆の特性を持つプリデストータを置いてひずみをキャンセルすることにより，バックオフを小さくし効率を向上させている．

7.2 マルチサービス路車間通信

RoF 技術の最新動向の一つとして，異なる無線方式による複数のサービスを 1 本の光ファイバで伝送するマルチサービス伝送がある[4]．マルチサービス伝送では，RoF の各種無線システムの変調形式や周波数に依存しない透過性と広帯域性および長距離伝送が可能な低損失性を利用している．

このマルチサービス伝送では，各種無線信号をそのまま伝送するマルチバンド方式と周波数変換を行って共用周波数帯で伝送する二つの方法がある．

前者の場合，現用周波数のまま伝送するため，アンプやアンテナをマルチバンド化するか，個別に用意する必要がある．しかし，端末（受信側）は変更なしにそのまま利用できる．

一方，共用周波数帯方式では移動局側で元の周波数に戻す必要があるが，一つのアンプアンテナで対応できるため，スペースデザインなどに制約が大きい路車間通信システムに適用すれば車載アンテナが一つで済む大きなメリットがある．以下において，路車間通信システムに採用されている共用周波数方式について述べる[4]．

7.2.1 基本システム

図 7.4 に示すように現在の車は，テレビ，AM ラジオ，FM 放送，携帯，VICS（vehicle information communication system）など数多くの電波を受信している[4]．現在，路車間通信システム（intelligent transportation system, ITS）としては，VICS や 5.8 GHz 帯 DSRC（狭域通信システム，dedicated short range communication）を用いた ETC（electronic toll collection）などがある．また，800 MHz 帯や 1.5 GHz 帯の携帯電話なども受信する必要があり，今後

248   7. 通信・その他のシステムへの応用

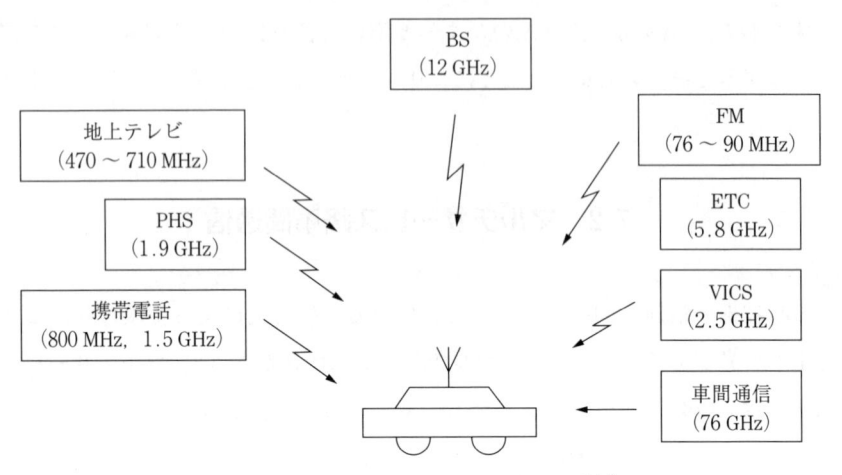

```
地上テレビ              BS
(470～710 MHz)       (12 GHz)
                                    FM
                                (76～90 MHz)
  PHS
(1.9 GHz)                         ETC
                                (5.8 GHz)
 携帯電話
(800 MHz, 1.5 GHz)               VICS
                                (2.5 GHz)

                                 車間通信
                                (76 GHz)
```

図 7.4　車への通信・放送サービスの形態[4]

新しいサービスが導入された場合にも対応可能とするためには，デザインや取付け位置に大きな制約を受けることになりかねない。

そこで，RoFを用いた研究開発が活発になされている。**図 7.5**に新たに提案されたシステムの概念を示す[4]。

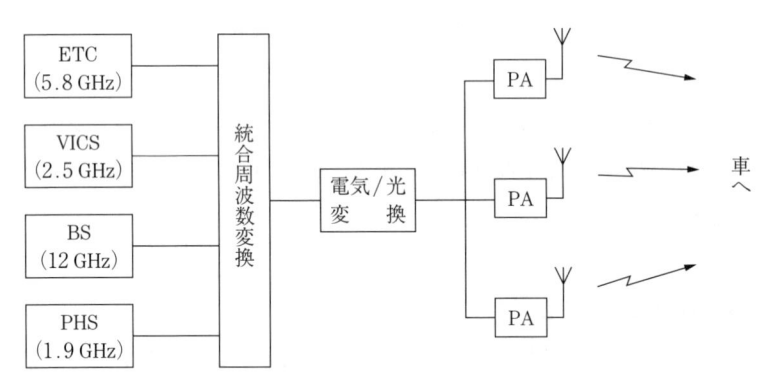

```
ETC
(5.8 GHz)
              統        電気/光    PA
VICS          合        変  換
(2.5 GHz)     周                   PA       車
              波                            へ
BS            数
(12 GHz)      変                   PA
              換
PHS
(1.9 GHz)
```

図 7.5　マルチサービス路車間通信の現状[4]

このシステムでは，DSRC サービス信号のみならず，ディジタル放送，PHS (personal handy-phone system), PDC (personal digital cellular), IMT (international mobile telecommunication) 2000 などの信号にも対応できる共用

周波数帯方式となっている。すなわち，DSRC 信号，各種移動通信信号（PHS，PDC）を 5.8 GHz 帯に変換したのち，RoF 伝送し，各放射ポイントで電気信号（RF 信号）に戻し，そのまま放射する。自動車ではこの RF 信号を必要に応じて周波数変換して利用している。

7.2.2 伝送特性

マルチサービス RoF 伝送の可能性を検証するため，1 本の光ファイバで，PHS，PDC などの信号を 5 km 伝送したのち，フォトダイオードで RF 信号に戻す実験が行われている[4]。

光ファイバは波長分散特性を持っており，波長により伝搬時間が異なる。RoF 伝送では RF 信号で強度変調された光信号はスペクトルに広がりが生じているため，この波長分散の影響を受ける（帯域幅が広いほど影響が大）。すなわち，光が光ファイバ内を伝搬したとき，位相差が 180° となる光ファイバ長近辺で光パワーが低下することになる。

この実験の場合は，伝送距離が 5 km と比較的短く，周波数も 5.8 GHz 帯とそれほど高くないため，波長分散の影響はほとんどないが，光ファイバ長が 10 km で周波数が 15 GHz 弱においては，最悪で 60 dB 程度の減衰が観察された[4]。

なお，高調波ひずみの影響については，光変調器の影響は比較的少なく，RF パワーアンプが主要因とされている。

7.3 ミリ波帯への応用

近年，携帯電話など移動体通信の急速な普及に伴い，無線通信周波数を拡大する必要性に迫られており，マイクロ波帯に加えてミリ波帯の有効利用が考えられている。

しかしながら，ミリ波帯では損失が大きいため，伝送距離を長くできないという課題がある。そこで，光ファイバを低損失・広帯域な無線通信の伝送路と

みなすことができる RoF 技術を適用すれば，周波数領域の拡大に大きな効果があるものと考えられる．

7.3.1　ミリ波用高速光変調器

光変調器は，電気信号である無線信号を光信号に変換するものである．光変調器としては，LD（laser diode）直接変調器や電界吸収（electro-absorption, EA）型変調器，マッハツェンダ（MZ）型などがある．このうち，光の干渉を利用する MZ 型デバイスは，広帯域で低チャープ性を持ち，強度変調のみならず，後述のように光の位相を利用する DPSK（差動位相変調, differential phase shift keying）なども可能であるため，通信の大容量化にも適しており，ミリ波通信においても重要なデバイスである．以下においては MZ 型デバイスを中心に紹介する．

7.3.2　ミリ波・テラヘルツ波の発生

MZ 光変調器の応答動作は非常に速い（THz 以上）ため，高速な変調動作が可能である．また，位相変調光を干渉させる際の位相差バイアスを任意に設定できるため，2 周波光などの特殊な光スペクトルパターンを得ることも可能である．それゆえ，高安定なマイクロ波，ミリ波基準信号発生や高密度光ファイバ無線伝送システムなどに利用されている．

しかしながら，ミリ波帯では周波数が高いことから変調器の内部損失や光と電気信号との速度不整合により変調感度が低下することから高価なミリ波増幅アンプが必要となる．すなわち，ミリ波の光変調は電気回路で制限されているのが現状である．このため，両側波帯搬送波抑圧（double side band-suppressed carrier, DSB-SC）変調，4 逓倍変調，往復逓倍変調などが提案されている．これらは変調周波数を低く抑えたままで高い周波数で変調された光出力を得ることができる．

〔1〕 **DSB-SC 変調の動作原理**　　図 7.6 に MZ 光変調器による DSB-SC 変調の動作原理を示す[5]．

7.3 ミリ波帯への応用

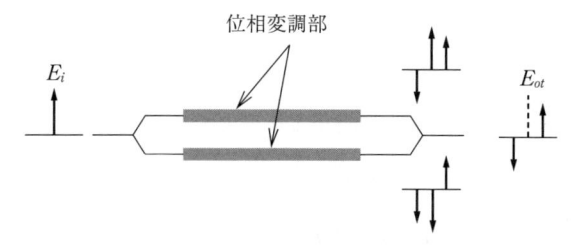

（a） MZ光変調器の構造

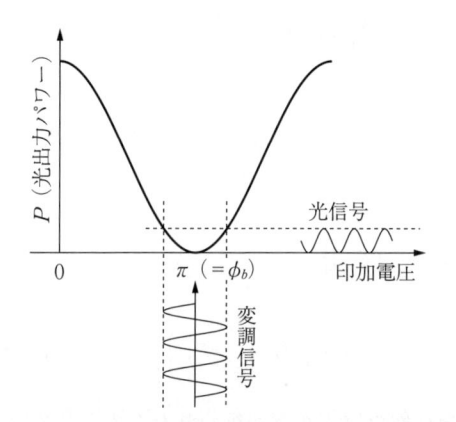

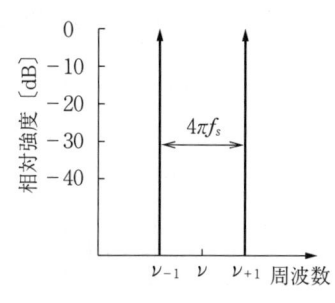

（b） 電気光学変調による倍周波発生の原理

（c） 2周波光のスペクトル

図7.6 DSB-SC変調の動作原理

図（a）に示すように2本の光導波路に個別に位相変化量が与えられるMZ光変調器を考えると，それぞれの光導波路を伝搬する光が受ける位相変化量（$\Delta\phi_1$, $\Delta\phi_2$）はそれぞれ次式で表される．

$$\left.\begin{array}{l}\Delta\phi_1 = a_1\cos(2\pi f_s t + \phi_{s1}) + \phi_{b1}\\ \Delta\phi_2 = a_2\cos(2\pi f_s t + \phi_{s2}) + \phi_{b2}\end{array}\right\} \quad (7.2)$$

ここで，a_1, a_2は位相変化量の振幅で位相変調指数に対応する．$a = a_2 - a_1$が合波・干渉の際の位相差振幅となり，光強度変調における変調度を示す．光強度変調では，一つの電極を使って二つの光導波路にたがいに逆方向の電界を印加するため $a_1 = -a_2$, $\phi_s(=\phi_{s2}-\phi_{s1})=0$ となり，感度が最も高くなる．ϕ_{s1}, ϕ_{s2} は変調信号の初期位相，ϕ_{b1}, ϕ_{b2} は各光導波路の光路長で決まる位相量で

ある．また，$\phi_b = \phi_{b2} - \phi_{b1}$ として，ϕ_b が MZ 光変調器の位相差バイアス，ϕ_s はスキュー（信号間の位相差，skew）と呼ばれる．

干渉計を構成する二つの光導波路を伝搬した光波の電界 E_{o1}，E_{o2} は次式で表される．

$$\left.\begin{aligned}E_{o1} &= \frac{E_i}{2}\exp\left[j\{a_1\cos(2\pi f_s t + \phi_{s1}) + \phi_{b1}\}\right]\exp(j\omega t)\\ E_{o2} &= \frac{E_i}{2}\exp\left[j\{a_2\cos(2\pi f_s t + \phi_{s2}) + \phi_{b2}\}\right]\exp(j\omega t)\end{aligned}\right\} \quad (7.3)$$

ここで，E_i は入力光の電界，ω は光の角周波数である．

これらを第1種ベッセル関数 J_n を用いて，出力光電界 E_{ot}（$= E_{o1} + E_{o2}$）の周波数スペクトルを求めると

$$\begin{aligned}\frac{E_{ot}}{E_{oi}} = \sum_{n=-\infty}^{\infty}&\left[\left(\frac{1}{2}J_n\left(\frac{a}{2}\right)\exp\{-j(\phi_{b1}+n\phi_{s1})\}\right.\right.\\ &\left.\left.+ J_n\left(-\frac{a}{2}\right)\exp\{-j(\phi_{b2}+n\phi_{s2})\}\right)\exp\{j(\omega+2\pi f_s)t\}\right] \quad (7.4)\end{aligned}$$

となる．ここで，$a_1 = -a_2$ とし，完全対称な位相変調が行われたものとしている．式(7.4)を各周波数成分に分け，相対強度 R_n（入射光強度 P_i に対する n 次側波帯成分のスペクトル強度 P_n の比）を求めると次式となる．

$$R_n = \frac{P_n}{P_i} = \left\{\frac{1}{2}J_n\left(\frac{a}{2}\right) + \frac{1}{2}J_n\left(-\frac{a}{2}\right)\exp\{j(\phi_b+n\phi_s)\}\right\}^2 \quad (n=0, \pm 1, \pm 2, \cdots) \quad (7.5)$$

ここで，光の伝搬損失は無視している．また $n=0$ は搬送波（光波）のスペクトル ν に対応する．式(7.5)から位相差バイアス $\phi_b = \pi$（図7.6(b)），スキュー $\phi_s = 0$ のとき，図(c)に示すように搬送波（強度：R_0）と二次側波帯（強度：$R_{\pm 2}$）が抑圧された二つの一次側波帯成分（強度：$R_{\pm 1}$）からなる2周波光 $\nu_{\pm 1}$ が発生することがわかる．2周波の周波数差は変調周波数 $2\pi f_s$ の2倍となり，位相も完全に一致しているので，この光波を検波すれば，変調信号と位相同期がとれた倍周波の基準信号を作ることができる．

〔2〕 **光 SSB 変調信号の発生**　　一方，波長多重通信[6]や RoF 用途に，高い光変調度がとれ，光波長帯域の有効利用が可能な光 SSB 変調が検討されている。上下対称の側波帯を発生させる DSB 変調に対して，SSB 変調は上下どちらか片方の側波帯を抑圧させる方式である。光 SSB 信号の発生には，急峻な光フィルタを用いる方法があるが，光源の高安定性など課題は多く，MZ 光変調器の位相推移法の原理を利用して変調信号から直接，光 SSB 信号を得る方法が一般的である[7]。

式 (7.5) の ϕ_b と ϕ_s をともに $\pm\pi/2$ に設定すれば**図 7.7**（a）に示す一次側波帯成分の $R_{\pm 1}$ のどちらか一方が抑圧された SSB 信号が得られる。図（b）には比較として通常の光強度変調時の光スペクトルを合わせて示す。

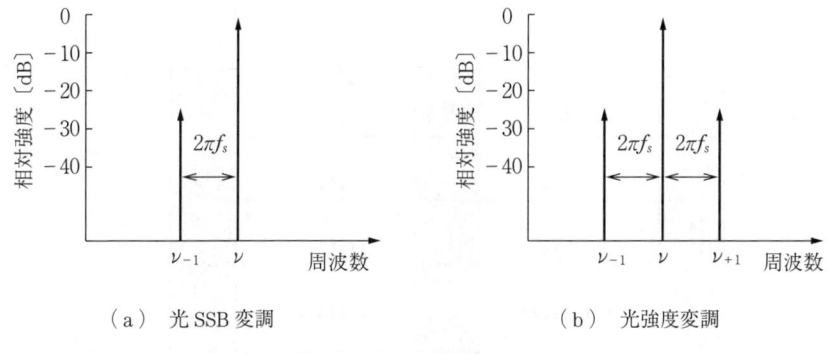

（a）光 SSB 変調　　　　　　　（b）光強度変調

図 7.7　光 SSB 変調の原理

また，MZ 光変調器の出力光が最大となる位相バイアスでの変調により，4 逓倍波を発生することができる。光変調器からの出力光は入力光と同一成分と，二次の USB，LSB を含む。その周波数差は変調信号の 4 倍に一致し，この原理を利用することにより 160 GHz 変調信号を発生した報告もある[8]。

〔3〕 **往復逓倍変調方式**　　さらに高い周波数成分を発生する技術として，往復逓倍変調方式が提案されている[9]。往復逓倍光変調器は光位相変調器と二つの光フィルタから構成される。往復逓倍光変調器は供給される変調信号周波数の整数倍の成分で変調された光出力を得ることが可能であり，低い変調信号でミリ波光変調信号を発生させることができる。

図 7.8[10), 11)] に集積型往復逓倍光変調器の構成および動作原理（10 倍の周波数を得る構成）を示す。入射光のみを透過してほかの波長成分を反射する特性を持つ狭帯域フィルタを通して光変調器に入力し，その出力を帯域制限フィルタに入力する。帯域制限フィルタの特性が入射光周波数との差が光変調器に供給する変調信号の 5 倍以上である光だけを透過するものとすると，光変調器により生成される USB，LSB は反射され，光変調器の出力ポートから入射される。この出射光は，狭帯域フィルタにより反射され，再度光変調器に入射される。このような動作を繰り返すと，入射光周波数との差が光変調器に供給する変調信号周波数の 5 倍以上である光が生成されるので，帯域制限フィルタを通して変調周波数が光変調器に供給する変調信号周波数の 10 倍となる出射光が

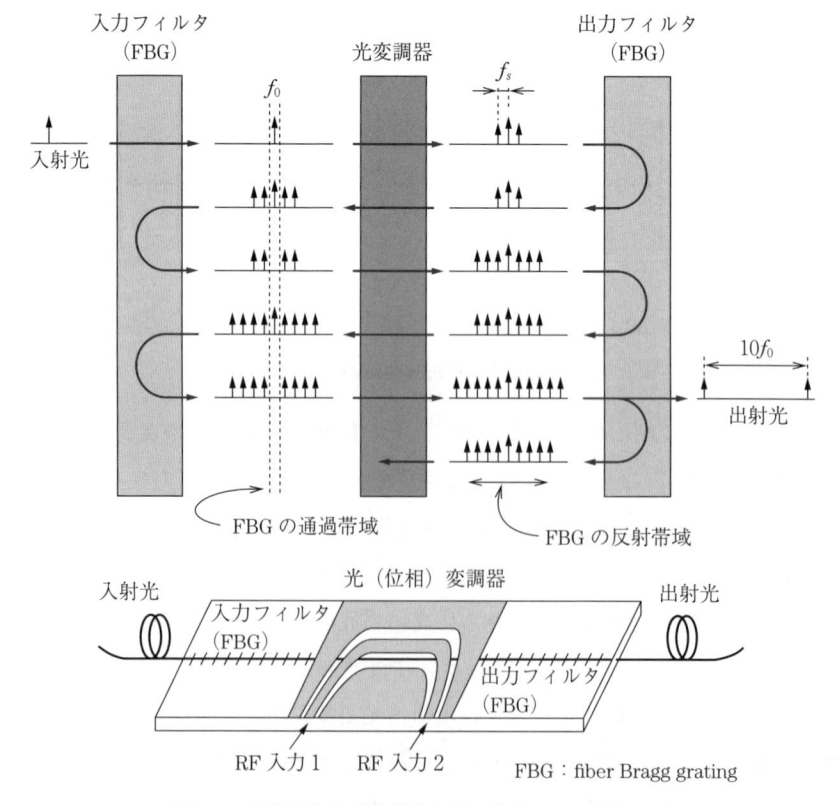

図 7.8　集積型往復逓倍光変調器の構成および動作原理

得られる。

往復逓倍変調方式では，470 GHz のきわめて高い周波数成分の発生が実現されている[12]。

このような高速光変調の実現により，従来技術と比較して簡単な構成で安定したミリ波・テラヘルツ波発生が可能となった。今後，天文学やバイオ，医療分野への応用が期待される。

7.3.3 フォトダイオードの高速化

光から電波へ変換する際のキーデバイスである光検出器には，pin フォトダイオード（pin PD）とアバランシェフォトダイオード（APD）が広く使われている。APD は内部利得を有し，かつその雑音は後段の電気アンプ（受信アンプ）で発生する雑音より小さいため，当初は光検出器として広く用いられていた。しかし，1980年代末には APD より低雑音の光ファイバアンプが登場し，長距離光通信では光ファイバアンプ＋フォトダイオードの光検出器が使用されるようになった。中短距離光通信においては APD が使用されている[13]が，ここでは広く普及し，高速化が進んでいる PD に絞って述べる。

〔1〕 従来のフォトダイオードの課題　まず，従来の pin PD の高周波化に関する課題について述べる。pin PD は，使用光波長が 1.3 μm 帯と 1.5 μm 帯であるため，**図7.9**に示すように InGaAs を光吸収層（i 層）とし，それを InP で囲む構造となっている。また，通常，光を表面から垂直に照射する構造となっている。逆バイアス電圧がかかっているため，i 層（光吸収層）は空乏化された状態にあり，光が入射すると電子と正孔（キャリヤ）が生成される。電子はプラス電極へ，正孔はマイナス電極へ移動し，電流（光電流）が生じ

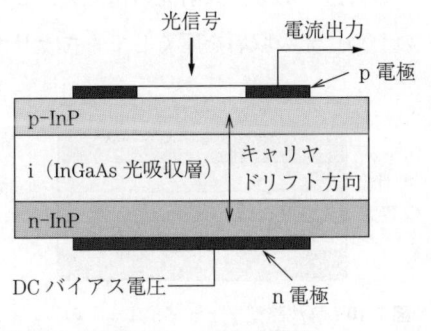

図7.9 pin PD の構造

る。

このフォトダイオードの応答速度（高速性）は

① pin 接合の容量（C_t, 受光面積 / 光吸収層厚に比例）と PD 出力の負荷抵抗 R_L の積である CR 時定数,

② キャリヤが光吸収層を通過する時間

によって決まる[14]。

① によって制限される遮断周波数 f_{CR} は次式で与えられる。

$$f_{CR} = \frac{1}{2\pi C_t R_L} \tag{7.6}$$

C_t を小さくするには受光面積を小さく，空乏領域長を長くする必要がある。空乏領域長を長くすることは感度を高めるためにもつながる一方で，② のキャリヤが空乏領域を走行する時間を増やすことになるという問題がある。② によって制限される遮断周波数 f_{tr} は走行時間を t_{tr} に反比例し，$f_{tr} = 0.44/t_{tr}$ で表される[14]。

容量 C_t を小さくするため，InGaAs 層を厚くするとキャリヤの走行時間が増し，応答速度が悪くなる。すなわち，容量と応答速度はトレードオフの関係にある。

〔2〕 **高周波化・高出力化に向けての研究開発の状況**　以上の課題を解決するために考えられた導波路型フォトダイオードを紹介する[15),16)]。このデバイスは**図 7.10** に示すように，光吸収層が p 型と n 型の半導体で挟まれた導波路の構造であり，入射光の伝搬方向とキャリヤの移動方向が直交している。そのため，光吸収層を厚くしてもキャリヤの走行時間による制限が発生しないこととなる（この方法だけではもう一つの課題である高出力化には有効ではない。高出力化には材料や層構造のブレークスルーが必要）。

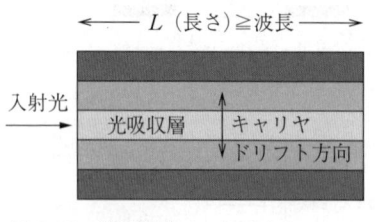

図 7.10 導波路型フォトダイオードの構造[15),16)]

このようなさまざまな工夫により，現在フォトダイオードの動作周波数は 300

GHz に達しており，100 GHz で 1 〜 10 mW，300 GHz で 0.1 mW 〜 1 mW，1 THz で 1 〜 10 μW が実現されている．

7.4　超高速光ネットワーク

　FTTH（fiber to the home）による動画配信サービスやスマートフォンの利用者増により情報量は年々増加しており，ネットワークを大容量化する必要に迫られている．これに対応するため無線分野で実用化されているディジタル信号処理を，光ファイバ通信技術に適用・発展させた超高速ディジタルコヒーレント光通信システム（digital coherent light wave transmission system）の開発・実用化が進んでいる．現在，1 波長当り 100 Gbit/s 級の大容量伝送にディジタル光コヒーレント技術を適用し，波長多重技術を利用することで 10 Tbit/s 級の超高速伝送が実現されている（将来的には 100 Tbit/s も視野）[17],[18]．

7.4.1　コヒーレント光通信技術の必要性

　現在の光ファイバ通信システムでは，信号光の強度変化をフォトダイオードで検出する強度変調方式が広く用いられているが，近年，位相変調された光信号を受信側に設置された局部発振光と干渉させて復調を行う技術の開発が進んでおり，この技術をコヒーレント光通信技術と呼んでいる．

　コヒーレント光通信技術においては，受信側に強度が十分大きい局部発振光を用いれば高感度化が図れることから 1980 年代に盛んに研究された．しかし，1980 年代後半に入ると EDFA（erbium doped fiber amplifier）の研究開発が急速に進展したことから高感度化の重要性が薄れ，研究が中断された．EDFA で多段中継し，長距離伝送すれば一定の受光パワーが得られるようになったためである[18],[19]．

　その後，情報量が急激に増大するにつれて EDFA と WDM（波長多重，wavelength division multiplexing）を用いた光伝送システムにも限界が見え始めた．すなわち，WDM の波長数を増やして高速化を図る場合，伝送路の途中

に設けられた光アンプの帯域幅が問題となる．OOK（on-off keying）で変調する場合，速度が N 倍になると変調スペクトルも N 倍に広がるため，クロストークを避けるためには波長間隔を広げなければならない．つまり，高速化と波長多重数はトレードオフの関係となり，情報量の増大に対応できない[20]．

このため，従来の光強度変調方式のほかに，光の位相を変化させるPSK（位相変調，phase shift keying）や位相とレベル（強度）の両方を変化させるQAM（直交振幅変調，qudrature amplitude modulation）などの研究開発が進められた．例えば，DQPSK（差動4相位相変調，differential quadrature phase shift keying）を用いた場合は，1シンボル当り2ビットの情報伝送が可能であり，従来の強度変調を用いた方式に比べ，同じ帯域幅で2倍のビットレートが得られる．

位相変復調方式の研究開発においては，まず位相変調された光信号を復調する光遅延検波が進展した．これはあるシンボルと前シンボルとの位相を比較（乗算）して検波を行う方式で振幅変化を伴わない信号の復調に有効である．現在では波長多重されたDQPSKを用いて 40 Gbit/s のビットレートが実用化されている[17),18]．DQPSKは，絶対位相を知る必要がない（差動変復調方式のため）ことから，簡単な構成で位相検波が可能である．

さらに，2005年頃にはレーザの発振波長の安定化とディジタル処理技術の飛躍的な進歩により，周波数や位相偏移を電気的に補正することが可能となり，受信側で十分大きなレベルを持つ局部発振光を加算して，そのビート成分を復調する方式と高速ディジタル処理技術を組み合わせたディジタルコヒーレントという新しい概念が登場した．

このディジタルコヒーレント方式が脚光を浴びてきた理由としては以下の点が挙げられる[19]．

① 高速伝送では受光SN比の確保が切実な問題であり，コヒーレント受信による改善は魅力的

② 多値変調などどのような変調方式にも対応でき，周波数利用効率（ビットレート／帯域幅）を最大限利用可能

③ ディジタル処理により光ファイバの波長分散や偏波モード分散，半導体レーザの位相雑音などが電気領域で補償可能

　ディジタルコヒーレント光技術の研究開発は，世界各国で急速に進んでおり，1波長当りのビットレートが 100 Gbit/s の伝送実験が報告されている。

　このディジタル光コヒーレント光伝送システムにおいて必要な要素技術は高速光変調器，従来の強度変調に代わる位相変調方式，光コヒーレント検波，伝送路で発生するひずみなどを補正できるディジタル信号処理（digital signal processing）[18] などである。ここでは，光コヒーレント検波方式，ディジタル信号処理を中心に紹介する。

7.4.2　超高速ディジタルコヒーレント光通信システム

〔1〕**システムの基本系統**　QPSK を用いた 100 Gbit/s 級ディジタルコヒーレント光通信システムを例に要素技術を紹介する。図 7.11 に送信部の基本系統を示す[17],[18]。QPSK は 1 シンボルで 2 bit が伝送可能なため，従来の

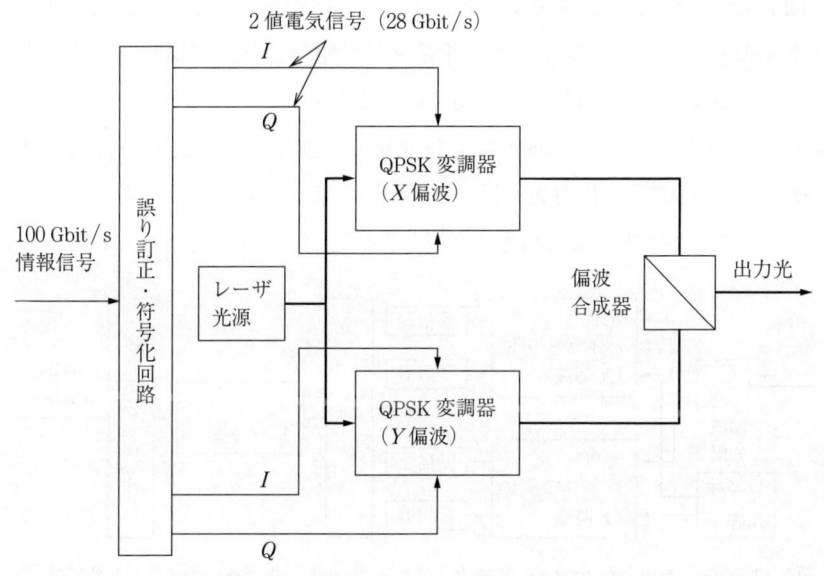

図 7.11　QPSK を用いた 100 Gbit/s 級ディジタルコヒーレント光通信システムの送信部[17],[18]

OOK（on-off keying，2値で光の断続を行う方式）に比べて伝送速度は2倍となる．このシステムでは，直交した二つの偏波に異なる情報を乗せて受信側で分離する方式も併用しており，従来の強度変調方式に比べて4倍の伝送容量を実現している．また，光ファイバで長距離伝送した場合に生じるひずみ（波長分散，偏波モード分散）についてはDSPによるディジタル信号処理を用いて受信側で一括して補正している．

　伝送される100 Gbit/sの情報信号は，符号化回路（誤り訂正含む）で4本の28 Gbit/s信号に分けられ2台のQPSK変調器（X偏波，Y偏波用）に入力される．

　レーザ光源には狭線幅半導体レーザが用いられており，変調器部で二つに分けられたのち，2台のQPSK変調器に入力され，それぞれ28 Gシンボルレート（シンボル/s）の四相位相変調光に変換される．各偏波のQPSK光信号はそれぞれ58 Gbit/sのQPSK信号であるため，偏波合成後の信号（送信出力信号）のビットレートは，112 Gbit/sとなる．

　図 7.12 に受信部の構成を示す[17),18)]．受信部は受信信号光とほぼ同じ波長の局部発振光を持ち，受信信号光と干渉させて電気信号に変換している（光コヒーレント検波）．受信信号光と局部発振光を光90°ハイブリッド回路に入力すれば，両光をたがいに同相および逆相で干渉させた1組の出力光，直交（90°および-90°）の出力光を得ることができる．これらを受信器（フォトダイオード）へ入力すると信号光と局部発振光のビート成分が得られる．この

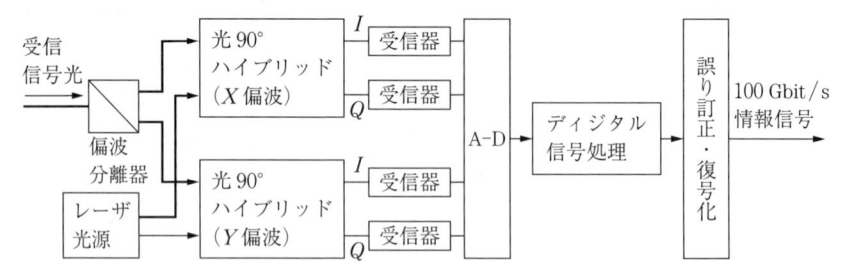

図 7.12　QPSKを用いた100 Gbit/s級ディジタルコヒーレント光通信システムの受信部 [17),18)]

とき，フォトダイオードからは I 軸（同相）成分と Q 軸（直交）成分が出力される．

この X 偏波の I, Q 成分と Y 偏波の I, Q 成分の4出力は，A-D変換されて，等化，判定処理のためのディジタル信号処理部（詳細動作は後述）に入力される．その後，誤り訂正・復号化部を介して，100 Gbit/s の情報信号が出力される．

以上は QPSK 変調の場合を述べたが，さらに高速化を測るため，1シンボルで4 bit を伝送することができる 16QAM（直交振幅変調，quadrature amplitude modulation）を用いたシステムの研究開発も進んでいる．この方式により，世界最高速度の 50 Gbit/s（偏波多重なし）を達成している．

〔2〕 光コヒーレント検波とディジタル信号処理の動作

（1） 光コヒーレント検波　　光通信では，無線通信と異なり，信号光とほぼ同じ周波数の局部発振光を受信器で信号光と干渉させ，信号レベルを大きくして取り出す方式を光コヒーレント検波という．図7.13に光コヒーレント検波方式（ヘテロダイン検波）の系統を示す．

信号光 E_s と局部発振光 E_L を合成し，二乗検波したあとの信号電流 $i(t)$ は次式で表される[21]．

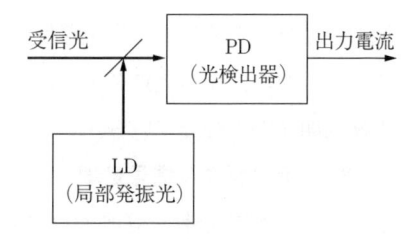

図 7.13 光コヒーレント検波（ヘテロダイン検波）[21]

$$i(t) = K(E_s^2 + E_L^2 + 2E_s E_L)\cos\{2\pi(\nu - \nu_L)t + \phi(t)\} \tag{7.7}$$

ここで，K は比例定数，ν, ν_L はそれぞれ信号光と局部発振光の周波数であり，$\phi(t)$ は情報信号である．なお，式を単純化するため信号光と局部発振光の位相は0°としている．

式(7.7)の第3項は信号光と局部発振光のビート成分（信号出力成分）を表している．信号光パワーは局部発振光パワーより十分に小さいため，式(7.1)の光源雑音，受信部熱雑音を無視することができる．残るショット雑音と信号

光成分との比（CN比）をとれば，次式を得る．

$$\text{CN 比} \simeq \frac{KE_s^2 E_L^2}{eE_L^2 B} = \frac{K_0 E_s^2}{eB} \tag{7.8}$$

ここで，K_0 は比例定数，e は電子電荷，B は帯域幅である．

信号光成分は局部発振光パワーに比例して増加するが，局部発振光から発生するショット雑音も比例して増加する．このため，CN比は受信回路の熱雑音が無視できるほど局部発振光パワーを大きくした場合は，式(7.8)のようにショット雑音のみに制限される値となる．コヒーレント検波はこの原理を利用した検波方式である．

光通信における検波方式としては上記のように信号光と周波数をわずかにずらして検波を行う光ヘテロダイン検波と信号光周波数と局部発振光周波数を位相も含めて完全に同じ光ホモダイン検波がある（無線通信における同期検波に相当）．光ホモダイン検波は光ヘテロダイン検波に比べ感度が高い（3 dB，帯域幅が半分のため）が，実現難度が高い光 PLL（phase lock loop）が必要となる．このため，光ヘテロダイン検波とディジタル信号処理を組み合わせた方式の研究開発が先行している．

（2）ディジタル信号処理　図7.14にディジタル信号処理回路の系統を示す[18),19)]．波長分散，偏波モード分散を補正するひずみ等化部，送信光源と局部発振光源の周波数・位相を受信光に対して同期させる光源周波数オフセット補償部，光源間の位相差を補正するキャリヤ位相推定・補正部，判定部から構成されている．以下，各部について動作を説明する．詳細は文献18)，19)を参照されたい．

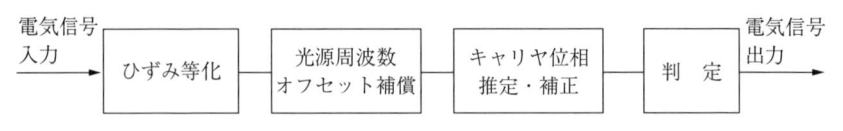

電気信号入力 → ひずみ等化 → 光源周波数オフセット補償 → キャリヤ位相推定・補正 → 判定 → 電気信号出力

図7.14　ディジタル信号処理回路の系統[18),19)]

（a）光源周波数オフセット補償　一般的な波長多重用光源を用いた場合は送信側と受信側の光源間には最大数 GHz 程度の周波数オフセットが生じ

る。このオフセットが十分に小さい場合は**図 7.15**（a）に示すように位相ずれ（$\Delta\theta$）による静的回転のみが観測されるが，大きい場合は図（b）のようにコンスタレーションが回転状態となり，信号点の識別が困難となる。

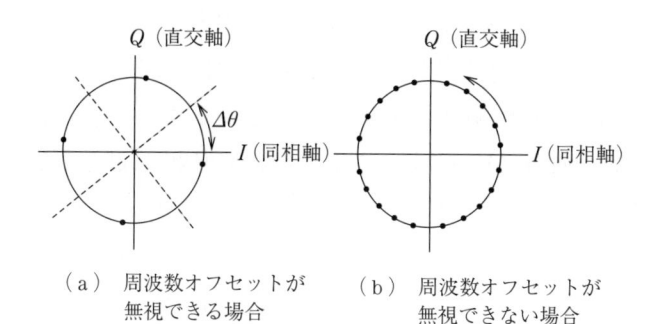

図 7.15 光源周波数オフセットの影響[18), 19)]

この対策として，さまざまな補償方法が提案されている。一つの方法は，後述する光源間の位相差を推定・補正する方法と同じような考え方で，受信した複素光電界を M 乗することにより変調成分とを除去し，さらに加算することにより光源周波数オフセット成分を抽出し，補正を行っている。

（b） **光源間の位相差の推定・補正**　前節で述べた方法で送信側と受信側の光源間の周波数オフセットが補正できれば，光源間の位相差のみが残る。この補正回路の系統を**図 7.16** に示す。

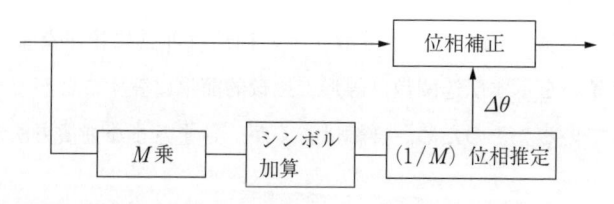

図 7.16 光源間の位相推定・補正回路の系統[18), 19)]

M 値 PSK 信号を M 乗すれば，複素信号点（I, Q 平面上の信号点）は 1 点に重なることを利用して変調の影響をなくしたのち，一定の数のシンボル間で平均化を行って雑音を低減させ，雑音に比べてゆっくり変動する位相差 $\Delta\theta$ を検出・逆補正する方法が提案されている。

(**c**) **等 化** ディジタルコヒーレント受信機の最大の利点の一つは，波長分散や偏波モード分散などによる波形ひずみを等化できることである．

波長分散 (chromatic dispersion, CD) は，光ファイバ中の光信号の伝搬時間が波長ごとに異なる現象で，伝送距離の制限要因となる．ディジタルコヒーレント受信器では波長分散をディジタル信号で行うことが可能である．これは波長分散の伝達関数が線形であるため，受信器中に複素ディジタル FIR (finite impulse response) フィルタを備えて時間領域で補償を行う方法や，回路規模や収束性にすぐれた周波数領域で補償を行う方法などが研究開発されている．

また，長尺の光ファイバでは出力光の偏波状態は光ファイバの温度や振動に応じて時々刻々と変化するため，偏波状態の変化に追従するディジタル信号処理が必要となる．偏波モード分散 (polarized mode dispersion, PMD) は，光ファイバの持つわずかな複屈折によって偏波成分ごとに伝搬時間差が生じることで，機械的な振動，温度などの環境変化によって大きく変動する．このため，光ファイバを介して伝送された信号は偏波ごとに伝搬時間が異なり，時間波形が短い高速の信号ほど大きな受信波形に大きなひずみが生じる．PMD の影響は信号のビットレートに比例して増大するため，長距離・高速伝送においては PMD の補償が重要となる（10 Gbit/s を超える光伝送システムにおける信号劣化の主原因）．

光ファイバ変動・偏波モード分散などの補償は非常に複雑なように見えるが，光ファイバを示す伝達関数は線形で比較的簡単に表すことができるなどの特徴を持っている．このため，詳細は省くが，さまざまな補償方法が提案されている．

7.4.3　コヒーレント光通信用デバイス

超高速コヒーレント光通信システムで使用されるデバイスにはさまざまな性能が要求される．ここでは，光変調器，半導体レーザ，光ファイバについて必要な性能要件を述べる[18]．

〔1〕**光変調器**　表7.2にコヒーレント用光変調器に求められる性能を示す。LN光変調器に代表されるマッハツェンダ型デバイスは，電界印加により生じる屈折率変化（電気光学効果）を利用しており，表7.3[22]に示すようにLD直接変調器や電界吸収型変調器に比べ，高速・広帯域で，かつ波長依存性・チャープが少ないなどの特徴を持ち，高速・長距離回線に適している[†]。また，位相変調時の出力光パワーが安定していることから，位相変調にも適しており，コヒーレント通信用として最も適していると考えられる。

表7.2　コヒーレント用光変調器に求められる性能[18]

光波長	1.5 μm 帯
挿入損失	14 dB (max)
伝送速度	G シンボル/s
消光比	20 dB (min)
半波長電圧 (V_π)	7 V (max)

表7.3　光変調器の性能比較[22]

項目	LD直接変調器	LN光変調器	EA変調器
高速性（帯域幅）	△	◎	○
駆動電圧	○	△	○
低チャープ性	×	◎	△
変調の種類	△（強度のみ）	○（周波数変調，位相変調にも対応可能）	△（強度のみ）
サイズ（集積化）	◎	△	◎

電気光学効果を持つ材料としては，ニオブ酸リチウム（LN），タンタル酸リチウム（LT，LiTaO$_3$）などの強誘電体，先に紹介したインジウムリン（InP）やガリウムヒ素（GaAs）などの化合物半導体などが挙げられる。InPを用いた電気光学変調器は，集積化に適しており，レーザと変調器をワンチップ化（集積化）する取組みがなされている。

モノリシック集積型LN光変調器では，DPMZM（二つのマッハツェンダ干

[†] LD直接変調器は構成が簡単であるが，高速性に難がある。また，強度変調時に波長・位相が同時に変化する（チャープ特性）ため信号品質が劣化する。おもに短距離に使用されているEA変調器は，半導体を使用しているため駆動電圧が比較的小さく，小型で高速変調が可能である。半導体レーザと集積したデバイスが実用化されているが，EA変調器においてもチャープの抑圧が大きな課題である。

渉計が並列に接合されたデバイス，dual parallel Mach-Zehnder optical modulator）を用いて100 Gbit/s（50 Gシンボル/s）を超える動作が実現されている。また，光変調器内で偏波多重信号を合成する方法として，四つのマッハツェンダ干渉計を並列に持つQPMZM（quad parallel MZM）が提案されている。この方法では1シンボルで4 bit伝送可能であるため，さらに高速化を図ることができる。

一方，モノリシック集積型InP光変調器では半導体をベースにしていることから小型，低駆動電圧で高速動作が期待できる。また，レーザとの集積も可能なため将来有望なデバイスといえる。このInP光導波路による変調器モジュールにおいては，NRZ（none return to zero）信号変調時で80 Gbit/sのエラーフリー動作が報告されている。

〔2〕 **半導体レーザ**　さらなる伝送速度（ビットレート）の増大に向けて強度変調された光を直接検波する方式に加えて，位相変化を検出する方式の開発が進んでいる。位相変化に対応する方式では，伝送容量の増加に伴う分散や周波数利用効率（ビットレート/帯域幅）の課題を解決できることが求められている。すなわち，位相雑音の少ないスペクトル線幅の狭い光源が必要とされる。

DFB-LDでは共振器長を長くすれば狭くなることが知られている。従来のDFB-LDのスペクトル線幅は数MHzであったが，共振器長を1.5 mmとした波長可変光源では全波長にわたって200 kHz以下が得られている[23]。

コヒーレント用光源に求められる性能を**表7.4**に示す[18]。市場の光源の高性能化が進んだことから，通常の諸元と大きな差は見られないが，高出力化，狭線幅化が求められている。送信光源用および局部発振光用の要求条件は同じであり，出力は+13〜16 dB，線幅500 kHz，周波数安定度は±2.5 GHzとなっている。

表7.4　コヒーレント用光源に求められる性能[18]

光出力	+13〜16 dBm
スペクトル線幅	500 kHz
周波数安定度	±2.5 GHz
波長帯	1.5 μm帯

〔3〕 光ファイバ　光ファイバ伝送は，WDM（波長多重）技術の発展により，伝送容量も飛躍的に増大しているが，課題として，光ファイバへの入射パワーの増大による非線形効果の影響などが挙げられる．現在，インターネットの普及による通信量の増大が続いており（1.3倍程度／年），数十年先には対応ができなくなる可能性も考えられる．このため，各種の多重方式の組合せ，すなわち波長多重に加えて時間多重，空間多重あるいはモード多重に関する検討が世界的に始まっている[24]．

光ファイバの研究開発は伝送容量拡大のため当初のマルチモード型からシングルモード型に移行していった経緯があるが，再びマルチモードへ帰ってきた状況に入ってきたといえる．さらなる伝送容量の増大（高層化）に向けての研究動向が今後注目される．

7.4.4　光OFDM変調方式

100 Gbit/s級信号の長距離光伝送においては，光ファイバの波長分散，偏波モード分散により生じるひずみに対して強い耐性を持つ変調方式が望まれる．

高ビットレートの信号を多数のキャリヤに乗せて同時伝送するOFDM（直交周波数分割多重，orthogonal frequency division multiplexing）はシンボルレートを低くでき，マルチパスに強いことから地上ディジタル放送や無線LANを初めとして無線・有線分野に幅広く用いられている．各キャリヤにおけるビットレートを低くできることは波長分散，偏波モード分散に対する耐性を高められることを意味しており，長距離・大容量の光ファイバ伝送方式として期待されている．

〔1〕　従来型光OFDM送受信システム　図7.17に従来型光OFDM送受信システムの構成を示す[25]．送信部において光OFDM信号はIFFT（逆高速フーリエ変換，inverse fast Fourier transform）によって加算（多重化）された電気信号により生成される．受信側はディジタルコヒーレント受信器によって構成されており，O/Eにより電気信号に戻された受信信号はA-D変換後FFTにより各キャリヤを分離して復調する．しかしながら，上記の従来型OFDM

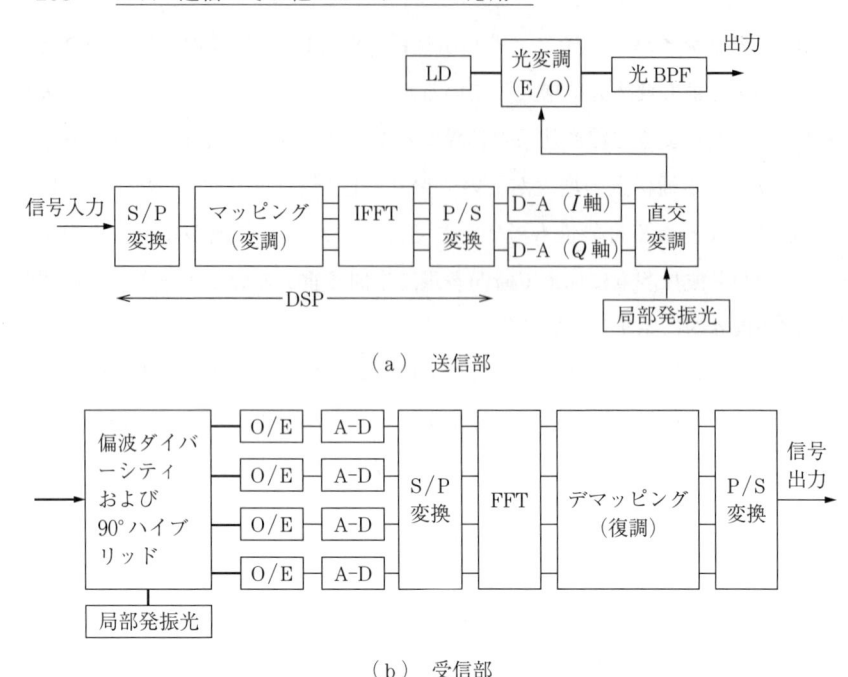

268   7. 通信・その他のシステムへの応用

(a) 送信部

(b) 受信部

図7.17　従来型光OFDM送受信システムの構成[25]

送受信システムを100 Gbit/sのような超高速伝送に用いる場合，A-D，D-A変換部の動作制限やE/O，O/Eのアナログ帯域の制限があり，実用的なシステムを実現とすることは困難である。このため全光OFDM送受信システムが提案されている。

〔2〕 **全光OFDM送受信システム**　図7.18に全光OFDM送受信システムの構成を示す[25),26)]。送信側では光強度変調器を用いてマルチキャリヤ光信号（本例では4チャネル）を生成し，この信号を個別にシングルキャリヤの電気信号で変調したのち，出力段で合成（多重）することにより光OFDM信号を生成する。

受信側では光分岐，遅延線，位相シフタで構成される光離散フーリエ変換部（詳細動作は270ページの❹記事参照）により各キャリヤ（各チャネル）を分離し，O/Eにより元の電気信号に戻す。

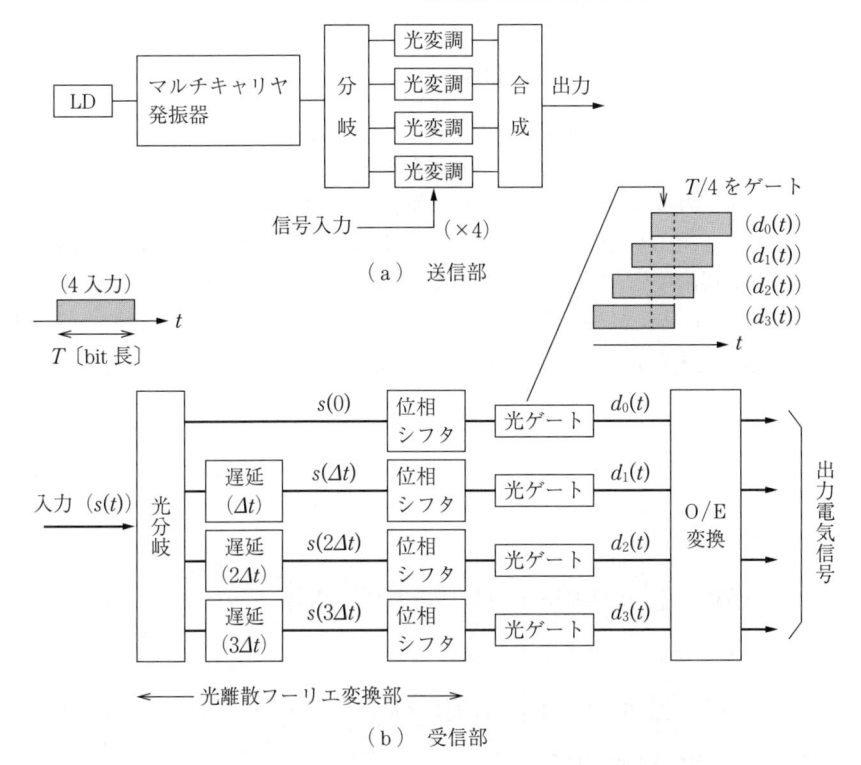

図7.18 全光OFDM送受信システムの構成（4入力の例）[25],[26]

　光通信の伝送容量は，WDM（波長多重）技術により飛躍的に向上したが，さらなる大容量化を実現するため，従来の光強度変調に加えて，偏波多重や位相を変調する方式の研究・開発が盛んに行われている。これらは，光技術だけではなく，電気技術，とりわけDSPなどディジタル信号技術の進展が大きく貢献している。これにより，伝送特性を極限まで向上させることも可能となり，光OFDMなどの高度な通信方式の実現に向けて歩み始めたともいえる。

◆ 光フーリエ変換による復調動作

　OFDM信号を光領域で復調（分離）できれば電気回路で制限される高速伝送が可能となる。図7.18をもとにその復調動作を説明する[26),27)]。

　まず，DFTの基本動作を述べる。入力信号数（チャネル数）をN，任意のチャネル番号をk（$0 \leq k \leq N-1$），k番目のデータ信号（データ列）を$d_k(t)$，$k=0$における光周波数をν_c，各チャネルの光周波数間隔をΔfとすれば，多重化入力信号$s(t)$は次式で表される[3)]。

$$s(t) = \sum_{k=0}^{N-1} d_k(t) \exp\{j2\pi(\nu_c + k\Delta f)t\} \tag{7.9}$$

直交関係が成り立つ時間区間をT〔bit長〕，サンプル数をNとすれば，サンプリング間隔Δtは，T/Nとなる。任意のサンプル点i（$0 \leq i \leq N-1$）の時刻tは$i\Delta t$で表され，これを式(7.9)に代入すれば，次式の離散化された入力信号$s(i\Delta t)$が得られる。

$$s(i\Delta t) = \sum_{k=0}^{N-1} d_k(i\Delta t) \exp\{j2\pi(\nu_c + k\Delta f)(i\Delta t)\} \tag{7.10}$$

式(7.10)を離散フーリエ変換すれば

$$d_k(t) = \sum_{i=0}^{N-1} s(i\Delta t) \exp\{-j2\pi(\nu_c + k\Delta f)(i\Delta t)\} \tag{7.11}$$

となり，$d_k(i\Delta t)$が求められる。

　式(7.11)は，$i\Delta t$の遅延時間を持つ遅延線，位相シフタ（$\exp\{-j2\pi(\nu_c + k\Delta f)\}$）および時間加算を行う光カプラによって構成可能である[26)]。

　図7.18は入力信号が4（$N=4$）の場合である。前記のように，直交関係が成り立つのは時間区間T〔bit長〕内であり，出力側に4入力が重なっている時間のみ出力する光ゲートが必要となる。光ゲートには通常，EA（電界吸収）変調器が使用され，入力信号が重なる$T/4$の区間のみ各光出力を通過させる。

　文献27)では，図7.18の光離散フーリエ変換部にFFT（高速フーリエ変換）を使用し，簡略化した4入力形回路が提案されている。この例では，強度変調された入力信号のビットレートは10 Gbit/s，光周波数間隔は10 GHz（1.5 μm帯）で，位相シフタにはマッハツェンダ型干渉計，光ゲートにはEA変調器が用いられている。全入力信号とも10^{-9}クラスの誤り率で，周波数利用効率は2値信号の理論限界である1 bit/(s・Hz)を実現している。

7.5 光電界センサ

　近年,電子機器においては,デバイスの性能向上に伴い,その使用周波数がGHz帯まで伸びてきており,その放射電磁波によるほかの機器への障害などが問題となってきている。障害防止のためには電磁波の正確な測定が必要であるが,このような高い周波数においては,ケーブルやコネクタによる損失増大,金属同軸ケーブル外皮で発生する反射波などの不要反射の影響が含まれ,測定値の信頼性が低下する。また,1 GHz以下の比較的測定方法が確立している周波数においても,アンテナで検出した電気信号をスペクトルアナライザ(以下,スペアナと呼ぶ)などの測定器まで伝送するための同軸ケーブルの位置によって,アンテナの放射指向性が変化するほか,ケーブルから不要信号が混入するなどの問題があり,測定値の再現性を損なう要因となっている。

　そこで,このような測定値の不確実さを抑えるため,信号伝送路に光ファイバを用いる方式が提案・実用化されている[28]。この方式は,高周波信号をアンテナ出力で検波整流し,直流を含む低周波の信号を発光素子でE/O(電気/光)変換して光ファイバで伝送するもので,一定の条件下では高確度な電界測定が可能である。しかしながら,周波数,位相などの測定が不可能,変調信号の正確な電界強度測定ができない,急峻な電界強度変化に追従できないなどの課題がある。このため,上記欠点を改善できるニオブ酸リチウムの電気光学効果を利用した光電界センサの開発が行われてきた[29]~[31]。

　この方式は,センサヘッド部にアンテナエレメントと結晶基板上の変調電極以外に金属を使用しないため,理想的なアンテナ特性を有すること,同軸ケーブルを用いないため,周囲の電界を乱すことがなく,センサ出力にケーブルなどでの反射波の影響を含まないこと,さまざまな変調信号の計測が可能であることなどの特長がある。しかしながら,電波に対する指向性を持つ(一定の偏波面に対して感度を持つ)ため,電波の全方向特性を測定するのは困難であった。等方性を持つ方式としては,携帯電話の人体に与える影響を調査するため

のSAR (specific absorption rate) 電界プローブが開発されている[32]が，液中（人と同じ水分）での測定であり，かつ特定周波数（900 MHz）に限られる．

自由空間において小型で等方性にすぐれた光電界センサを実現するため，電界検出用アンテナパターンをLN結晶基板上に形成することによりセンサヘッド部の小型化を図るとともに，LN結晶基板上にアンテナパターンを形成したときの自由空間における放射指向性および周波数応答特性への影響について検討・対策を行った．その結果，周波数 100 M ～ 3 000 MHz において，等方性 ± 0.47 dB，空間分解能 10 mm，周波数応答特性 ± 3.4 dB，測定ダイナミックレンジとして 124.3 dB を得ることができ，従来装置と比べ，高確度・高感度で等方性にすぐれ，高空間分解能，広測定ダイナミックレンジを持つ装置を実現できた[33]．以下，この装置の構成と得られた性能について述べる．

7.5.1 等方性小型光電界センサの装置構成

このセンサは図 7.19 に示すように，センサヘッド，コントローラ部，信号

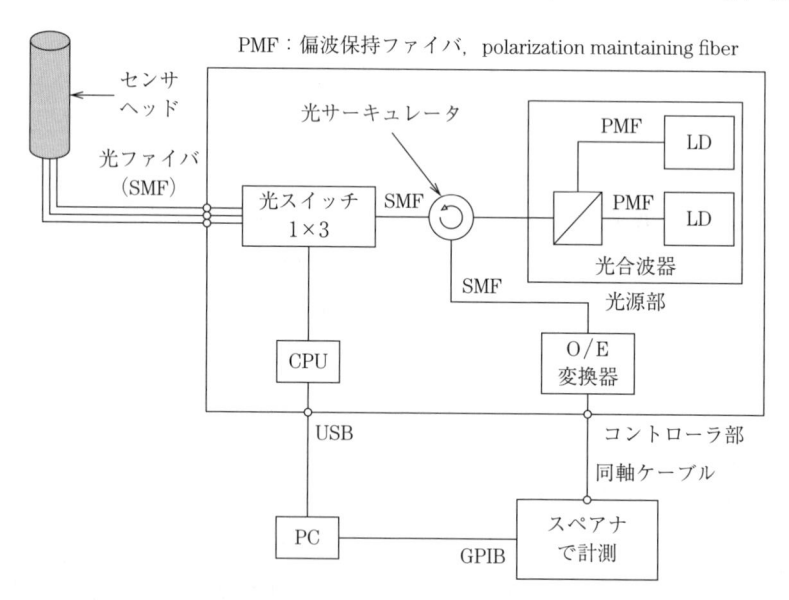

図 7.19 光電界センサの装置構成

伝送用シングルモード光ファイバ（SMF）および信号解析用スペアナにより構成される．図7.20にセンサヘッドの構造を示す．結晶基板上にアンテナエレメントが形成されたLN光変調器を用い，さらにこのLN光変調器3台を正三角柱のおのおのの面に配置することにより，等方性を得ている．

すなわち，3台のLN光変調器の最大放射角度を光導波路に対し54.7°傾け，かつ直交するように配置し，等方性を実現している（3台のLN光変調器により，X, Y, Z軸の電界を検出し，合成する）．また，コントローラ部は，光源部，光サーキュレータ，光スイッチ，O/E変換器お

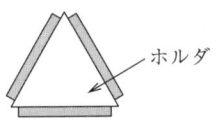

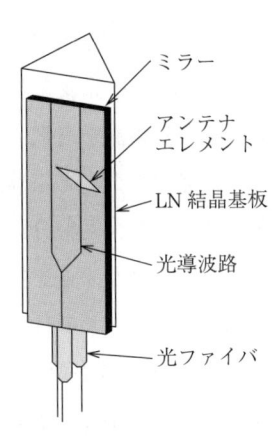

図7.20 センサヘッドの構造

よび制御回路から構成されている．光源部から出射された無変調光は，光サーキュレータ，光スイッチを透過し，センサヘッドへ導かれる．光スイッチでは各軸のLN光変調器が選択され，空間電界により強度変調された光は再度光サーキュレータに戻り，O/E変換器へと導かれる．各軸のO/E変換後の出力をスペアナで計測し，次式により演算することにより，電界強度Eを計測することができる．

$$E = \sqrt{E_x^2 + E_y^2 + E_z^2} \tag{7.12}$$

ここで，E_xはx軸方向の電界強度，E_yはy軸方向の電界強度，E_zはz軸方向の電界強度である．

センサヘッドに使用しているLN光変調器（X-cut型）は偏波依存性を有しており（結晶のZ軸方向の偏波成分に対して動作する），偏波を保持した状態で本装置を動作させるためには，光源部，光サーキュレータ，O/E変換器が電界を受ける軸ごとに必要となり，高価なものとなる．加えて，信号伝送線についても偏波保持ファイバ（polarization maintaining fiber，PMF）を使用する

必要がある．装置コストを抑え，汎用性を持たせるためには，光通信などで汎用的に使用されている部品の使用や部品数の削減が必須である．

そこで，光源部に2台のDFB-LDを用い，たがいの偏波を直交合成してLN光変調器の偏波補償を行う（5.1節の図5.12参照）とともに光スイッチを用い，各軸のLN光変調器を切り替える方式を考案・採用した．この光スイッチでLN光変調器を選択する方式は，光源部，光サーキュレータおよびO/E変換器が各軸で共通となり，機器構成の簡素化が図れるとともに，光源部の直交偏波化により，通信分野で広く使用されている偏光無依存の光学部品が適用できるなどのメリットを持つ．

表7.5にセンサの目標仕様を示す．高確度な電界計測を実現するためには，センサヘッドの小型化（高空間分解能化），3台のLN光変調器による等方性ずれ量をより小さくすること，周波数応答特性をできる限り平坦とすることなどがポイントとなる．また測定においては広ダイナミックレンジが必要となるが，本方式は光の干渉により光強度が変調されるため，ダイオード検波等の従来方式と比べ，よりすぐれたリニアリティが期待できる．

表7.5 センサの目標仕様

寸 法	周波数範囲	等方性（空間にて）	周波数に対するアンテナファクタ	感 度	ダイナミックレンジ
$\phi 10 \times 70$ mm	100～3 000 MHz	±0.5 dB 以下	±5 dB	100 dB μV/m 以下	80 dB 以上

7.5.2 センサヘッドの小型化（高分解能化）および等方性の検討

〔1〕 小型化の検討　図7.21はセンサヘッドとして設計・試作したアンテナパターン一体型LN光変調器の構造である．小型化を図るため，変調電極（金クロム変調電極）はアンテナエレメント一体型とし，光導波路近傍に形成した4分割された変調電極にそれぞれ微小ダイポールを配置する構造としている．

本光変調器は，幅3 mm，長さ13 mm，厚さ0.5 mmのLN（X-cut）結晶基

7.5 光電界センサ   275

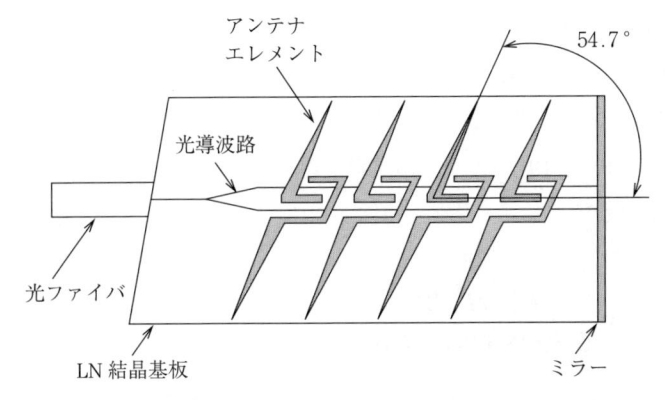

図 7.21 アンテナパターン一体型 LN 光変調器の構造

板上に Ti（チタン）熱拡散により形成した幅 6 μm の光導波路，反射板と光ファイバから構成されている。光ファイバおよび結晶基板の入射端面は斜め研磨を施し，光入射端面反射を防止している。

　本光変調器は入射した光を一端分岐させ再び合成する分岐干渉型であり，結晶が持つ電気光学効果により電圧に比例して光導波路の屈折率が変化し，合流するときの干渉により，光強度変調されフォトダイオードで元の電気信号に復元される。本センサにおいては，微弱な電界を検出するため，相対雑音強度（RIN）が小さく光強度の高い光源を採用することに加え，透過型に比べて同じ変調電極長の場合，往復で 2 倍の感度が得られる反射型構造を採用している。反射型は使用光ファイバが 1 本で済み，センサヘッドの小型化にも有効である。

　アンテナ一体型の LN 光変調器の感度は変調電極部の長さ（光導波路に対する長さ）により決まる[34]。このため，実効変調電極長は，LN 結晶基板サイズおよび位相シフト光導波路（分岐後の直線導波路）形状により制限される最大値の 3 mm とし，小型化，高感度化を図った。

　光変調器の変調帯域も変調電極長によって決定されるが，変調電極長は 3 mm であり，光の往復動作を考慮すると変調帯域として 7 GHz 以上が期待できる（6.1 節の図 6.15 参照）。アンテナエレメントについては，長さ 3 mm，厚

さ 0.25 μm の金電極とし，前記のようにセンサヘッドの等方性を確保するため，光導波路に対し 54.7° 傾けた構造[35]とした．

本光電界センサの光変調度 M（最大感度時），信号出力 CN 比は次式で表される（5 章の式 (5.19)，式 (5.20) 参照）．

$$M = \frac{\pi \Delta V}{2V_\pi} \tag{7.13}$$

$$\text{CN 比} = \frac{G(i_p^2 M^2/2)}{G(i_p^2 \text{RIN} + 2ei_p + i_r^2)B} \tag{7.14}$$

ここで，i_p はフォトダイオードの光電流，RIN はレーザの相対強度雑音，i_r は O/E 変換器の熱雑音電流，B は測定帯域幅，G は O/E 変換器後段のアンプ電力利得，ΔV は変調電極容量に印加される信号電圧（p-p 値，図 5.4 参照），V_π は半波長電圧である．

〔2〕 等方性の劣化とその対策

（1） **等方性の劣化（放射指向性のずれ）** 試作光変調器を，一辺の長さ 5 mm，長さ 59 mm（光ファイバ支持部含む）の三角柱に貼り合わせ，**図 7.22** に示すように TEM-CELL（伝送線路セル）内に配置し，電界印加方向に対しセンサヘッドを回転することにより自由空間における放射指向性パターンの評

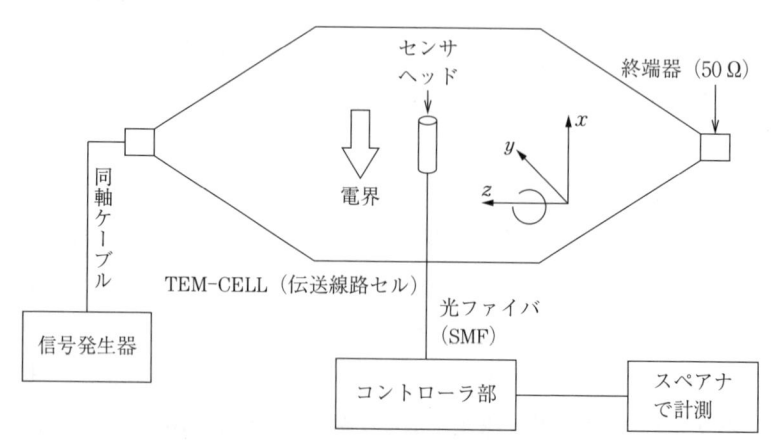

図 7.22 センサヘッドの指向性パターン実験系統

7.5 光電界センサ　　277

価を実施した．

　光源としては波長 1 550 nm，1 551 nm，光出力おのおの 20 mW の DFB-LD（半導体レーザ）2 台を偏波合成し，光サーキュレータ，シングルモード光ファイバを介して LN 光変調器に入力し，印加電界により強度変調した光信号を光サーキュレータでポートを変え O/E 変換器に入力した．その復調出力の強度をスペアナで測定し，最大値を光変調器の放射指向性の最大放射角とした．また，印加電界周波数は 300 MHz として TEM-CELL への信号入力強度は +30 dBm とした．このときの，光変調器の配置された位置での電界強度は TEM-CELL 内の電界強度の算出式より 155 dB μV/m である．

　測定結果を図 7.23 に示す．LN 光変調器単体の最大放射角は設計値 54.7° から −16.7° ずれた 38° であった．

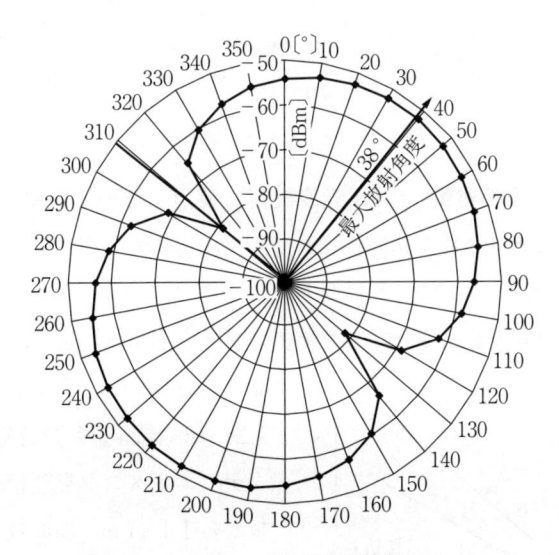

図 7.23　センサヘッドの放射指向性パターン

　図 7.24 には，上記三角柱のおのおのの面に LN 光変調器を貼り付けたときのセンサヘッドの等方性測定結果を示す．等方性の劣化量は目標値を大きく下回る 9.7 dB となっており，この原因は，LN 光変調器単体の最大放射角ずれ（−16.7°）に起因するとものと考えられる．

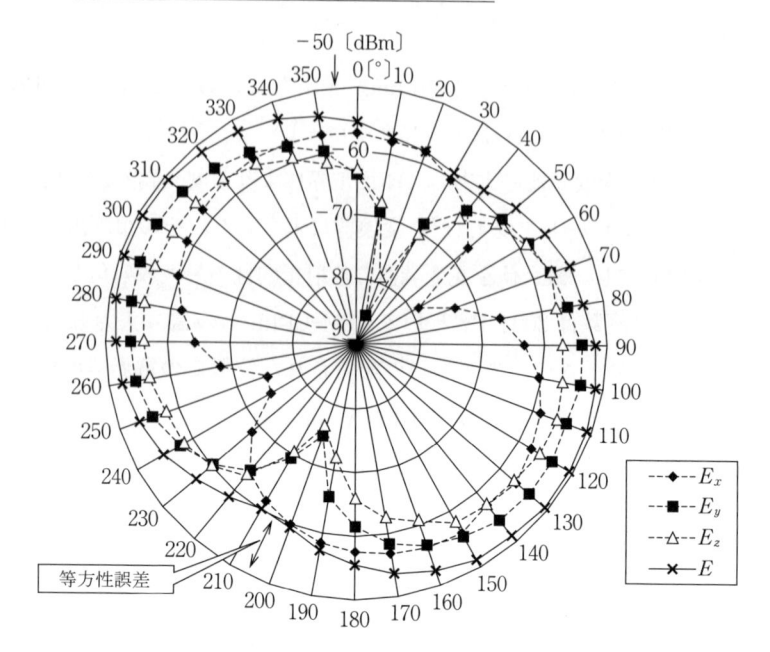

図7.24 センサヘッドの等方性

(2) 原因とその対策 LN光変調器に使用しているLiNbO₃基板結晶は強誘電体材料であり，放射指向性ずれは，高誘電体の表面にアンテナパターンを形成したことによるものと推測した。そこで，アンテナエレメント角度54.7～69.7°のものを試作し，アンテナエレメント角度に対する最大放射角を測定した結果を**図7.25**に示す。図7.25には結晶基板の誘電率を28，アンテナエレメントを理想導体，結晶基板から1λ（1 m，周波数300 MHz）以上離したところを零電位とし，有限要素法を用い電磁界シミュレーションを行った結果を合わせて示す。

図の測定結果から，アンテナ角度を初期設計値から+10°傾けた64.7°で

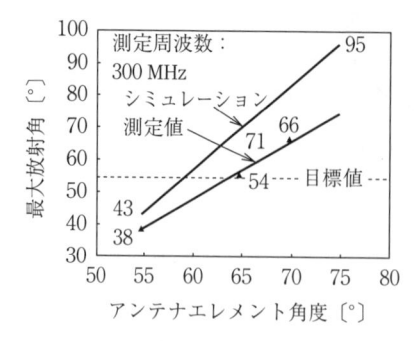

図7.25 LN光変調器のアンテナエレメント角度に対する最大放射角

7.5 光電界センサ

LN光変調器単体での最大放射角は設計値にきわめて近い54°であることを確認した。これにより，等方性の劣化は十分抑えられるものと考えられる。なお，電磁界シミュレーションによる結果では，アンテナエレメント角度は59°となった。この差異については，LN光変調器に使用している$LiNbO_3$結晶の誘電率は，結晶軸方位により誘電率が大きく異なるためと考えられる。

〔3〕 センサヘッドの周波数応答特性の平坦化

（1） **周波数応答特性の劣化**　　光変調器を図7.22に示したTEM-CELL（伝送線路セル）内に配置し，40～400 MHzにおいて周波数応答性の測定を実施した結果を**図7.26**に示す。全域でリプルが見られるが，特に低周波数領域（160 MHz以下）において，大きなリプルが存在する（図（a））。

（a） 40～160 MHz

（b） 280～400 MHz

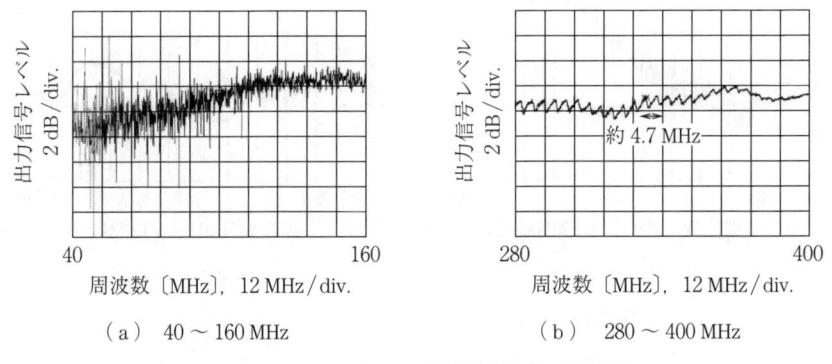

図7.26　センサヘッドの周波数応答性（改善前）

センサの周波数偏差に関しては，測定値を演算処理する段階で補正することは可能であるが，急峻なリプルが存在すると，測定確度を大きく低下させてしまうため，その原因について調査を行った。

（2） **原因とその対策**　　LN結晶は圧電材料のため，電界を印加すると，音響波を発生し，音波が光変調器中で共振を起こす周波数でリプルが起こる。例えば，CATVなどにLN光変調器を用いる場合，結晶厚さ方向の振動が影響するとされている[35),36)]。厚さ方向の振動については，結晶厚さを0.5 mmとすると約4 MHzとなり[37)]，図で確認されるリプル（4.7 MHz間隔）はこれに相当

するものと考えられる．

図7.27（b）には，上記厚さ方向の振動の検証・改善のため，変調電極と対向するLN結晶面を研磨により荒くした（表面荒さ約75 μm）場合の周波数応答性の測定結果を示す．図7.26（b）に比べてリプルはきわめて小さく抑えられている．図7.26（a）のきわめて大きなリプルは，LN結晶の幅，長手方向，表面および厚さ方向の振動が混在しているものと推測される．この対策として，LN結晶基板の変調電極と対向する面，光導波路と平行する側面（幅方向）を上記条件同様に，研磨により，表面を荒くした．また，変調電極が形成されている面に振動吸収材としてゴム系のシリコン樹脂を全面に塗布した．

(a) 40 ～ 160 MHz

(b) 280 ～ 400 MHz

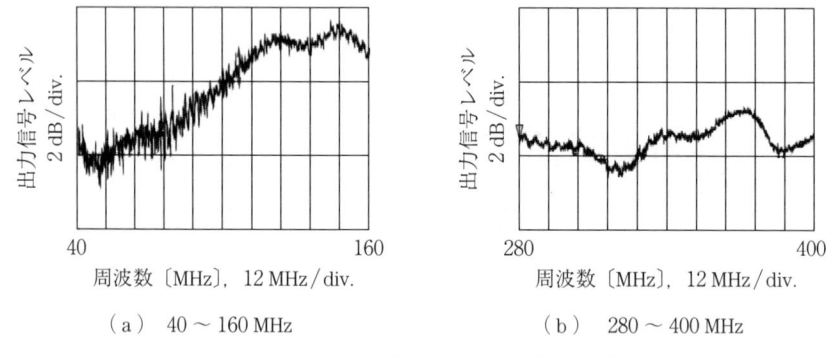

図7.27 センサヘッドの周波数応答性（改善後）

結果を図7.27（a）に示す．100 MHz以上のリプルは0.5 dB以下に抑えられている．100 MHz以下の周波数においては，若干のリプルが残っているが，センサの目標応答周波数は100 M ～ 3 000 MHzであり，実用上問題はない．

図7.28には，図中に示すアンテナエレメント（エレメント長20 mm，φ0.6 mm）を外付けしたときの周波数応答性を測定した結果を示す．図7.27（a）に見られるリプルは現れていない．これは外付けアンテナエレメントに電界が集中し，LN結晶基板への電界誘起が抑制されたためと考えられる．また，結晶厚さ方向の振動については，変調電極へ電界が印加され，厚さ方向で振動する現象であり，本測定サンプルは，変調電極対向面の表面荒らさ処理をしていないため，厚さ方向の圧電振動は見られる．

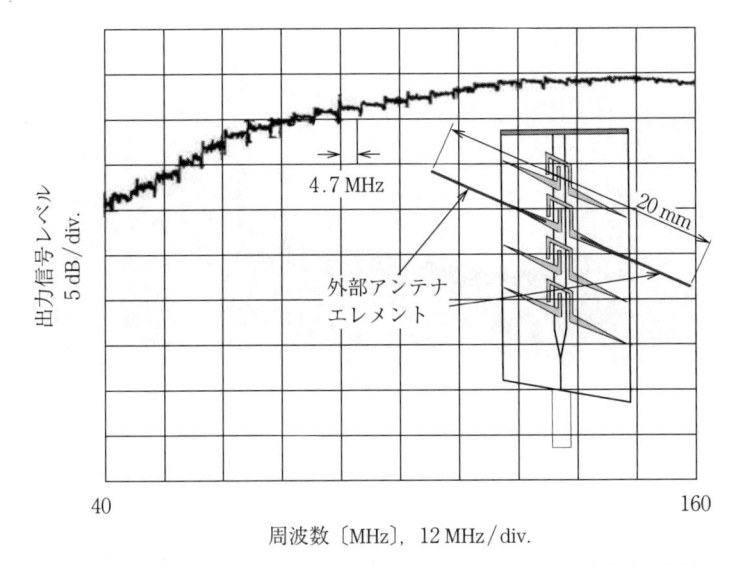

図 7.28 外部アンテナを取り付けた場合のセンサヘッドの周波数応答性
(40〜160 MHz)

この結果からも，図7.27(a)のリプルは電界中にLN結晶基板を配置することによるLN結晶の圧電効果によるものと裏付けられる。この圧電効果の抑制は，圧電振動を吸収材などで抑える，あるいは結晶基板に電界を印加しないようにする（外部アンテナの使用など）ことが対策として有効である。外部アンテナを付ける場合には，センサヘッド部サイズが大きくなるが，低周波数測定用としてはきわめて有効な手法と考えられる。

〔4〕 **改良型小型等方性光電界センサの試作**　図7.25の結果（アンテナ角度を初期設計値から+10°傾けた64.7°でLN光変調器単体での最大放射角が設計値にきわめて近い54°となる）をふまえ，アンテナエレメント角度を64.7°とした。また，LN結晶基板の圧電対策として前記の表面処理を行い，センサヘッドの試作を行った。

LN光変調器の形状はアンテナエレメントの角度，結晶表面処理状態以外は〔1〕項と同様である。このLN光変調器を前記の三角柱の各面に貼り付けることにより，センサヘッドを形成している。図7.29にセンサヘッドおよびコ

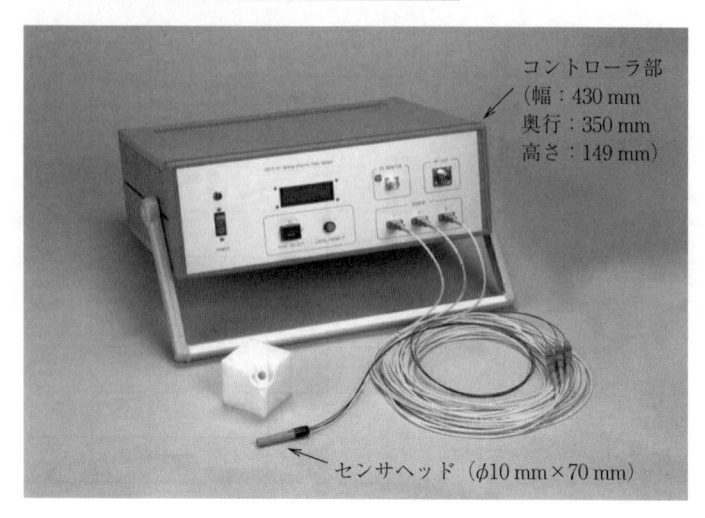

282   7. 通信・その他のシステムへの応用

図 7.29 センサヘッドおよびコントローラ部の外観

ントローラ部の外観を示す。センサヘッドは，ϕ10 mm×70 mm であり，形状から決まる空間分解能 10 mm を達成している。

表 7.6 に試作 LN 光変調器の諸特性を示す。光挿入損失は 6.7 dB, 半波長電圧は 85 V/seg である。

表 7.6 LN 光変調器の諸特性

挿入損	消光比	半波長電圧／セグメント	電極長	変調動作点
6.7 dB	15 dB 以上	85 V/seg	3 mm	48%

〔5〕 性 能 評 価

（1） 等方性　　試作センサヘッドの等方性の評価を行った測定結果を**表 7.7** に示す。100 〜 3 000 MHz において，目標値（±0.5 dB）を満足する等方性±0.47 dB が得られた。**図 7.30** はアンテナエレメント角度 64.7° で作製したセンサヘッドの周波数 1 000 MHz における等方性測定結果である。等方性とし

表 7.7 センサヘッドの等方性

周波数〔MHz〕	100	300	1 000	3 000
等方性〔dB〕	±0.42	±0.47	±0.3	±0.45

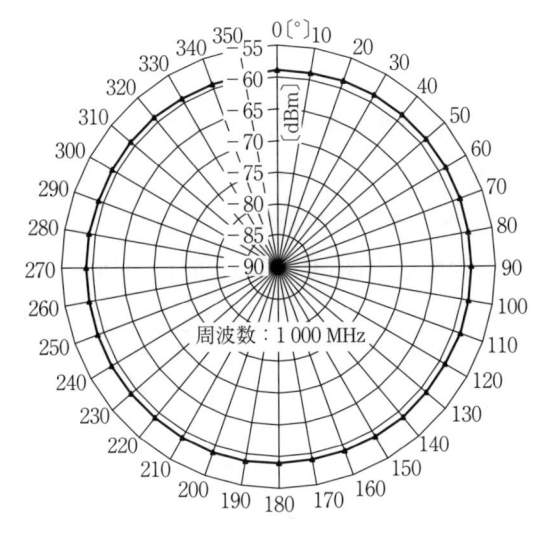

図 7.30 センサヘッドの等方性

て ±0.3 dB が得られており,仕様を十分満足している。

 (2) **周波数応答特性**　　図 7.31 に上記試作した(アンテナエレメント角度 64.7°)光電界センサを電界強度 120 dB μV/m の場所に配置したときの周波数応答特性の測定結果を示す。ここで出力信号は 3 台の光変調器からの出力信号の合成(E_x,E_y,E_z 合成値)である。〔3〕項で実施した対策により,100〜3 000 MHz の周波数範囲において ±3.4 dB 以下の偏差を実現できた。

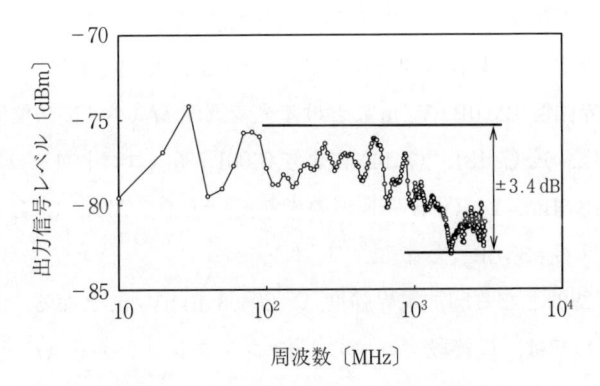

図 7.31　光電界センサの周波数応答特性
(印加電界強度 120 dB μV/m)

100 MHz 以下の周波数領域における応答特性の揺らぎは，〔3〕項で述べた LN 結晶基板の圧電効果によるものと考えられる。

（3）　感度（最小検出電界強度）および測定ダイナミックレンジ　　図 **7.32** に印加電界周波数 300 MHz における本センサの電界強度に対する出力信号の測定結果を示す。最小検出電界強度は 80 dB μV/m（RBW（測定帯域幅）=10 Hz）であり，目標性能（100 dB μV/m）を十分満足している。

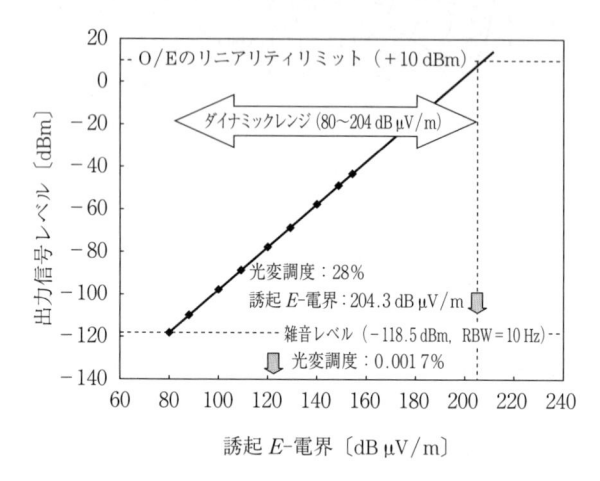

図 7.32 本センサの電界強度に対する出力信号の測定結果

一方，本センサの最大測定電界強度は，LN 光変調器および O/E 変換器内の最終段アンプの直線性により決まる。LN 光変調器の直線性については，光変調度が 28% 以下であれば問題ないことが確認されている[29),38)]。測定結果から，印加電界強度 120 dB μV/m における光変調度 M（バイアス位置 50% 時が最大感度）は，式 (7.13)，(7.14) により 0.0017%（コントローラ部からの出力信号 −77.8 dBm，i_p（O/E 変換器の光電流）= 0.000 76 A，O/E 変換器後段のアンプ利得 G = 36 dB）となる。

光変調度 28% となる印加電界強度は，204.3 dB μV/m となる。また，O/E 変換器に関しては，最終段アンプの 1 dB コンプレッション（P_1〔dB〕）は +10 dBm であり，その影響は無視できる。すなわち，最大測定電界強度はセン

サヘッド部が支配的であることから，測定範囲は $80 \sim 204.3\,\mathrm{dB\,\mu V/m}$ となり，目標値を大きく上回るきわめて広い測定ダイナミックレンジが実現できた．さらに，アンテナエレメント長，変調電極長の最適化を行えば，より高い電界の測定が期待できる．

　以上，LN 結晶基板上に電界検出用アンテナパターンを形成することによりセンサヘッドの小型化を図るとともに，その放射指向性および周波数応答特性への影響について検討および改善を行った．その結果，空間分解能として 10 mm，周波数 $100 \sim 3\,000\,\mathrm{MHz}$ において等方性 $\pm 0.47\,\mathrm{dB}$，周波数応答特性 $\pm 3.4\,\mathrm{dB}$，測定ダイナミックレンジとして $124.3\,\mathrm{dB}$ を有する小型等方性光電界センサを実現できた．このセンサは，小型であるため狭空間での測定が可能であり，送信アンテナなどの電界分布，強電界測定などさまざまな用途への適用が期待される．

引用・参考文献

1) 山本聖仁，岩谷洋一，下平慎一郎：携帯電話の不感地帯を解消する ROF リモート基地局，東芝レビュー，**59**, 11（2004）
2) 久利敏明，堀内幸夫，中戸川 剛，塚本勝俊：光・無線融合技術をベースとする通信・放送システム，信学論 C, **J91-C**, 1, pp.11 $\sim$ 27（2008）
3) 生岩量久：デジタル通信・放送の変復調技術，コロナ社（2008）
4) 藤瀬雅行：ROF マルチサービス無線通信システムについて，信学論 B, **J84-B**, 4, pp.655 $\sim$ 665（2001）
5) 榎原 晃，川合 正，川西哲也：電気光学変調器による 2 周波および光 SSB 信号の生成と不要スペクトルの抑制，IEICE Technical Report, MW2010-47, OPE2010-32, pp.51 $\sim$ 56（2010）
6) T. Kuri, K. Kitayama, A. Stohr and Y. Ogawa：Fiber-optic millimeter-wave downlink system using 60 GHz-band external modulation, J. Lightwave Technol., **17**, 5, pp.799 $\sim$ 806（1999）
7) T. Kawanishi, T. Sakamoto and M. Izutsu：High-speed control of lightwave amplitude, phase, and frequency by use of electrooptic effect, IEEE J, Selected Topics of Quantum Electronics, **13**, 1, pp.79 $\sim$ 91（2007）
8) H. Kiuchi, T. Kawanishi, M. Yamada, T. Sakamoto, M. Tsuchiya, J. Amagai and M.

Izutsu：High extinction ratio Mach-Zehnder modulator applied to a highly stable qptical signal generator, IEEE Trans. Microwave Theory and Techniques, 55, 9, pp.1964 〜 1972（2007）
9) T. Kawanishi, M. Sasaki, S. Shimotsu, S. Oikawa and M. Izutsu：Reciprocating optical modulation for harmonic generation, IEEE Photon. Tech. Lett., No.13, pp.854 〜 856（2001）
10) T. Kawanishi, S. Oikawa, K. Yoshiara, S. Shinada, T. Sakamoto and M. Izutsu：Hybrid reciprocating optical modulator for millimeter-wave generation, ECOC 2003, Mo4.5.6, pp.21 〜 25（2003）
11) T. Kawanishi, T. Sakamoto, S. Shinada, M. Izutsu, S. Oikawa and K. Yoshiara：Low phase noise millimeter-wave generation by using a reciprocating optical modulator, OFC 2004, pp.22 〜 27（2004）
12) T. Kawanishi, T. Sakamoto and M. Izutsu：470GHZ optical clock signal generation using reciprocating optical modulation, ECOC 2006, We4.6（2006）
13) 児玉 聡，石橋忠夫：フォトダイオード；研究開発の歴史と今後の展開，No.3, pp.131 〜 135（2011）
14) 浜松ホトニクス株式会社：Si APD の特性と使い方，技術資料 SD-28, p.6（2004）
15) K. Kato, S. Hara, K. Kawano, J. Yoshida and A. Kosen：A high-efficiency 50GHz InGaAs multimode waveguide photodetector, IEEE J. Quantum Electron., 28, 12, pp.2728 〜 2735（1992）
16) 永妻忠夫：高出力フォトダイオードとその応用，オプトロニクス，No.11, pp.122 〜 128（2008）
17) 宮本 裕：デジタルコヒーレント光技術の最前線（総論），オプトロニクス，No.7, pp.90 〜 97（2011）
18) コヒーレント光通信システムに関する調査研究報告書，財団法人機械システム振興協会（2010）
19) 星田剛司，中島久雄，J. C. Rasmussen：ディジタル信号処理が変える光通信儀技術，オプトロニクス，No.1, pp.213 〜 217（2009）
20) 佐々木眞也：光多値変復調技術とその将来展望，日立評論，90，06，pp.74 〜 79（2008）
21) 岩下 克：コヒーレント光通信技術；研究開発を振り返って，オプトロニクス，No.7, pp.143 〜 148（2012）
22) 川西哲也：光変調技術を用いたマイクロ波・ミリ波信号発生，オプトロニクス，No.11, pp.116 〜 121（2008）
23) 大橋正治：光通信技術の基礎 第2回 半導体レーザ，オプトロニクス，No.2, pp.137 〜 143（2011）
24) 大橋正治：光通信技術の基礎 第1回 光ファイバ，オプトロニクス，No.1, pp.173 〜 180（2011）

25) 佐野明秀, 吉田英二, 宮本 裕：コヒーレント光 OFDM を用いた 100 Gbit/s 長距離大容量伝送技術, オプトロニクス, No.1, pp.173～180 (2009)
26) 光直交周波数分割多重（光 OFDM 方式）, NTT フォトニクス研究所研究成果の紹介, 11-3 (2003)
27) 瀧口浩一, 小熊 学, 柴田知尋, 高橋 浩：光 FFT 回路を用いた集積型 OFDM 信号分離回路, 信学会ソサイエティ大会, C-3-69 (2009)
28) F. Gassman, A. K. Skrivervik and D. D. Hall : Photonic field sensor for simultaneous and fully passive isotropic electric and magnetic field measurement up to 1GHz, 11th international zurich symposium on electromagnetic compatibility, Zurich, pp.477～482 (1995)
29) 戸叶祐一, 田辺高信, 村松良二, 近藤充和, 佐藤由郎：光電界センサの高感度化, 信学技報, EMCJ94-26, pp.1～7 (1994)
30) M. Kondo, Y. Tokano, T. Tanabe and R. Muramatsu : Reflection type electro-optic electric field sensor with LiNbO$_3$ optical waveguide, EMC SYMPOSIUM'94 SENDAI, 19P606 (1994)
31) 大林亮祐, 菅間秀晃, 土屋明久, 日高直美, 石田武志, 橋本 修：LPDA 型光電界センサによる空間電磁界分布測定, 信学通信ソサエティ大会, B-4-4, p.280 (2006)
32) B. G. Loader, M. J. Alexander, W. Liang and S. Torihata : An optical electric field probe for specific absorption rate measurement, 15thInternational Zurich Symposium on Electromagnetic Compatibility, Zurich, pp.57～60 (2003)
33) 鳥羽良和, 佐藤正博, 一条 淳, 大沢隆二, 生岩量久：小型等方性光電界センサの開発, 信学論 C, **J91-C**, 1. pp.84～92 (2008)
34) 生岩量久, 藤坂尚登, 神尾武司, 安 昌俊, 鳥羽良和：マイクロ波帯 LN 光変調器の高周波化・高感度化のための最適な電極構造の検討, 信学論 C, **J92-C**, 1, pp.1～10 (2009)
35) R. L. Jungerman and C. A. Flory : Low-frequencyacoustic anomalies in lithium niobate Mach-Zender interferometers. Appl. Phys. Lett., **53**. 16, pp.1477～1479 (1988)
36) J. L. Brooks, G. S. Maurer and R. A. Becker : Implementation and evaluation of a dual parallel linearization system for AM-SCM video transmission. J. Lightwave Technol., **11**, 1, pp.34～41 (1993)
37) 東京大学物性研究所 編：物性科学事典, 東京書籍 (1996)
38) 鳥羽良和, 鬼澤正俊, 鳥畑成典, 山下隆之, 生岩量久, 尾崎泰己：無給電光伝送システムの開発, 信学技報, EMCJ2003-160, pp.57～62 (2004)

索引

【あ】

アバランシェフォト
　ダイオード　　　255

【い】

イオン化比　　　84
イオン化率　　　84
位相速度　　　26
位相変調　　　258
インコヒーレント伝送　133
インピーダンス整合　16

【え】

エルビウム添加光ファイバ
　増幅器　　　100

【か】

開口数　　　34
ガイド層　　　73
外部反射　　　21
外部光変調方式　　　107
過剰雑音　　　84
過剰雑音係数　　　84
活性層　　　67
価電子帯　　　63
間接遷移型　　　64

【き】

規格化周波数　　　31
規格化伝搬定数　　　31
基板屈折率　　　202
基板誘電率　　　202
逆高速フーリエ変換　　　267
逆バイアス接続　　　78
ギャップフィラー　　　194
吸　収　　　63
吸収損失　　　41
狭域通信システム　　　247

【く】

境界面　　　20
強度変調　　　108

【く】

空　孔　　　55
空孔アシスト光ファイバ　　　55
グースヘンシェンシフト　　　26
屈　折　　　20
屈折率　　　20, 36
屈折率分布　　　45
クラッド　　　33
クラッド層　　　67, 73
グレーデッドインデックス
　型ファイバ　　　36
グレーデッドインデックス
　光ファイバ　　　18
群速度　　　26

【こ】

コ　ア　　　33
高インピーダンス型　　　116
格子結晶　　　76
格子整合　　　75
格子定数　　　75
誤差補関数　　　8
コヒーレンシー　　　133
コヒーレンス時間　　　108
コヒーレント伝送　　　133
コヒーレント光伝送　　　4, 108

【さ】

材料分散　　　43
雑音指数　　　116
差動位相変調　　　250
差動4相位相変調　　　258
サブキャリヤ伝送　　　109
三次相互変調ひずみ　　　229
散乱損失　　　41

【し】

しきい値電流　　　68
自然放出　　　63
自然放出光　　　98
実効光変調度　　　15
時定数　　　164
自動温度制御　　　113
自動電力制御　　　113
自動利得制御　　　229
遮断波長　　　33
受光感度　　　157
シュタルク効果　　　128
順バイアス接続　　　78
消光比　　　151, 205
障壁電位　　　78
ショット雑音　　　9, 148
シングルモード光ファイバ　4
シングルモードファイバ
　　　　　　34, 156
真性半導体　　　64, 79

【す】

垂直共振器面発光レーザ　　　36
ステップインデックス型
　ファイバ　　　36
ストークスシフト　　　102
スネルの法則　　　21
スーパーコンティニューム光
　　　　　　58

【せ】

整合回路　　　146
赤外吸収　　　40
先鋭度　　　149
全反射　　　21

【そ】

相互変調ひずみ特性　　　161

索引

相対強度雑音	13
挿入損失	151
増倍率	82
組成比	66

【た】

ダイレクトコンバージョン	135
多重量子井戸	129
多重量子井戸構造半導体レーザ	73
縦モード	70
ダブルヘテロ構造	67
単一周波数ネットワーク	151
単一周波数ネットワーク局	145
端面発光レーザ	74

【ち】

遅延検波	134
地上ディジタルテレビ放送	144
チャーピング	108, 176
中間周波数	131, 145
超高速ディジタルコヒーレント光通信システム	257
直接検波	108, 133
直接遷移型	64
直接光変調方式	107
直交振幅変調	258, 261

【て】

ディジタルコヒーレント検波方式	135
ディップ	151
電界吸収型	228
電界吸収型変調器	128, 250
電界吸収型レーザダイオード	114
電気光学効果	149
電磁界シミュレータ	216
伝導帯	63
伝搬定数	27

【と】

等価CN比	163
等価CN比劣化量	152
透過型	211
同期検波	134
導波路分散	44
トランスインピーダンス型	116

【な】

内部反射	21
雪崩降伏電圧	82
雪崩増倍	82
雪崩増幅フォトダイオード	82

【に】

ニオブ酸リチウム	121
二次ひずみの集合体	183
入射面	21

【ね】

熱雑音	9

【は】

波数	28
波長多重	257, 269
波長分散	44, 156, 264
バックオフ	246
発光ダイオード	64
パルス予変調方式	109
反射	20
反射型	211
反射防止膜コート	72
反転分布	64
半導体光増幅器	104
半導体レーザダイオード	11, 64
半波長電圧	124

【ひ】

光アイソレータ	94
光検出器	146
光スイッチ	93
光単側波変調波	113
光導波路	150
光ファイバ	1
光ファイバ増幅器	4

光変調	11, 148
ピクセル	74
微細構造光ファイバ	55
ひずみ量子井戸LD	76
ビット誤り率	7
非同期検波	134

【ふ】

ファイバラマン増幅器	102
ファブリ・ペローLD	69
ファブリ・ペロー共振器	104
ファラデー効果	94
フェルミ準位	67
フェルール	225
フォトダイオード	11
フォトニック結晶ファイバ	55
フォトニックバンドギャップ型ファイバ	56
複屈折性	32
符号間干渉	140
不純物添加半導体	64
プラスチッククラッドファイバ	39
プラスチックファイバ	39
ブラッグ波長	71
ブラッグ反射	59
ブルースター角	24
フレネルの公式	23
分散シフト型シングルモード光ファイバ	39
分散図	33
分散方程式	31
分散補償光ファイバ	45
分散補償ファイバ	177
分布帰還LD	71
分布帰還型	131
分布帰還型レーザダイオード	246
分布ブラッグ反射LD	71
分離閉込め構造	73

【へ】

平衡型受信器	139
ベースバンド伝送	109
ヘテロ接合	66

【へ】

ヘテロダイン検波	134
変調誤差比	168, 185
偏波多重コヒーレント光伝送	137
偏波保持ファイバ	273
偏波モード分散	264

【ほ】

ボーアの条件	63
包絡線検波	134
ホモ接合	66
ホモダイン検波	134

【ま】

マイクロ波回線	199
マッハツェンダ型	150
マッハツェンダ型光変調器	114, 121

【マ】

マルチモードファイバ	34

【む】

無変調連続波	154, 165, 184

【め】

面発光レーザ	74

【も】

モード	30
モード雑音	47
モードフィールド径	38
モード分散	34, 36
モードホッピング	70

【ゆ】

誘導ブリルアン散乱	181
誘導放出	64

【よ】

横モード	71

【り】

リーチスルー電圧	80
量子井戸構造	72
量子効率	10
両側波	113
両側波帯搬送波抑圧	250

【れ】

零分散光ファイバ	176
レイリー散乱	40

【ろ】

路車間通信システム	247

【A】

AGC	154, 229
APC	54, 113
APD	82, 255
ASE	98, 180
ASK	136
ATC	113

【B】

BER	7
BPF	146, 228
BPSK	138

【C】

CATV	3
CD	264
CNR	11
CN比	11, 147
CO-OFDM	141
CSO	183
CW	154, 165, 184
C帯	45

【D】

DBR-LD	71
DCF	45, 177
DD	108
DFB	5, 131
DFB-LD	71, 72, 165, 246
DH	67
DPMZM	265
DPSK	138, 250
DQPSK	258
DSB	113, 236
DSB-SC	250
DSF	39
DSRC	247

【E】

EA	228
EA型変調器	128, 250
EA変調方式	119
EDFA	100, 257
EML	114
EO変調方式	119
ETC	247

【F】

FIR	264
FP-LD	69, 156
FPU	227
FRA	102
FSK	136
FTTH	178, 257
FWM	45

【G】

GF	194
GIF	36

【H】

HAF	55
HDTV	228
HFC	232

【I】

IF	228
IFFT	267
IM	108
IMD特性	161
IMT2000	248
IP	175
ITS	247
i型半導体	79

【L】

LD	11, 64, 250

LD-YAG		165	PBGF	56	SC		58
LD 直接変調器		177	PC	54	SFN		151
LED		64	PCF	39, 55	SFN 局		145
LN		121	PCM	109	SIF		36
LN 結晶基板		150	PD	11	SMF		34, 156
LNA		228	PDC	248	SNR		8
LP_{11} モード		35	PFM	109	SN 比		8
L 帯		45	PHS	248	SOA		104
			PIN-PD	79	SPC		54
【M】			pin フォトダイオード	255	SSB		113, 233, 236
MCPA		196	PLL	262	STL		208
MER		168, 185	PMD	264	S 帯		45
MIMO		60	PMF	156, 273	S 波		21, 96
MMF		34	POF	39			
MOF		55	PPM	109	【T】		
MQW		129	PSK	136, 258	TE 偏光		21
MQW-LD		73	PWM	109	TE モード		123
MSK		136	P 波	22, 96	TM 偏光		21
MZ		150			TS		175, 228
MZ 光変調器		114, 121	【Q】		TSL		227
			Q	149	TTL		208
【N】			QAM	141, 258			
NA		34, 50	QCSE	128	【V】		
NF		157, 229	QPMZM	266	VCSEL		36, 74
NRZ		9, 266	QPSK	154	VICS		247
					V-ONU		178
【O】			【R】				
OFDM			RF	175	【W】		
	152, 175, 215, 227, 267		RIN	13, 147, 228	WDM		257, 269
OMI		11, 148	RoF	3, 199, 227, 244			
OOK		136, 260	RZ-DBPSK	140	【X】		
					X-cut LN 光変調器		144
【P】			【S】				
PAM		109	SAR	272			
PAPR		153	SBS	181			

					19 MHz 帯		145
【ギリシャ文字】			【数字】		4 光波混合		45
$\lambda/4$ シフト DFB-LD		72	16QAM	140, 261	64QAM		154, 227

―― 著者略歴 ――

前田　幹夫（まえだ　みきお）
1979 年　北海道大学工学部電子工学科卒業
1981 年　北海道大学大学院工学研究科
　　　　修士課程修了（電子工学専攻）
1981 年　日本放送協会（NHK）勤務
1984 年　NHK 放送技術研究所勤務
1993 年　博士（工学）（北海道大学）
2012 年　工学院大学教授
　　　　現在に至る

生岩　量久（はえいわ　かずひさ）
1970 年　徳島大学工学部電気工学科卒業
1970 年　日本放送協会（NHK）勤務
1988 年　工学博士（東京大学）
2004 年　広島市立大学教授
2013 年　広島市立大学名誉教授

鳥羽　良和（とば　よしかず）
1988 年　東邦大学理学部物理学科卒業
1988 年　東北金属工業株式会社
　　　　（現 NEC トーキン株式会社）勤務
2006 年　株式会社精工技研勤務
　　　　現在に至る
2009 年　博士（情報工学）（広島市立大学）

光・無線伝送技術の基礎と応用
Fundamentals and Their Applications of Radio on Fiber Technologies

© Maeda, Haeiwa, Toba 2013

2013 年 10 月 10 日　初版第 1 刷発行　　　　　　　　　　★

検印省略	著　者	前 田 　 幹 　 夫
		生 岩 　 量 　 久
		鳥 羽 　 良 　 和
	発行者	株式会社　コロナ社
	代表者	牛 来 真 也
	印刷所	新日本印刷株式会社

112-0011　東京都文京区千石 4-46-10
発行所　株式会社　コロナ社
CORONA PUBLISHING CO., LTD.
Tokyo Japan
振替 00140-8-14844・電話 (03) 3941-3131 (代)
ホームページ　http://www.coronasha.co.jp

ISBN 978-4-339-00854-8　　（新井）　（製本：愛千製本所）
Printed in Japan

本書のコピー，スキャン，デジタル化等の無断複製・転載は著作権法上での例外を除き禁じられております。購入者以外の第三者による本書の電子データ化及び電子書籍化は，いかなる場合も認めておりません。

落丁・乱丁本はお取替えいたします

電子情報通信レクチャーシリーズ

■電子情報通信学会編　　　　　　　　　　　　（各巻B5判）

白ヌキ数字は配本順を表します。

				頁	定価
⑭	A-2	電子情報通信技術史 ―おもに日本を中心としたマイルストーン―	「技術と歴史」研究会編	276	4935円
㉖	A-3	情報社会・セキュリティ・倫理	辻井重男著	172	3150円
⑥	A-5	情報リテラシーとプレゼンテーション	青木由直著	216	3570円
⑲	A-7	情報通信ネットワーク	水澤純一著	192	3150円
⑨	B-6	オートマトン・言語と計算理論	岩間一雄著	186	3150円
①	B-10	電　磁　気　学	後藤尚久著	186	3045円
⑳	B-11	基礎電子物性工学 ―量子力学の基本と応用―	阿部正紀著	154	2835円
④	B-12	波　動　解　析　基　礎	小柴正則著	162	2730円
②	B-13	電　磁　気　計　測	岩﨑俊著	182	3045円
⑬	C-1	情報・符号・暗号の理論	今井秀樹著	220	3675円
㉕	C-3	電　　子　　回　　路	関根慶太郎著	190	3465円
㉑	C-4	数　理　計　画　法	山下・福島共著	192	3150円
⑰	C-6	インターネット工学	後藤・外山共著	162	2940円
③	C-7	画像・メディア工学	吹抜敬彦著	182	3045円
⑪	C-9	コンピュータアーキテクチャ	坂井修一著	158	2835円
㉗	C-14	電　子　デ　バ　イ　ス	和保孝夫著	198	3360円
⑧	C-15	光・電磁波工学	鹿子嶋憲一著	200	3465円
	C-16	電　子　物　性　工　学	奥村次徳著		近刊
㉒	D-3	非　線　形　理　論	香田徹著	208	3780円
㉓	D-5	モバイルコミュニケーション	中川・大槻共著	176	3150円
⑫	D-8	現代暗号の基礎数理	黒澤・尾形共著	198	3255円
⑱	D-11	結像光学の基礎	本田捷夫著	174	3150円
⑤	D-14	並　列　分　散　処　理	谷口秀夫著	148	2415円
⑯	D-17	VLSI工学 ―基礎・設計編―	岩田穆著	182	3255円
⑩	D-18	超高速エレクトロニクス	中村・三島共著	158	2730円
㉔	D-23	バ　イ　オ　情　報　学 ―パーソナルゲノム解析から生体シミュレーションまで―	小長谷明彦著	172	3150円
⑦	D-24	脳　　工　　学	武田常広著	240	3990円
⑮	D-27	VLSI工学 ―製造プロセス編―	角南英夫著	204	3465円

以下続刊

共通
A-1	電子情報通信と産業	西村吉雄著
A-4	メディアと人間	原島・北川共著
A-6	コンピュータと情報処理	村岡洋一著
A-8	マイクロエレクトロニクス	亀山充隆著
A-9	電子物性とデバイス	益・天川共著

基礎
B-1	電気電子基礎数学	大石進一著
B-2	基　礎　電　気　回　路	篠田庄司著
B-3	信号とシステム	荒川薫著
B-5	論　　理　　回　　路	安浦寛人著
B-7	コンピュータプログラミング	富樫敦著
B-8	データ構造とアルゴリズム	岩沼宏治著
B-9	ネットワーク工学	仙石・田村・中野共著

基盤
C-2	ディジタル信号処理	西原明法著
C-5	通信システム工学	三木哲也著
C-8	音声・言語処理	広瀬啓吉著
C-10	オペレーティングシステム	徳田英幸著
C-11	ソフトウェア基礎	外山芳人著
C-12	データベース	田中克己著
C-13	集　積　回　路　設　計	浅田邦博著

展開
D-1	量　子　情　報　工　学	山崎浩一著
D-2	複　雑　性　科　学	松本隆編著
D-4	ソフトコンピューティング	山川・堀尾共著
D-6	モバイルコンピューティング	中島達夫著
D-7	デ　ー　タ　圧　縮	谷本正幸著
D-10	ヒューマンインタフェース	西田・加藤共著
D-12	コンピュータグラフィックス	山本強著
D-13	自　然　言　語　処　理	松本裕治著
D-15	電波システム工学	唐沢・藤井共著
D-16	電磁環境工学	徳田正満著
D-19	量子効果エレクトロニクス	荒川泰彦著
D-20	先端光エレクトロニクス	大津元一著
D-21	先端マイクロエレクトロニクス	小柳・田中共著
D-22	ゲ　ノ　ム　情　報　処　理	高木・小池編著
D-25	生体・福祉工学	伊福部達著
D-26	医　用　工　学	菊地眞編著

定価は本体価格+税5%です。
定価は変更されることがありますのでご了承下さい。

図書目録進呈◆